U0175702

装备科技译著出版基金

第3版
3rd Edition

机械振动与冲击分析
Mechanical Vibration and Shock Analysis

李传日 总译

第5卷 Volume 5

规范制定

Specification Development

[法] 克里斯蒂安·拉兰内（Christian Lalanne） 著

李传日 主译

国防工业出版社

·北京·

原书书名：Specification Development
　　　　　by Christian Lalanne
原书书号：ISBN 978-1-84821-648-8

著作权合同登记　图字：军–2016–157 号

图书在版编目（CIP）数据

规范制定／（法）克里斯蒂安·拉兰内
（Christian Lalanne）著；李传日主译．—北京：国
防工业出版社，2021.4
（机械振动与冲击分析）
书名原文：Specification Development
ISBN 978-7-118-12028-8

Ⅰ.①规…　Ⅱ.①克…　②李…　Ⅲ.①机械–技术规
范　Ⅳ.①TH121

中国版本图书馆 CIP 数据核字（2020）第 226188 号

※

国防工业出版社 出版发行
（北京市海淀区紫竹院南路 23 号　邮政编码 100048）
三河市腾飞印务有限公司印刷
新华书店经售
*
开本 710×1000　1/16　印张 24¼　字数 416 千字
2021 年 4 月第 1 版第 1 次印刷　印数 1—2000 册　定价 140.00 元

（本书如有印装错误，我社负责调换）

国防书店：(010)88540777　　　书店传真：(010)88540776
发行业务：(010)88540717　　　发行传真：(010)88540762

欣悉北航几位有真知灼见的教授们翻译了一套《机械振动与冲击分析》丛书,我很荣幸先睹为快。本人从事结构动强度专业方面的工作 50 多年,看了译丛后很是感慨,北航的教授们很了解我们的国情和结构动强度技术领域发展的行情,这套丛书的出版对国内的科研人员来说确实是雪中送炭,非常及时。

仔细了解了这套丛书的翻译出版工作,给我强烈的感受有 3 个特点。

(一) 实。这套丛书的作者是法国人 Christian Lalanne,曾在法国国家核能局担任专家,现在是 Lalanne Consultant 的老板。他从事振动和冲击分析方面的研究咨询工作超过 40 多年,也发表了多篇高水平学术论文。本丛书的内容是作者实际工作和理论分析相结合的产物,既不是单纯的理论陈述,又不是单纯的试验操作,而是既有理论又有实践的一套好书,充分体现出的一个特点就是非常"实",对具体工作是一种实实在在的经验指导。

(二) 全。全在哪呢? 一是门类全,一般冲击和振动经常是分开谈的,而本丛书既有冲击又有振动,一起研究;二是过程全,从单自由度建模开始到单自由度各种激励下的响应,从各种载荷谱编制再到各种载荷激励下的寿命估算,进一步制定试验规范,直到试验,可以说是涵盖了结构动力学的全过程;三是内容全,从基本概念到各种具体方法,内容几乎覆盖了机械振动与冲击的所有方面。本丛书共有 5 卷,第 1 卷专门介绍正弦振动,第 2 卷介绍机械冲击分析,第 3 卷介绍随机振动,第 4 卷介绍疲劳损伤的计算,第 5 卷介绍基于剪裁原则的规范制定方法。

(三) 新。新在什么地方? 还要从我国航空工业发展现状说起。20 世纪 90 年代以前,振动、冲击等内容尚未列入飞机设计流程中去,飞机设计是以静强度、疲劳强度设计为主,而振动、冲击只作为校核的内容,在设计之初并不考虑,而是设计制造完在试飞中去考核,没问题作罢,有问题再处理、排除。由于众多型号研制中出现的各种振动故障问题,大大延误了研制进度,而在用户使用中出现的振动故障,则引起大面积的停飞,影响出勤率、完好率,有的甚至还发生机毁的二等事故,因此,从 90 年代开始,我国航空工业部门从事振动与冲击分析的技术人员开始探索结构动力学的早期设计问题。经过"十五"到"十二五"3个"五年计划"的预研和型号实践总结,国内相继出版了几本关于振动与冲击方面的专著,本丛书和这些图书相比,有以下几点属于新颖之处:

(1) 在寿命评估方面,本丛书是将载荷用随机、正弦振动或冲击表示,然后计算系统的响应,再根据裂纹扩展的基本原理分析其扩展过程与系统响应的应力之间的关系,最后给出使用寿命的计算。业内研究以随机载荷居多,正弦振动和冲击载荷下的寿命估算较少,特别是塑性应变与断裂循环次数的关系以及基于能量耗散的疲劳寿命等论述都是值得我们借鉴和参考的。

(2) 本丛书认为:不确定因子可定义为在给定概率下,单元最低强度和最大应力之间的关系,即强度均值减去×倍强度标准差与应力均值加上×倍应力标准差之比;试验因子可定义为试验样本量无法无穷大,通过试验评估的均值只能落在一个区间内,为保证强度均值大于某个值(不确定因子乘以环境应力均值,即强度必须达到的最低要求)而增加的一个附加因子即试验因子。试验严酷度就变为试验因子乘以不确定因子再乘以环境应力均值。

这两个概念和我国 GJB 67A—2008 中的两个概念,即不确定系数和分散系数,有一定相似但又有区别。GJB 67A 中,不确定系数又称安全系数,是可能引起飞机部件和结构破坏的载荷与使用中作用在飞机部件或结构上的最大载荷之比,对结构来说,不确定系数是用该系数乘以限制载荷得出极限载荷的导数值;分散系数是用于描述疲劳分析与试验结果的寿命可靠性系数,它与寿命的分布函数、标准差、可靠性要求和载荷谱密切相关,它是决定飞机寿命可靠性的指标。因此,本丛书和国内目前执行的规范以及有关研究所出版的相关书籍完全可以起到互为补充、互为借鉴。

(3) 本丛书内容涉及黏滞性阻尼和非线性阻尼的瞬态和稳态响应问题,这是业内研究振动分析中的一大难点,本丛书提出的观点和做法值得参考和借鉴。

(4) 本丛书中提出"对于环境应当是从项目一开始的未雨绸缪,而不是木已成舟后的事后检讨"的观点,以及"在项目初始阶段还没有图纸的时候,或者在鉴定阶段为了确定试验条件""在没有准确和有效的结构模型时",最有效的可用方法是用"最简单的常用机械系统就是一个包括质量、刚度、阻尼的单自由度的线性系统"来作为研究对象。这种方法是可行的,既可作严酷度比较,也可起草规范,作初步设计计算,甚至制定振动分析规则等等有效的"早期设计"工作。当然,在 MBSE 思想指导下,当今在型号方案阶段确定初步的结构有限元模型已非难事,完全可以在结构有限元模型建立情况下去研究进行结构动力学有关工作的早期设计(在初步设计阶段完全可以进行),尽管如此,本丛书提出的研究思路和方法仍不失为一个新颖之亮点。

(5) 本丛书对各种极限响应谱和疲劳损伤谱的概念(正弦振动、随机振动、冲击),还有各国标准规定的剪裁思想,包括 MIL–STD–810、GAM. EG13、STANAG 4370、AFNOR X50-410 等的综述,这些观点和概念的提出也是值得我们学习研究和借鉴的。

综上所述,本丛书对广大关注结构机械振动与冲击的科研人员、设计人员、试验人员和管理人员都具有一定的参考指导作用,可以说本丛书的翻译出版是一件大事、喜事,值得庆贺,对我们攻克结构动强度(振动、冲击)前进道路上的各种技术障碍会起到积极的促进作用。

中航工业沈阳飞机设计研究所原副所长、科技委主任
中航工业结构动力学专业组第二任组长(2000—2014 年)
中航工业结构动力学专业组名誉组长(2015 年至今)

2021 年 4 月 4 日

　　凝聚着师生心血与期望的译著《规范定制》是基于原著更新至第三版而进行的翻译工作。本书是《机械振动与冲击分析》丛书的终卷,着重介绍了试验规范的制定准则与方法,不同于前几册正弦振动、随机振动、机械冲击的分析和疲劳损伤的计算,本书旨在为工程师与试验技术人员提供系统全面的试验设计与实施专业指导方法,这是李传日教授翻译此书的初衷。

　　本书侧重实践应用,深入浅出地阐述了振动与冲击试验方案的制定策略,是工程技术人员的参考资料和培训实用参考书,值得专业工作者学习研究和借鉴。原作者从事多年振动和冲击方面的研究,发表过多篇学术水平极高的文章,丛书将其一生工作的总结和理论与实践相结合,原著关于正弦振动、随机振动、机械冲击各种极限响应谱和疲劳损伤谱的概念,以及各国标准规定的剪裁思想综述、学术观点对专业技术领域的工作有非常重要的指导性和积极的促进作用。

　　译者在忠实原著的前提下,结合自己的理解与经验,力求将书中的思想与理论精准地展现在读者面前。在翻译过程中尽了最大的努力,历经翻译校订了四稿终定译稿,但限于译者所学有限,对书中所译有不同的见解,翻译过程中难免存在不当之处,望广大读者给予指正。

　　感谢吴飒老师在本卷译著后期整理定稿给予助力。翻译过程中,译者的研究生李鹏、白春磊、张大鹏、董军超、郭恒晖、赵中阁、王敏、关亚东、杜欢等鼎力接续参加,译著出版是师生教学相长的深情体现。装备科技译著出版基金资助了本书的翻译出版,在此一并表示感谢。

译者

2021 年 4 月

　　无论是日常使用的简单产品如移动电话、腕表、车载电子组件等,还是更为复杂的专用系统如卫星设备、飞机飞控系统等,在其工作寿命期内不仅要经受不同温度和湿度的环境作用,还要承受机械振动和冲击的作用,本丛书的主题正是围绕着后者展开。这些产品必须精心设计以保证其能经受所处环境的作用而免遭损坏,并能通过原理样机或者计算以及权威实验室试验来验证其设计。

　　产品的设计以及后续的试验都要基于其技术规范进行,这些规范通常源于国家或国际标准。最初于20世纪40年代制定的标准是通用规范,常常极为严酷,包括了正弦振动,其频率被设置为设备的共振频率。这些规范的制定主要是用来验证设备具有某种特定的耐受能力,这里隐含一个假设:当设备可以经受住特定振动环境的作用而依然正常工作,则其也能承受其使用中的振动环境而不被损坏。标准的变迁跟随着试验设备的发展,尽管有时候会基于保守的考虑而有些滞后:从能够产生正弦扫频振动,到能在较宽频带内产生窄带随机扫频振动,再到最终能产生宽带随机振动。在20世纪70年代末,人们认为一个基本的需求就是要减少车载设备的重量和成本,并制定出与实际使用条件更贴近的规范。在1980年至1985年间,这种观念的变化影响到了相关的美国标准(MIL-STD-810)、法国标准(GAM-EG-13)以及国际标准(NATO)的制定,所有这些标准都推荐了剪裁试验的概念。目前推荐的说法是要剪裁产品以适应其环境,更明确地强调了对于环境应当是从项目一开始的未雨绸缪,而不是木已成舟后的事后检验。这些概念源于军工行业,目前却正在越来越多地推广至民用领域。

　　剪裁的基础是对设备的全寿命剖面的分析,也是基于对与各种使用情况相关的环境条件的测量,还要依靠将所有数据进行综合后形成的简化规范,这一规范和其实际的环境具有相同的严酷度。

　　这种方法的前提是对经受动态载荷的力学系统有了正确的了解,对最常见的故障模式也很清楚。

一般来说,对经受振动作用的系统而言,对其应力的良好评估只可能根据有限元模型和较为复杂的计算获得。要进行这种计算,只可能在项目相对较晚的一个阶段开展,这时,结构已经被明确定义,模型才可建立。

无论是在项目还没有图纸的最初始阶段,还是在鉴定阶段,为了确定试验条件,都需要开展大量与环境相关的工作,这些工作与设备自身无关。

在没有准确和有效的结构模型时,最简单常用的力学系统就是一个包括质量、刚度和阻尼的单自由度的线性系统,尤其适用于以下几种情况。

(1) 对几种冲击(采用冲击响应谱)或者几种振动(采用极值响应谱和疲劳损伤谱)的严酷度进行比较。

(2) 起草振动规范,所确定的振动可以在模型上产生与实际环境相同的效应,这里隐含着一个假设:这一等效作用在真实的并更加复杂的结构中依然存在。

(3) 在项目的起始阶段对初步设计进行计算。

(4) 制定振动分析的规则(如选择功率谱密度计算的点数)或者确定试验参数的规则(选择正弦扫频试验中的扫描速率)。

以上说明了这一简单模型在这套包含 5 卷分册的"机械振动与冲击分析"丛书中的重要性。

第 1 卷专门介绍了正弦振动。首先回顾了几种在工作寿命期内会对材料产生影响的主要振动环境以及思考方法,然后对一些基本的力学概念、单自由度力学系统对任意激励的响应(相对的和绝对的)及其不同形式的传递函数进行介绍。通过在实际环境和实验室试验环境下对正弦振动特性的分析,推导了具有黏滞阻尼和非线性阻尼的单自由度系统的瞬态和稳态响应,介绍了不同正弦扫描模式的特性。随后,分析了各种扫描方式的特性,依据单自由度系统的响应机理,演示了扫描速率选择不合适所带来的后果,并据此推导出了选择扫描速率的原则。

第 2 卷介绍了机械冲击。该卷介绍了冲击响应谱的不同定义、特性以及计算时的注意事项。介绍了在常用试验设备上应用最广泛的冲击波形及其特性,以及如何制定一个与实际测量环境具有相同严酷度的试验规范。然后给出了用经典实验室设备(如冲击机、由时域信号或者响应谱驱动的电动振动台)实现试验规范的示例,并指出了各种解决方案的限制、优点和缺点。

第 3 卷主要介绍了随机振动的分析,涵盖了实际环境中会遇到的绝大多数振动。该卷在介绍信号的频域分析之前,描述了随机过程的特性,以使分析过程简化。首先介绍了功率谱密度的定义和计算时的注意事项,然后给出了改进结果的处理方法(加窗和重叠)。第三种补充的方法主要为时域信号的统计特性分析,这种方法的特点在于可以确定一个随机高斯信号极值的分布规律,从而免去对峰值的直接计数(参见第4卷和第5卷),简化疲劳损伤的计算。最后介绍了单自由度线性系统的随机振动响应。

第4卷专门介绍了疲劳损伤的计算。介绍了用来描述材料在疲劳作用下行为的假设条件、损伤累积的规律和响应峰值的计数方法(当无法采用由高斯信号得到的峰值概率密度时,该方法可以给出峰值的直方图)。推导了有关平均损伤及其标准差的表达式,并介绍了其他假设下的分析案例(非零均值、疲劳极限、非线性累积规律等),还介绍了有关低周疲劳和断裂力学的主要规律。

第5卷主要介绍了基于剪裁原则的规范制定方法。针对每种类型的应力(正弦振动、正弦扫频、冲击、随机振动等)定义了极限响应谱和疲劳损伤谱。随后详细介绍了由设备寿命周期剖面建立规范的过程,一并考虑了不确定因子(与实际环境和力学强度分散性相关的不确定性)和试验因子(验证试验次数的函数)。

需要重申的是,本丛书旨在对以下对象有所帮助:设计团队中负责产品设计的工程师和技术人员、负责编写各种设计和试验规范(用于验证、鉴定和认证等)的项目组、负责试验设计并选择最合适的模拟方式的实验室。

多年来,力学环境规范的制定往往直接来自于已有的标准,这种情况现在仍然很常见。这些标准文件中给出的量值是根据多年前的、现在已经过时了的交通工具上的测量数据确定的。这些量值被转化为具有很宽裕度的测试标准,并根据当时测试设备的限制进行了调整。因而可以发现很多试验是正弦扫描,而制定这类试验标准更多是为了验证产品是否能适应最大应力,而不是为了验证其抗疲劳能力。总的说来,试验量值非常严酷,往往导致产品过设计。

自 20 世纪 80 年代初以来,一些标准(MIL-STD-810,GAM-T13)已经陆续修订,基于产品使用条件下的测量数据制定试验规范的观点也被陆续提出。这种做法需要事先对产品的寿命周期剖面进行分析,将其分解为不同使用条件(储存、装卸、运输、接口等),然后将环境测量数据与各条件进行相关分析。

本卷给出了将搜集到的数据合成为试验规范的方法,所采用的等效原则是再现最大应力和疲劳损伤。这种等效不根据结构响应得到(假设制定规范时对结构尚不了解),而是根据对单自由度系统的分析得到。这些等效准则引出两种谱:极限响应谱(ERS,类似于原先的冲击响应谱)和疲劳损伤谱(FDS)。

第 1 章给出了正弦振动(定频和扫描)情况下 ERS 的计算,第 2 章给出了随机振动极限响应谱的计算。

第 3 章到第 5 章分别介绍了正弦振动、随机振动和冲击应力的 FDS,第 6 章说明在进行 ERS 和 FDS 计算时,计算结果对一些参数的选取影响不大。

根据试验目的的不同,规范的区别也很大。第 7 章回顾了主要试验类型的发展过程,当前的趋势是在项目初期就应该考虑预期的使用环境并据此进行剪裁。

环境测量结果往往呈现出一定的分散性,这是由使用环境的随机特性决定的。由于部件的强度服从统计分布规律,因此只能通过均值和标准差来表述。这样,强度和应力比较也只能在两个不同分布之间进行,因而当两个分布已知时,失效概率仅取决于两种分布的均值比。对于在某个事件中测得的冲击和振动数据(环境条件并不是正态分布),比值 k 称为不确定因子或安全因子(第 8 章)。

实际上,环境分布规律是可以得到的,而设备的强度分布一般不知道。规范中给出了在可允许的最大失效概率下需要耐受的环境量值。因而试验的目的是为了验证是否可以满足此概率,即强度均值至少等于环境应力均值的 k 倍。基于可以理解的成本原因,要进行的试验被限制在有限次数内,往往只有 1 次。由于试验次数太少,所验证的产品强度均值落在具有一定宽度的区间范围内,这个范围的中心与试验量值有关,宽度取决于选取的置信水平和试验次数。为了保证强度均值能高于要求,不管它落在区间中哪个具体位置,试验条件就必须在一定程度上加严,这就要求引入试验系数的使用(第 10 章)。

某些设备是在长期存放后才投入使用,其间由于老化的原因,设备强度特性可能发生退化。为保证存放老化后的设备仍具有可用性,对于全新的试验件所施加的试验条件必须加严,这就要求引入老化系数(第 9 章)。

基于这些频谱和系数,制定和剪裁试验规范分为四步(第 11 章):制定设备寿命期环境剖面;环境阶段和条件的描述(振动、冲击等);数据合成;编制试验大纲。

用损伤等效原则制定试验规范时,其敏感度依赖于采用的算法和参数,具体见第 12 章。

第 13 章给出了 ERS 和 FDS 的一些其他应用方法,如不同振动条件的比较(正弦、稳态或非稳态随机振动、随机叠加正弦、冲击等),不同标准间的比较或标准与实测数据之间的比较,将多次冲击变换为等效严酷度的随机振动规范等。

附录说明了用 ERS 和 FDS 制定规范的方法并不需要附加额外的假设,而与之相对的功率谱密度(PSD)包络方法如果使用不当,则可能导致规范给出的条件比实际环境严酷很多。与功率谱密度包络法相比,损伤等效的方法可以比较容易地处理一些困难的情况,如非稳态振动,对不同类型振动和不同持续时间振动进行包络。

在本卷的最后,给出了丛书(共 5 卷)的主要公式。

符号表给出了本书使用的主要符号的最常见定义。其中一些符号可能在某些情况会有其他含义,为避免引起混淆,将在出现时进行定义说明。

a	$z(t)$ 的阈值
aerf	逆误差函数
b	Basquin 关系 $N\sigma^b = C$ 中的参数 b
c	黏性阻尼常数
C	Basquin 等式($N\sigma^b = C$)中的常数
CoV_m	均值分布变异系数
D	疲劳损伤
e	误差
E	加严因子
$\overline{E}$	环境均值
E_E	预期环境
E_S	选定的环境
ERS	极限响应谱
$E(\ )$	……的期望
f	激励频率
f_m	平均频率
f_0	固有频率
FDS	疲劳响应谱
F_m	$F(t)$ 的最大值
$f(t)$	频率扫描规律
$F(t)$	施加在系统上的外部力
g	重力加速度
$G(\ )$	当 $0 \leqslant f \leqslant \infty$ 时的功率谱密度
h	(f/f_0) 区间

H	跌落高度
$H(\ )$	传递函数
i	$\sqrt{-1}$,复数单位
$I_0(\ )$	零阶贝塞尔函数
J	阻尼常数
k	刚度或不确定因子
k_v	老化系数
K	应力与应变的比例常数
ℓ_{rms}	$\ell(t)$ 的均方根值
ℓ_m	$\ell(t)$ 的最大值
$\dot{\ell}(t)$	$\ell(t)$ 的一阶导数
$\ddot{\ell}(t)$	$\ell(t)$ 的二阶导数
m	质量
MRS	最大响应频谱
M_n	n 阶矩
n	试验棒或材料所经历的循环次数或试验的测量次数
n_a^+	每秒正穿越阈值 a 的平均次数
n_0^+	每秒正穿越阈值零的平均次数
n_p^+	每秒最大值的平均次数
N	失效循环数或极值包络的每秒平均次数或高于给定阈值的峰值数
N_a^+	在给定时间内高于给定阈值的每秒正穿越阈值 a 的平均次数
P_v	与老化相关的正常运行概率
PSD	功率谱密度
$p(\ )$	概率密度
$p(T)$	在 T 时间内首次穿越给定阈值的概率密度
$P(\ )$	分布函数
q	$\sqrt{1-r^2}$
$q(u)$	极大值的概率密度
Q	品质因数
$Q(u)$	极大值大于给定阈值的概率
R	极限响应谱
$\overline{R}$	平均强度
R_e	屈服应力

R_m	极限拉伸强度
R_U	给定上穿越风险的响应谱
s	标准偏差
s_E	环境的标准偏差
S_R	抗力标准偏差
SRS	冲击响应谱
t	时间或 t 分布的随机变量
t_s	扫描时间
T	振动的持续时间
T_F	试验因子
T_1	对数扫描时间常数
TS	试验严酷度
u	阈值 a 与 $z(t)$ 的均方值 z_{rms} 的比或 $u(t)$ 的值
u_{rms}	$u(t)$ 的均方根值
u_m	$u(t)$ 的最大值
u_0	$u(t)$ 的阈值
URS	上穿越风险响应谱
$u(t)$	广义响应
v_i	冲击速度
V_E	真实环境的变异系数
V_R	材料强度的变异系数
x_m	$x(t)$ 的最大值
$x(t)$	单自由度系统基础的绝对位移
$\dot{x}(t)$	单自由度系统基础的绝对速度
$\ddot{x}_{rms}$	$\ddot{x}(t)$ 的均方根值
$\ddot{x}_m$	$\ddot{x}(t)$ 的最大值
$\ddot{y}_{rms}$	$\ddot{y}(t)$ 的均方根值
$\ddot{y}(t)$	单自由度系统的质量绝对加速度响应
z_{rms}	$z(t)$ 的均方根值
$z_{a\,rms}$	随机振动响应的均方根值
z_m	$z(t)$ 的最大值
z_p	$z(t)$ 的峰值
z_s	正弦振动的相对位移响应
$z_{s\,rms}$	正弦振动响应的均方根值

z_{sup} $z(t)$ 的最大值

$\dot{z}_{\mathrm{rms}}$ $\dot{z}(t)$ 的均方根值

$\ddot{z}_{\mathrm{rms}}$ $\ddot{z}(t)$ 的均方根值

$z(t)$ 单自由度系统质量块相对于基准的相对响应位移

$\dot{z}(t)$ 相对响应速度

$\ddot{z}(t)$ 相对响应加速度

α 上穿越风险

δ 非中心 t 分布的非中心参数

Δf 半功率点的频率间隔

ΔN 半功率点之间的循环数

ε 欧拉常数, $\varepsilon = 0.577215662\cdots$

$\gamma(t)$ 不完全伽马函数

$\Gamma(\ )$ 伽马函数

η 耗散或(损失)系数

φ 相位

π 圆周率, $\pi = 3.14159265\cdots$

π_0 置信水平

σ 应力

σ_{a} 交变应力

σ_{D} 疲劳极限应力

σ_{m} 平均应力

σ_{rms} 应力的均方根值

σ_{max} 应力的最大值

ω_0 固有圆频率, $\omega_0 = 2\pi f_0$

Ω 激励的圆频率, $\Omega = 2\pi f$

ξ 阻尼因子

CONTENTS 目录

第1章
正弦振动的极限响应谱

1.1 振动的影响

振动可以通过以下两个途径对机械系统造成损伤。

(1) 瞬时应力超出特征极限(屈服强度、极限应力等);

(2) 经历多次循环后由于疲劳产生的损伤。

以下仅考虑单自由度线性系统,用该模型来度量各种振动的相对严酷程度。假设系统的最大应力与系统的疲劳损伤相等,那么这些激励在模型和实际结构中的严酷度是相等的。

因为本书只对标准的质量-弹簧-阻尼单自由度系统中的最大应力感兴趣,所以相当于考虑极限应力或极限相对位移。对于线性系统,这两个参数呈线性关系,系数为常数:

$$\sigma_{max} = \text{const} \cdot z_m \tag{1.1}$$

1.2 正弦振动的极限响应谱

1.2.1 定义

极限响应谱(ERS)[LAL 84](又称为最大响应谱(MRS))定义为一条曲线,该曲线描述了单自由度线性系统在给定阻尼因子为 ξ 的情况下,振动响应的峰值 z_{sup} 随固有频率 f_0 变化的情况。与冲击响应谱类似,这里的系统响应是指质量块与其支撑之间的相对位移 $z(t)$,纵坐标轴为 $(2\pi f_0)^2 z_{sup}$ (图 1.1)。

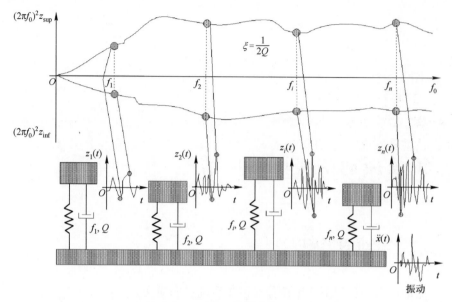

图 1.1　ERS 的计算模型

1.2.2　单一正弦信号

正弦振动可以由力、位移、速度、加速度来定义。

1.2.2.1　加速度激励

用频率为 f、幅值为 $\ddot{x}_m$ 的正弦信号定义加速度激励,即

$$\ddot{x}(t) = \ddot{x}_m \sin(\Omega t)$$

式中:$\Omega = 2\pi f$。

单自由度线性系统的响应用质量块 m 与基座之间的相对位移 $z(t)$ 来描述,

$$z(t) = -\frac{\ddot{x}(t)}{\omega_0^2 \sqrt{\left[1-\left(\dfrac{f}{f_0}\right)^2\right]^2 + \left(\dfrac{f}{Qf_0}\right)^2}} \tag{1.2}$$

式中:$\omega_0 = 2\pi f_0$。

最大位移响应(极值)可表示为

$$z_m = \pm\frac{\ddot{x}_m}{\omega_0^2 \sqrt{\left[1-\left(\dfrac{f}{f_0}\right)^2\right]^2 + \left(\dfrac{f}{Qf_0}\right)^2}} \tag{1.3}$$

对于给定的阻尼比 ξ(或者 $Q = 1/2\xi$),极限响应谱所定义的曲线描述的是承受正弦振动系统的响应变量 $R \equiv \omega_0^2 |z_m|$ 与固有频率 f 的函数关系,即

$$R \equiv \omega_0^2 \mid z_m \mid = \frac{\ddot{x}_m}{\sqrt{\left[1-\left(\dfrac{f}{f_0}\right)^2\right]^2 + \left(\dfrac{f}{Qf_0}\right)^2}} \tag{1.4}$$

图 1.2 给出了单自由度线性系统的相对位移响应。

注：将相对位移乘以 ω_0^2 是为了得到与加速度量纲对应的参数（与冲击响应谱一致，见第 2 卷）。当 $\Omega = \omega_0$（正弦模式）时，$\omega_0^2 z_m$ 实际上代表相对加速度（$\ddot{z}_m$）；更普遍情况下，当阻尼系数等于零时，$\omega_0^2 z_m$ 代表绝对加速度 $\ddot{y}_m$。

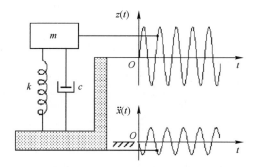

图 1.2　单自由度线性系统的相对位移响应

同时应该考虑最大负响应值对应的谱。正谱与负谱是对称的。当分母

$$D = \left[1-\left(\frac{f}{f_0}\right)^2\right]^2 + \frac{1}{Q^2}\left(\frac{f}{f_0}\right)^2$$

取最小值时，正频谱有最大值，即

$$\frac{\mathrm{d}D}{\mathrm{d}f_0} = 2\left[1-\left(\frac{f}{f_0}\right)^2\right]\left[-\frac{2f}{f_0}\left(-\frac{f}{f_0^2}\right)\right] + \frac{1}{Q^2}\frac{2f}{f_0}\left(-\frac{f}{f_0^2}\right) = 0$$

可得

$$f_0 = f\sqrt{\frac{2Q^2}{2Q^2-1}} = \frac{f}{\sqrt{1-2\xi^2}} \tag{1.5}$$

$$R \equiv \omega_0^2 \mid z_m \mid = \frac{\ddot{x}_m}{\sqrt{\left[1-\left(1-\dfrac{1}{2Q^2}\right)\right]^2 + \dfrac{1}{Q^2}\left(1-\dfrac{1}{2Q^2}\right)^2}} = \frac{\ddot{x}_m}{\sqrt{\left(1-1+\dfrac{1}{2Q^2}\right)^2 + \dfrac{1}{Q^2} - \dfrac{1}{4Q^4}}}$$

$$= \frac{\ddot{x}_m}{\sqrt{\dfrac{1}{4Q^4} + \dfrac{1}{Q^2} - \dfrac{1}{4Q^4}}} = \frac{\ddot{x}_m}{\dfrac{1}{Q}\sqrt{1-\dfrac{1}{4Q^2}}} = \frac{Q\ddot{x}_m}{\sqrt{1-\dfrac{1}{4Q^2}}} = \frac{\ddot{x}_m}{2\xi\sqrt{1-\xi^2}} \tag{1.6}$$

图 1.3 给出了简化 ERS 的最大值与阻尼因子的关系。

表 1.1 给出了不同 Q 值对应的简化 ERS 值。

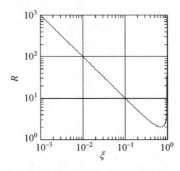

图 1.3　简化的 ERS 的最大值与阻尼因子 ξ 的关系

表 1.1　不同 Q 值对应的简化 ERS 值

Q	50	20	10	5	2	1
$\dfrac{Q}{\sqrt{1-1/4Q^2}}$	50.00275	20.00628	10.012525	5.02519	2.06559	1.1547

假定 $R \approx Q\ddot{x}_m$ 是十分合理的。当 $f_0 \to 0$ 时，R 趋向于 0；当 f_0 趋向于无穷大时，R 趋向于 $\ddot{x}_m$。如图 1.4 和图 1.5 所示。

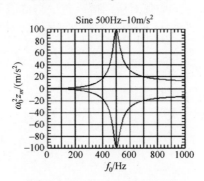

图 1.4　正弦信号的 ERS 示例

1.2.2.2　简化谱

将 $\dfrac{\omega_0^2 z_m}{\ddot{x}_m}$ 看作无量纲参数 $\dfrac{f_0}{f}$ 的函数，就可以用简化的坐标来描述响应谱。

注：单自由度线性系统的简化传递函数定义为

$$H\left(\frac{f}{f_0}\right) = \frac{1}{\sqrt{\left[1-\left(\dfrac{f}{f_0}\right)^2\right]^2 + \dfrac{1}{Q^2}\left(\dfrac{f}{f_0}\right)^2}}$$

式中:$H(\ )$ 为关于 $\dfrac{f}{f_0}$ 的函数,而极限响应谱则表示这个表达式作为 $\dfrac{f_0}{f}$ 的函数的变化。

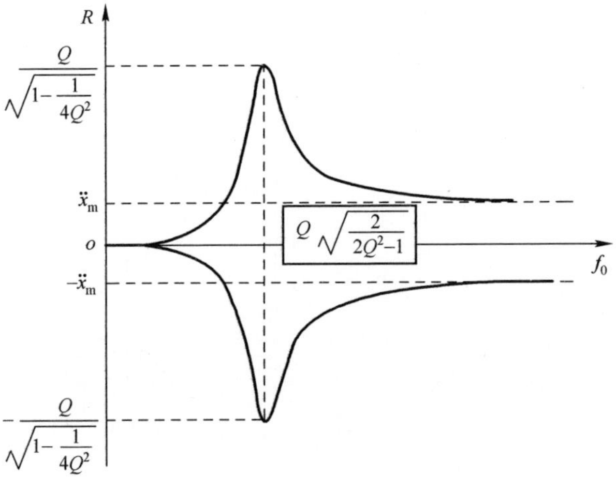

图 1.5　正弦信号的 ERS 峰值纵坐标

1.2.3　一般情况

当用加速度来定义激励时,速率和位移可以用下面通用公式给出:

$$\omega_0^2 z_m = \frac{E_m \Omega^\alpha}{\sqrt{\left[1-\left(\dfrac{f}{f_0}\right)^2\right]^2+\left(\dfrac{f}{Qf_0}\right)^2}} \tag{1.7}$$

式中

$$E_m = \begin{cases} \ddot{x}_m \\ v_m, \\ x_m \end{cases} \quad \alpha = \begin{cases} 0 & (\text{对应 } \ddot{x}_m) \\ 1 & (\text{对应 } v_m) \\ 2 & (\text{对应 } x_m) \end{cases}$$

如果激励为力时,则有

$$R \equiv \omega_0^2 z_m = \frac{F_m}{m\sqrt{\left[1-\left(\dfrac{f}{f_0}\right)^2\right]^2+\left(\dfrac{f}{Qf_0}\right)^2}} \tag{1.8}$$

1.2.4　周期信号

如果应力表示成几个正弦信号之和的形式

$$\ddot{x}(t) = \sum_k \ddot{x}_{mk} \sin(\Omega_k t + \varphi_k) \tag{1.9}$$

则单自由度线性系统的响应为

$$z(t) = - \sum_k \frac{\ddot{x}_{mk} \sin(\Omega_k t + \varphi_k)}{\omega_0^2 \sqrt{\left[1 - \left(\frac{f_k}{f_0}\right)^2\right]^2 + \frac{1}{Q^2}\left(\frac{f_k}{f_0}\right)^2}} \tag{1.10}$$

极限响应谱为

$$R \equiv \omega_0^2 z_m = \pm \sup \sum_k \frac{\ddot{X}_{mk} \sin(\Omega_k t + \varphi_k)}{\omega_0^2 \sqrt{\left[1 - \left(\frac{f_k}{f_0}\right)^2\right]^2 + \frac{1}{Q^2}\left(\frac{f_k}{f_0}\right)^2}} \tag{1.11}$$

$$R \leqslant \pm \sum_k \frac{\ddot{x}_{mk}}{\omega_0^2 \sqrt{\left[1 - \left(\frac{f_k}{f_0}\right)^2\right]^2 + \frac{1}{Q^2}\left(\frac{f_k}{f_0}\right)^2}} \tag{1.12}$$

1.2.5　n 个正弦谐波的情况

如果一个加速度信号由 n 个正弦谐波组成：

$$\ddot{x}(t) = \sum_{k=1}^n \ddot{X}_{mk} \sin(k\omega_1 t + \varphi_k) \tag{1.13}$$

式中：$\omega_1 = 2\pi f_1$，f_1 为基频；φ_k 为第 k 个正弦信号的相位。

则单自由度线性系统的相对位移响应为

$$z(t) = \sum_{k=1}^n Z_{mk} \sin(k\omega_1 t + \varphi_k - \psi_k) \tag{1.14}$$

式中

$$Z_{mk} = \frac{\ddot{X}_{mk}}{\omega_0^2 \sqrt{(1 - h_k^2)^2 + \frac{h_k^2}{Q^2}}} \tag{1.15}$$

其中：Q 为品质因数；h_k 为

$$h_k = \frac{\omega_k}{\omega_0} = \frac{f_k}{f_0} = \frac{kf_1}{f_0}$$

$$\tan\psi_k = \frac{2\xi h_k}{1 - h_k^2} \tag{1.16}$$

式中：$\xi = \dfrac{1}{2Q}$。

通过寻找速度为零的时刻,计算位移 $z(t)$ 的最大值:

$$\dot{z}(t) = \sum_{k=1}^{n} Z_{mk} k\omega_1 \cos(k\omega_1 t + \varphi_k - \psi_k) = 0 \qquad (1.17)$$

也可写为

$$\sum_{k=1}^{n} Z_{mk} k\omega_1 \cos(k\omega_1 t + \Phi_k) = 0 \qquad (1.18)$$

式中:$\Phi_k = \varphi_k - \psi_k$。

或

$$\sum_{k=1}^{n} a_k \cos(k\omega_1 t) + b_k \sin(k\omega_1 t) = 0 \qquad (1.19)$$

式中

$$\begin{cases} a_k = Z_{mk} k\omega_1 \cos\Phi_k \\ b_k = -Z_{mk} k\omega_1 \sin\Phi_k \end{cases} \qquad (1.20)$$

对于函数 f(周期为 2π)用傅里叶级数展开的一般情况,即

$$f_n(\theta) = \frac{a_0}{2} + \sum_{k=1}^{n} \left[a_k \cos(k\theta) + b_k \sin(k\theta) \right] \qquad (1.21)$$

$$\theta = \omega t \in [0, 2\pi) \quad (n \geqslant 1)$$

当 $\dfrac{|a_0|}{2} \leqslant \sum_{k=1}^{n} \left[|a_k| + |b_k| \right]$ 时,θ 有解:

$$-\frac{a_0}{2} = \sum_{k=1}^{n} \left[a_k \cos(k\theta) + b_k \sin(k\theta) \right]$$

由于假定 $a_0 = 0$,因此假设成立。

设 $c_k = \dfrac{a_k - jb_k}{2} (k \in [1, n])$,$C_0 = \dfrac{a_0}{2}$(假设 $c_n \neq 0$)

那么

$$f_n(\theta) = \sum_{k=-n}^{n} C_k e^{jk\theta} \quad [0, 2\pi)$$

设

$$P_{f_n}(X) = \sum_{k=0}^{2n} C_{k-n} X^k = C_{-n} + C_{-n+1} X + \cdots + C_{-1} X^{n-1} + C_0 X^n + \cdots + C_n X^{2n} \qquad (1.22)$$

P_{f_n} 称为 f 相关多项式(多项式包含 $2n$ 个系数 C),多项式系数是复数。方程 $f_n(\theta) = 0$ 在 P_{f_n} 基础上最多有 $2n$ 个解 $[0, 2\pi]$。实际上

$$f_n(\theta) = e^{-jn\theta} P_{f_n}(e^{j\theta})$$

根据达朗伯原理,P_{f_n} 有 $2n$ 个(根据阶数)关于 C 的根。由于每一个根 X 的模为 1,求解方程 $e^{j\theta} = X, \theta \in [0, 2\pi)$ 可以得到单一解。

可通过数值计算的方法如拉盖尔算法等得到多项式的根。所得解的模必须等于 1。这使得可以通过方程式(1.14)计算峰值的幅值。最大幅值乘以 ω_0^2 即为极限响应谱。

注:极限响应谱也可以通过单自由度线性系统对每一个正弦成分响应峰值的幅值数字相加计算得到。

1.2.6　正弦之间相位差的影响

极限响应谱对存在于正弦振动信号中的相位差很敏感[COL 94]。如果相位是已知的,将相位考虑进来是非常重要的。

例 1.1　已知振动信号由 4 个正弦信号组成,其幅值都为 50m/s²,频率分别为 20Hz、40Hz、60Hz、80Hz。

图 1.6 显示了振动正弦信号相位都为 0° 和分别为 0°、130°、30°、90° 对应极限响应谱的比较。

有无相位差的极限响应谱差异非常明显,在这个例子中超过 20%(图 1.7)

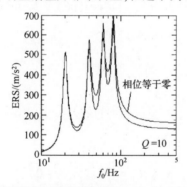

图 1.6　4 个无相位差的正弦叠加而成的周期信号 ERS 和 4 个有相位差正弦 ERS 的比较

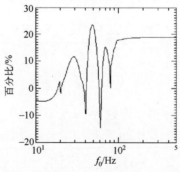

图 1.7　有相位差和无相位差正弦 ERS 的计算结果差异

1.3 正弦扫频振动的极限响应谱

1.3.1 扫频过程中幅值恒定的正弦信号

1.3.1.1 一般情况

极限响应谱是一条曲线,显示当 f_0 变化时,单自由度线性系统 (f_0, Q) 响应 $\omega_0^2 u(t)$ 的最大值(或最小值)。对于一个正弦激励信号,其响应的最大值和最小值是对称的,因此只需研究其中的一个。

对于频率按某种规律变化的正弦扫频激励,如果扫频速率足够慢,则响应将趋近于稳定时的响应值。如果正弦信号的幅值在扫频过程恒定为 ℓ_m,则在扫频区间 $f_1 \sim f_2$ 内,系统的响应等于 $Q\ell_m$ [GER 61,SCH 81]。

对于扫频范围外的频率 f_0,当 $f_0 \leqslant f_1$ 时,响应的最大值为(第 1 卷,式(9.29))

$$u_m = \frac{\ell_m}{\sqrt{\left[1-\left(\dfrac{f_1}{f_0}\right)^2\right]^2 + \dfrac{f_1^2}{Q^2 f_0^2}}} \qquad (1.23)$$

当 $f_0 \geqslant f_2$ 时,响应的最大值为(第 1 卷,式(9.30))

$$u_m = \frac{\ell_m}{\sqrt{\left[1-\left(\dfrac{f_2}{f_0}\right)^2\right]^2 + \dfrac{f_2^2}{Q^2 f_0^2}}} \qquad (1.24)$$

这些值是对于非常缓慢的扫频而言的。

当 $f_0 = f_1$ 时,采用这种方法计算得到的 u_m 是 $0 \sim f_1$ 频率范围内所有可能计算结果的最大值。同样 f_2 处得到的计算结果是 $f_0 \geqslant f_2$ 频率范围内的最大值(图1.8)。

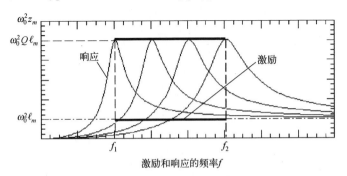

图 1.8 正弦扫频振动的极限响应谱

用这种方法得到的 $f_1 \sim f_2$ 范围内幅值为 ℓ_m 正弦振动的极限响应谱如图 1.9 所示。频谱从 0 开始增长到 f_1 对应的 $Q\omega_0^2\ell_m$（如果扫频足够慢），在 $f_1 \sim f_2$ 之间，其值保持不变；然后不断减小，趋近于 $\omega_0^2\ell_m$ [CRO 68, STU 67]。

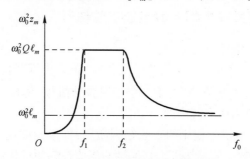

图 1.9　在两个频率之间恒定幅值的
正弦扫频振动的极限响应谱

1.3.1.2　恒定加速度的扫频

这种情况下，广义的幅值等于 $|\ell_m| = \dfrac{\ddot{x}_m}{\omega_0^2}$ 和 $u_m = z_m$。在 $f_1 \sim f_2$ 之间，频谱的纵坐标：

$$\omega_0^2 z_m = Q\ddot{x}_m \tag{1.25}$$

当 $f_0 \leqslant f_1$ 时，有

$$\omega_0^2 z_m = \frac{\ddot{x}_m}{\sqrt{\left[1-\dfrac{f_1^2}{f_0^2}\right]^2 + \dfrac{f_1^2}{f_0^2 Q^2}}} \tag{1.26}$$

当 $f_0 \geqslant f_2$ 时，有

$$\omega_0^2 z_m = \frac{\ddot{x}_m}{\sqrt{\left[1-\dfrac{f_1^2}{f_0^2}\right]^2 + \dfrac{f_2^2}{f_0^2 Q^2}}} \tag{1.27}$$

1.3.1.3　恒定位移的扫频

设 $|\ell_m| = \dfrac{\Omega^2}{\omega_0^2} x_m$。

当 $f_1 \leqslant f_0 \leqslant f_2$ 时，有

$$\omega_0^2 z_m = Q\omega_0^2 x_m \tag{1.28}$$

当 $f_0 \leqslant f_1$ 时，有

$$\omega_0^2 z_m = \frac{\Omega_1^2 x_m}{\sqrt{\left[1 - f_1^2/f_0^2\right]^2 + f_1^2/f_0^2 Q^2}} \tag{1.29}$$

式中：$\Omega_1 = 2\pi f_1$。

当 $f_0 \geqslant f_2$ 时，有

$$\omega_0^2 z_m = \frac{\Omega_2^2 x_m}{\sqrt{\left[1 - f_2^2/f_0^2\right]^2 + f_2^2/f_0^2 Q^2}} \tag{1.30}$$

式中：$\Omega_2 = 2\pi f_2$。

1.3.1.4　极限响应的一般表达式

上面所有关系可以用以下公式表达：

当 $f_1 \leqslant f_0 \leqslant f_2$ 时，有

$$R \equiv \omega_0^\alpha E_m Q \tag{1.31}$$

当 $f_0 < f_1$ 时，有

$$R = \frac{\Omega_1^\alpha E_m}{\sqrt{(1 - h_1^2)^2 + h_1^2/Q^2}} \tag{1.32}$$

当 $f_0 > f_2$ 时，有

$$R = \frac{\Omega_2^\alpha E_m}{\sqrt{(1 - h_2^2)^2 + h_2^2/Q^2}} \tag{1.33}$$

表 1.2 给出不同激励对应的参数 E_m 和 α 的值。

表 1.2　不同激励对应的参数 E_m 和 α

	E_m	α
加速度	$\ddot{x}_m$	0
速度	v_m	1
位移	x_m	2

1.3.2　由几个不同恒定幅值组成的正弦扫频信号

在这种情况下，扫频信号由几组恒定幅值的正弦信号组成，幅值分别为 ℓ_{mj}，极限响应频谱定义为对每个恒定幅值信号对应的扫频响应频谱的包络。

ℓ_{mj} 代表加速度、速度、位移或者 3 者的组合。

需要注意：在图 1.10 中，范围 (f_α, f_2) 最大的响应出现在区间 (f_2, f_3)，而不是区间 (f_1, f_2)。在这个区间内，谐振器在共振点 $(u_{m1} = Q\ell_{m1})$ 处发生共振。

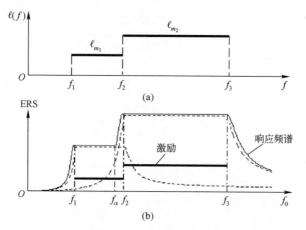

图 1.10　几组不同幅值组成的正弦扫频信号的极限响应谱

例.1.2　（1）图 1.11 是正弦扫频振动信号的极限响应谱,扫频信号定义如下:

恒定加速度

$$20 \sim 100\text{Hz}: \pm 5\text{m}/\text{s}^2$$

$$100 \sim 500\text{Hz}: \pm 10\text{m}/\text{s}^2$$

$$500 \sim 1000\text{Hz}: \pm 20\text{m}/\text{s}^2$$

$$t_b = 1200\text{s}(20 \sim 1000\text{Hz})$$

$$Q = 10$$

以 5Hz 为间隔,绘制出 1~2000Hz 的响应谱。

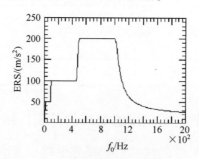

图 1.11　正弦扫频振动的极限响应谱（$Q = 10$）

（2）考虑具有恒定位移的正弦扫频振动信号:

$$5 \sim 10\text{Hz}: \pm 0.050\text{m}$$

$$10 \sim 50\text{Hz}: \pm 0.001\text{m}$$

$$t_b = 1200s$$

　　取 $Q = 10$，振动信号的极限响应频谱如图 1.12 所示，1～200Hz 用 200 个
点(对数步长)。

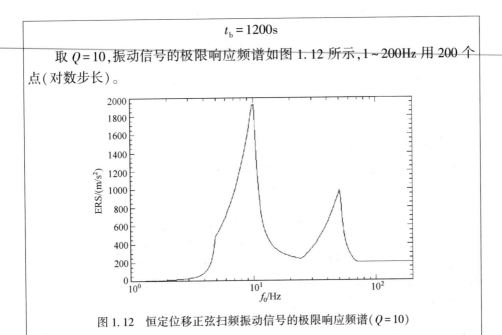

图 1.12　恒定位移正弦扫频振动信号的极限响应频谱($Q = 10$)

第 2 章
随机振动信号的极限响应谱

极限响应谱是一条曲线,其定义为:阻尼比为 ξ、自然频率为 f_0 的单自由度线性系统对任意给定振动信号(本章中随机信号为加速度 $\ddot{x}(t)$)响应的最大峰值 $z_{\sup}$。响应用质量块对其基座的相对位移 $z(t)$ 来表示。与冲击响应频谱类似,y 轴表示为 $(2\pi f_0)^2 z_{\sup}$ [BON 77, LAL 84]。由最小负峰值 $(2\pi f_0)^2 z_{\inf}$ 构成的负谱也可绘出。

随机振动信号的随机特性决定了用来描述其最大响应特性的参数不像正弦振动信号那样简单。常用的一些定义(对于任意的 f_0)如下:

(1) 给定时间 T 内平均意义上的响应最大值;

(2) 响应幅值为随机振动均方根的 k 倍;

(3) 在给定概率下不会被超过的峰值;

(4) 幅值为随机振动响应均方根的 k 倍。

本书接下来将计算以上 4 种情况的极限响应谱,需要用极值统计分析方法得到一些其他关系式,对这 4 种情况进行补充,因为它们对于结构尺寸设计非常有用。

首先,应该区分振动信号是由时域信号还是功率谱密度来描述。

2.1 不确定振动信号

当信号不确定时,特别是当其为非平稳信号或高斯信号时,是无法确定功率谱密度的。在这种情况下,极限响应谱的每一个点只能通过数值计算的方法求出单自由度线性系统在激励 $\ddot{x}(t)$ 作用下的位移 $z(t)$,然后找出 T 时间段内最大值(正值 $z_{\sup}$ 和/或负值 $z_{\inf}$,或者二者绝对值中之大者),如图 2.1 所示。

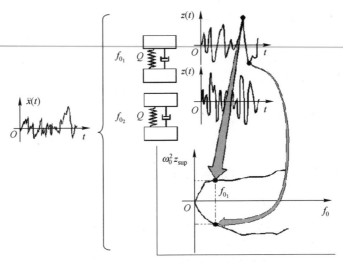

图 2.1　极限响应谱计算原理

　　由于没有考虑振动结束后系统的残余响应,这种方法与计算初使冲击响应谱相似。

　　如果持续时间很长,则将计算限定在一个具有代表性的、长度合理的时间范围内。然而,这样做会不可避免地带来产生明显误差的风险,峰值发生在另一段时间范围内的概率实际上是不可忽略的(风险与所选取范围的持续时间有关)。

　　在可能的情况下,最好按照以下章节给出的过程来减少时间成本,持续时间 T 增加会导致计算时间延长很多。

例 2.1　图 2.2 给出了利用卡车上测量的一个时域随机振动信号计算的极限响应谱。

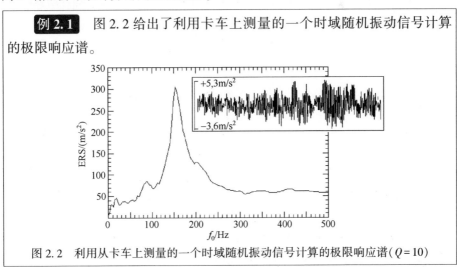

图 2.2　利用从卡车上测量的一个时域随机振动信号计算的极限响应谱($Q=10$)

注:在计算冲击响应谱(第2卷)、极限响应谱、随后定义的上穿越风险响应谱和疲劳损伤谱时,对时域信号的采样频率要比香农定理要求的频率大得多,大约是所关心频谱最大频率的10倍。不过,基于香农定理进行采样的信号可以通过重构来满足上述要求。

2.2 高斯平稳随机信号

2.2.1 由峰值分布计算得到的信号

2.2.1.1 一般情况

如果平稳信号瞬时值的分布符合高斯定律,则响应的瞬时值也为高斯分布。因此可以从功率谱密度直接计算每一个单自由度线性系统的最大响应的概率密度,以及对应的峰值分布函数[第3卷,式(6.67)]:

$$Q(u_0)=1-P(u_0)=\frac{1}{2}\left\{1-\mathrm{erf}\left(\frac{u_0}{\sqrt{2(1-r^2)}}\right)+re^{\frac{-u_0^2}{2}}\left[1+\mathrm{erf}\left(\frac{ru_0}{\sqrt{2(1-r^2)}}\right)\right]\right\}$$

式中:$Q(u_0)$为$u>u_0$时的概率,$u=\dfrac{z_0}{z_{\mathrm{rms}}}$,$z_0$为单自由度系统相对位移响应的幅值,$z_{\mathrm{rms}}$为相对运动的均方根值。

想要根据此表达式来确定ERS,必须计算:

(1) 奇异因子$r=\dfrac{n_0^+}{n_p^+}$[第3卷,式(6.48)]。

(2) 相对位移正峰值在每秒出现次数的平均值[第3卷,式(6.34)],即

$$n_p^+=\frac{1}{2\pi}\frac{\ddot{z}_{\mathrm{rms}}}{\dot{z}_{\mathrm{rms}}}=\left[\frac{\int_0^{+\infty}f^4G_z(f)\,\mathrm{d}f}{\int_0^{+\infty}f^2G_z(f)\,\mathrm{d}f}\right]^{\frac{1}{2}}$$

(3) 响应的平均频率[第3卷,式(5.43)和式(5.53)],即

$$n_0^+=\frac{1}{2\pi}\frac{\dot{z}_{\mathrm{rms}}}{z_{\mathrm{rms}}}=\left[\frac{\int_0^{+\infty}f^2G_z(f)\,\mathrm{d}f}{\int_0^{+\infty}G_z(f)\,\mathrm{d}f}\right]^{\frac{1}{2}}\approx f_0$$

(4) 在所选定T时间段内响应峰值高于阈值u_0总次数的平均值,即

$$N=n_p^+TQ_p(u_0) \tag{2.1}$$

(5) 该阈值为T时间内最大峰值的平均概率(或者$1/N$)。

(6) 用连续迭代算出波峰的幅值z_0。

这种方法的原理是设定一个概率值 $Q(u_0)$，确定相对应的 u_0 的取值。T 时间内的最大峰值(平均意义上)可以初略对应为仅会被穿越 1 次($N=1$)的阈值 u_0，这样可以得到

$$Q(u_0) = \frac{1}{n_p^+ T} \tag{2.2}$$

式中：u_0 是由连续迭代来确定的。

分布函数 $Q(u)$ 是 u 的一个递减函数，对于给定的两个 u 值：

$$Q(u_1) < Q(u_0) < Q(u_2) \tag{2.3}$$

每迭代一次，区间 (u_1, u_2) 不断减少直到特别小的值，例如：

$$\frac{Q(u_1) - Q(u_2)}{Q(u_0)} < 10^{-2}$$

利用内插法得到

$$z_s \approx z_0 = z_{rms}\left[(u_2 - u_1)\frac{Q(u_1) - Q(u_0)}{Q(u_1) - Q(u_2)} + u_1\right] \tag{2.4}$$

和

$$R = (2\pi f_0)^2 z_s \approx (2\pi f_0)^2 z_{rms}\left[(u_2 - u_1)\frac{Q(u_1) - Q(u_0)}{Q(u_1) - Q(u_2)} + u_1\right] \tag{2.5}$$

这样得到的峰值是平均意义上的最大峰值。针对多个信号样本，该值是通过对每个信号样本中系统响应数值计算的结果进行平均得到的，可将这些峰值计算结果绘制直方图。

> **例 2.2** 随机振动定义为
>
> $$\begin{cases} 100 \sim 300\text{Hz}: 5 \ (\text{m/s}^2)^2/\text{Hz} \\ 300 \sim 600\text{Hz}: 10 \ (\text{m/s}^2)^2/\text{Hz} \\ 600 \sim 1000\text{Hz}: 2 \ (\text{m/s}^2)^2/\text{Hz} \end{cases}$$
>
> 持续时间为 1h。
>
> 极限响应谱如图 2.3 所示，设 $5 \leqslant f_0 \leqslant 1500\text{Hz}$，$Q = 10$。 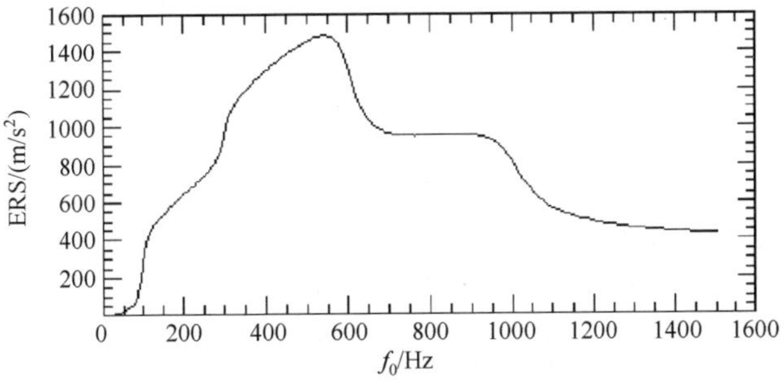
>
>
> 图 2.3　由 PSD 定义的随机振动的极限响应谱($Q = 10$)

注:(1) 极限响应谱和冲击响应谱的区别。

极限响应谱和冲击响应谱是给定品质因数 Q 的单自由度线性系统在受到所研究的振动或冲击时,最大响应随固有频率的变化的关系(不用响应均方根值的 3 倍来作为极限响应谱)。计算的方法是相同的(第 2 卷,第 2 章)。

对于持续时间比较长的振动来说,响应出现在振动期间,重点关注初始谱。

对于冲击来说,最大响应峰值可以出现在冲击期间或者冲击过后。一般用初始谱和残余谱的包络。这是 ERS 和 SRS 的唯一区别。

(2) 用时域信号和功率谱密度计算的极限响应谱的区别。

当随机振动服从高斯分布,极限响应谱可以通过加速度信号或者功率谱密度计算出来。在随机振动下,由功率谱密度求出的极限响应谱具有统计特性,给出了在 T 时间段内最大峰值的平均值。当直接由时域信号计算得来时,它代表这个信号样本在持续时间内的最大峰值。

此外,当利用功率谱密度时,可以从响应的峰值概率密度得到极限响应谱。反之,可以建立信号随时间的区间直方图(通过这个直方图可以导算出峰值直方图)。为了使算法标准化,可以使用 Dirlik 区间分布准则(第 4 卷,第 4 章)。

例 2.3　(1) 对于图 2.4 中的理论上功率谱密度,Dirlik 的半范围概率密度与 Rice 的峰值概率密度相差很大(第 4 卷,例 4.2)。但是,由两种假设计算的极限响应谱很相似 (图 2.5)。

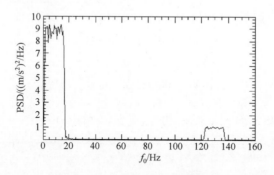

图 2.4　第 4 卷中例 4.3 的功率谱密度(均方根值为 12.35m/s²)

(2) 飞机上测量的振动。

设想在飞机上测量的一个振动信号,功率谱密度如图 2.6 所示。由 Rice 峰值概率密度和 Dirlik 范围概率密度计算的 ERS 很相近(图 2.7)。

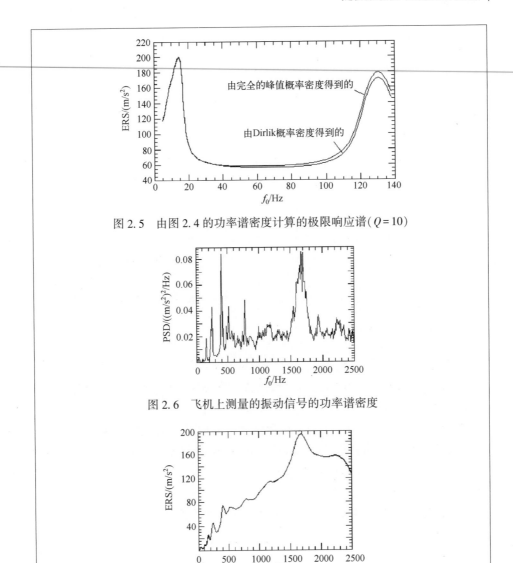

图 2.5 由图 2.4 的功率谱密度计算的极限响应谱($Q = 10$)

图 2.6 飞机上测量的振动信号的功率谱密度

图 2.7 由 Rice 峰值概率密度和 Dirlik
范围概率密度计算的 ERS($Q = 10$)

2.2.1.2 窄频响应情况

假设 $\ddot{x}(t)$ 服从高斯分布且为零均值。如果相对位移响应 $z(t)$ 和其导数 $\dot{z}(t)$ 是独立函数,则单位时间内以正斜率穿越给定量值 a 的平均次数为(第 3 卷)

$$n_a^+ = n_0^+ e^{-\frac{a^2}{2z_{\text{rms}}^2}}$$

或者在 T 时间段内,有

$$N_a^+ = n_0^+ T e^{-\frac{a^2}{2z_{rms}^2}}$$

T 时间段内最大量级只穿越一次,即

$$N_a^+ = 1 = n_0^+ T e^{-\frac{a^2}{2z_{rms}^2}}$$

得到量级 a 为

$$a = z_{rms}\sqrt{2\ln n_0^+ T} \qquad (2.6)$$

在频率 f_0 下(对于给定 Q 值),极限响应谱的幅值为

$$R = (2\pi f_0)^2 a$$
$$= (2\pi f_0)^2 z_{rms}\sqrt{2\ln n_0^+ T} \qquad (2.7)$$

这个结果也可以通过第 3 卷中的分布函数式(6.67)得到。

当奇异因子 $r>0.6$ 时,该近似值是可以接受的。可以认为最大值近似服从瑞利分布。

注:极限响应谱的正值和负值都是 f_0 的函数(与冲击响应谱相同),可以分别绘制曲线。

对于上穿越阈值 $|a|$ 的情况,也可以绘成一个曲线。这种情况下,式中 n_a^+ 必须用 $n_a^+ = 2n_a^+$ 来替换(同时 $n_0^+ = 2n_0^+$)。对于所选限值 a,由环境随机特性决定的不确定性与在时间段 T 内被超过的幅值没有关联,但是与在比 T 短的时间内获得 a 的概率有关。一旦给定时间 T,a 取时间段 T 内的平均值。

2.2.1.3 持续时间大于分析信号持续时间信号的极限响应谱

用于计算极限响应谱的振动信号持续时间通常比较短。可以通过式(2.7)估计更长持续时间的振动信号极限响应谱。尽管此方法是针对窄频噪声的,但将它用于宽频振动极限响应谱估计效果也很好。

根据信号持续时间为 T 的信号来计算极限响应谱,即

$$R = (2\pi f_0)^2 z_{rms}\sqrt{2\ln n_0^+ T} \qquad (2.8)$$

如果振动实际持续时间 $T_R>T$,则极限响应谱为

$$R_R = (2\pi f_0)^2 z_{rms}\sqrt{2\ln n_0^+ T_R} \qquad (2.9)$$

消除两式中的 n_0^+,可以得到 T_R 持续时间极限响应谱的估算值与 T 持续时间极限响应谱计算值之间的相对关系:

$$R_R = \sqrt{R^2 + 2(2\pi f_0)^4 z_{rms}^2 \ln \frac{T_R}{T}} \qquad (2.10)$$

2.2.2 最大峰值分布准则的应用

可以使用第 3 卷第 7 章中所讲的公式,尽管它们更复杂,但这些公式通常

在更高量级时会使结果更接近先前的数据。

对于时间长度为 T 的信号,最大峰值的概率密度为[第 3 卷,式(7.25)]

$$p_0(u)\,\mathrm{d}u = -\mathrm{d}\left[\exp\left(-n_0^+ T \mathrm{e}^{-\frac{u^2}{2}}\right)\right]$$

对于最概然值(第 3 卷,式(7.43))

$$m = \sqrt{2\ln n_0^+ T} = \frac{a}{z_{\mathrm{rms}}}$$

即式(2.6),对于平均值,根据第 3 卷的式(7.30),可得

$$a = z_{\mathrm{rms}}\left[\sqrt{2\ln n_0^+ T} + \frac{\varepsilon}{\sqrt{2\ln n_0^+ T}}\right] \tag{2.11}$$

式中:欧拉常量 $\varepsilon = 0.577215665$。

注:

(1) 式(2.11)是第 3 卷中式(7.29)的一个近似:

$$a = z_{\mathrm{rms}}\sqrt{\frac{\pi}{2}}\left[\frac{N_\mathrm{p}}{1!\ \sqrt{1}} - \frac{N_\mathrm{p}(N_\mathrm{p}-1)}{2!\ \sqrt{2}} + \frac{N_\mathrm{p}(N_\mathrm{p}-1)(N_\mathrm{p}-2)}{3!\ \sqrt{3}} - \cdots + (-1)^{N_\mathrm{p}+1}\frac{1}{\sqrt{N_\mathrm{p}}}\right]$$

式中: $N_\mathrm{p} = n_0^+ T$。

不过误差是可以接受的:当 $N_\mathrm{p} > 2$ 时,误差低于 3%;当 $N_\mathrm{p} > 50$ 时,误差低于 1%。

(2)进一步得出该分布的标准方差[第 3 卷,式(7.37)]为

$$s = \frac{\pi}{\sqrt{6}}\frac{1}{\sqrt{2\ln n_0^+ T}}$$

$n_0^+ T$ 越大,标准差越小:将均值 $\bar{u}_0$ 近似作为最大峰值的估计会导致轻微的误差。由图 2.8 可以看出,最开始近似值 $\bar{u}_0$ 取 m,此时方差为 $\dfrac{\varepsilon}{\sqrt{2\ln n_0^+ T}}$,误差为

$$e = \frac{\dfrac{\varepsilon}{\sqrt{2\ln n_0^+ T}}}{\sqrt{2\ln n_0^+ T} + \dfrac{\varepsilon}{\sqrt{2\ln n_0^+ T}}} \tag{2.12}$$

$$= \frac{\varepsilon}{\varepsilon + 2\ln n_0^+ T}$$

误差随着 $n_0^+ T$ 的增加而迅速减小(图 2.9)。

(3) 式(2.7)是式(2.11)的近似。

(4) 最大峰值分布的均值和中值并不相等,只有当 $n_0^+ T \to \infty$ 时两者才相等。找到比用此法则求得的均值更高峰值的概率大于 40%。

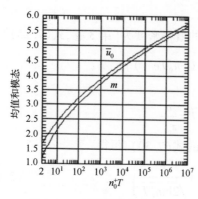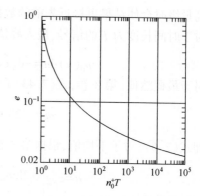

图 2.8　T 时间段内最大峰值　　　　图 2.9　用最大峰值分布准则的最概然值
的均值和最概然值　　　　　　　　替代均值所引起的误差

2.2.3　用 k 倍响应均方根定义响应谱

2.2.3.1　一般表达式

假设响应瞬时值服从高斯分布。谱的每个点对应以某个固定概率不被超越的响应值。

对于用加速度 $\ddot{x}(t)$ 计算得到的功率谱密度(图 2.10),对于给定阻尼比 ξ 和固有频率 f_0 的单自由度线性系统,可以用下式[第 3 卷,式(8.79)]来确定相对位移的均方根值 z_{rms},即

$$z_{\mathrm{rms}}^2 = \frac{\pi}{4\xi\,(2\pi)^4 f_0^3} \sum_{j=1}^{n} a_j G_j$$

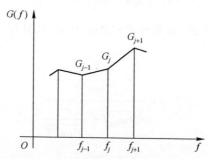

图 2.10　将功率谱密度用垂直线进行分解以用于计算响应位移均方根

如果功率谱密度是由水平直线段组成的[第 3 卷,式(8.87)],则有

$$z_{\mathrm{rms}}^2 = \sum_{i=1}^{n} \frac{G_i}{(2\pi)^4 f_0^3 4\xi}\left[\frac{\xi}{\alpha}\ln\frac{h^2+\alpha h+1}{h^2-\alpha h+1} + \arctan\frac{2h+\alpha}{2\xi} + \arctan\frac{2h-\alpha}{2\xi}\right]_{h_i}^{h_{i+1}}$$

将下式绘成图就得到响应谱:

$$R = k (2\pi f_0)^2 z_{rms} \tag{2.13}$$

在给定 ξ 情况下,它是 f_0 的函数[BAN 78]。常数 k 的选取应保证在某个频率 f_0 的最大响应以给定概率 P_0 低于谱的坐标值[BAD 70]。无论 f_0 取什么值,概率 P_0 恒定不变。如果瞬时值服从高斯分布,则 k 一般取 3,可以确保响应比 ERS 更高的概率为 0.135%。

> **例 2.4** 功率谱密度为 1 $(m/s^2)^2/Hz$,频率介于 200 ~ 1000Hz 的白噪声。
>
> 在绘制图 2.11 中的极限响应谱时:频率 f_0 从 1Hz 变化到 2000Hz;ξ 分别为 0.01、0.025、0.05、0.1、0.2 和 0.3;$k=3$。
>
>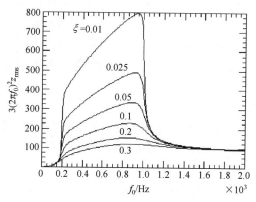
>
> 图 2.11　3 倍响应均方根的 ERS 与阻尼比 ξ 的关系

2.2.3.2　近似表达式

受白噪声作用的单自由度线性系统 (f_0, Q) 的相对位移响应近似为

$$z_{rms} = \sqrt{\frac{Q G_{\ddot{x}_0}}{4\omega_0^3}} \tag{2.14}$$

$$z_{rms} = \left[\frac{G_{\ddot{x}}}{64\pi^3 f_0^3 \xi} \right]^{1/2} \tag{2.15}$$

式中:$G_{\ddot{x}_0}$ 为频率 f 趋近于 $f_0(\omega_0 = 2\pi f_0)$ 时功率谱密度(信号的加速度)。

绝对加速度响应的均方根近似为

$$\ddot{y}_{rms} = \sqrt{\frac{1+Q^2}{Q} \frac{\omega_0 G_{\ddot{x}_0}}{4}} = \sqrt{\frac{1+Q^2}{Q} \frac{\pi f_0 G_{\ddot{x}_0}}{2}} \tag{2.16}$$

$$\ddot{y}_{rms} = \left[\frac{\pi f_0 (1+4\xi^2) G_{\ddot{x}}}{4\xi} \right]^{1/2} \tag{2.17}$$

注:如果阻尼很小,则单自由度线性系统的绝对加速度响应近似为

$$\omega_0^2 z_{\mathrm{rms}} = \sqrt{\frac{Q\omega_0 G_{\ddot{x}_0}}{4}} = \sqrt{\frac{\pi Q f_0 G_{\ddot{x}_0}}{2}} \tag{2.18}$$

上式也称为 Miles 公式[MIL 54]。

当"输入"加速度功率谱密度 $G(f)$ 在共振频率附近的半功率点之间近似恒定,利用[BAN 78, FOS 82, SHO 68]响应的均方根值可估算为

$$z_{\mathrm{rms}} = \frac{1}{(2\pi f_0)^2 \sqrt{\frac{\pi}{2} f_0 Q G_{\ddot{x}_0}}} \tag{2.19}$$

如果功率谱密度在 f_0 附近变动很小,即使对于有色噪声用这个公式给出的 z_{rms} 近似值也是可以接受的。估计极限峰值时,通常取 $k=3$,而 K. Foster 在研究疲劳失效时选择 $k=2.2$[FOS 82]。选择常量 k 的值通常是有争议的,因为没有依据来确定 k 选择 3、4 或 5,因为一个很偶然的大峰值可以导致裂纹的产生,而随后较小的应力会使裂纹恶化[BHA 58, GUR 82, LEE 82, LUH 82]。极限响应谱 $\omega_0^2 z_{\mathrm{rms}}$ 也有定义为 $k=1$ 时。

极限响应谱的计算:

(1) 由传递函数[STA 76]确定的响应功率谱密度的均方根值精确计算;

(2) 用式(2.19)[SCH 81]。首先,根据经验和材料选择品质因数 Q,通常为 $5\sim15$;或者更一般情况下,取 $Q=10$。

通过下式估计 PSD 上每点所对应的 $\omega_0^2 z_{\mathrm{rms}}$:

$$R_i = k\sqrt{\frac{\pi}{2} f_{0i} Q G_i}$$

计算过程如图 2.12 所示(对功率谱密度的每一个频率点计算 R_i,从而得出极限响应谱)。

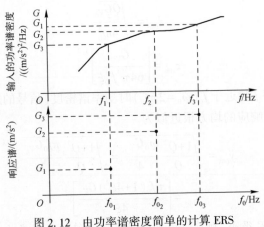

图 2.12 由功率谱密度简单的计算 ERS

常用极限响应谱来比较随机振动、正弦振动(扫频或非扫频)和冲击的相对严酷度。没有此方法时,这项工作难以完成[BOI 61, HAT 82]。在前面已经说明了如何在正弦振动情况下得到这些谱值。

冲击的极限响应谱与冲击响应谱非常类似,结合其他的一些应用,可将这些谱绘制成非常方便使用的 $z_{rms}(f_0)$ 图[FOS 82]。

与冲击响应谱一样,极限响应谱可用于评估多自由度系统(复杂结构)的响应,通过计算每一个模态的响应,再对这些模态进行重组。

近似法的有效性

这些公式只涉及单自由度线性系统的响应。

理论上,式(2.14)只能用在白噪声。实际上,它还可以用在如下情形:

(1)功率谱密度在半功率点(Δf 以固有频率为中心,带宽为 f_0/Q)之间变化很小的时候,上述公式可以提供一个足够的近似值。

(2)固有频率 f_0 与功率谱密度的频率边界相距足够远。只有当单自由度系统的固有频率位于功率谱密度的频域时,计算响应的均方根值才有意义。

在功率谱密度的边缘区域或频率区间内幅值变化很大,误差是很明显的。

Q 越大, $R = 3\sqrt{\dfrac{\pi}{2}f_{0i}QG_i}$ 的准确度越好。准确度也是 f_{0i} 的位置与功率谱密度边界频率 f_1 和 f_2 距离的函数,可以用下例来说明。

例 **2.5** 图 2.13 和图 2.14 给出了 $Q = 10$ 时,不同条件下功率谱密度与极限响应谱的关系。

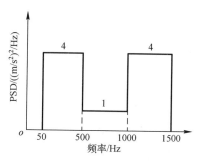

图 2.13　功率谱密度(均方根值为 65.57m/s²)

(1)近似公式 $R = 3\sqrt{\dfrac{\pi}{2}f_0QG}$,式中 G 为功率谱密度在 $f=f_0$ 处的值。

(2)求出单自由度系统响应 $\omega_0^2 z_{rms}$ 的精确均方根值,然后乘以 3。

(3)求出单自由度系统的(平均)最大峰值,持续时间 $T = 10s$。

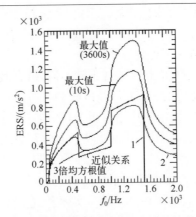

图 2.14   不同假设下获得的极限响应谱的比较($Q=10$)

(4) 同(3),持续时间 $T=3600\mathrm{s}$。

注意:

(1) 对于这样大小取值的 Q,在定义的频率范围内,PSD 的近似不是非常完美(曲线 1 和曲线 2),右边部分不准确;

(2) 极值谱总是大于 3 倍均方根值,即使 T 很短。

例 2.6   飞机上测量到振动。由图 2.15 中的功率谱密度计算极限响应谱:

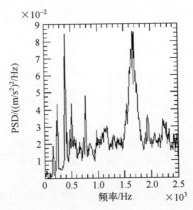

图 2.15   飞机上测量的振动信号的功率谱密度

(1) 近似关系式 $3\sqrt{\dfrac{\pi}{2}f_0 QG}$;

（2）$3\omega_0^2 z_{rms}$，式中 z_{rms} 为均方根的准确值；

（3）持续时间 $T=1h$ 的最大峰值。

图 2.16 中 $Q=50$，图 2.17 中 $Q=5$。

注意：

——$Q=50$ 时，近似值很好，$3\omega_0^2 z_{rms}$ 的频谱比最大峰值的曲线低；

——$Q=5$ 时，3 个谱明显不同。

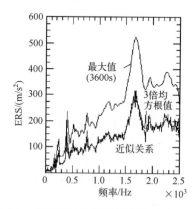

图 2.16　飞机测量的振动信号的 ERS（$Q=50$）

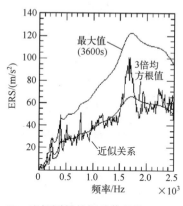

图 2.17　飞机测量的振动信号的 ERS（$Q=5$）

注：利用疲劳准则和类似于 ERS 的曲线，S. P. Bhatia 和 J. H. Schmiclt[BHA 58]提出一种来比较振动和冲击严酷度的方法。作者将 S-N 曲线分为 3 个区域进行分析（图 2.18）。

区域 A：振动环境持续时间较短，是有可能将应力与静态特性进行比较的。作者将应力定义为 3 倍均方根值，获得的曲线类似于极限响应谱。

Specification Development

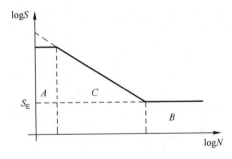

图 2.18 分割成 3 个区域的 S-N 曲线

区域 B：应力与疲劳极限做对比。用一个因子乘以正弦信号和随机应力，即

$$K_1 = \frac{R_e}{\sigma_D} \qquad (2.20)$$

式中：R_e 为容许屈服应力；σ_D 为疲劳极限。

区域 C：正弦应力 σ_F 与所求的理想损伤值相等（利用 Miner 准则计算）。正弦环境通过以下方式来修正：

$$K_2 = \frac{R_e}{\sigma_F} \qquad (2.21)$$

随机环境：

$$K_3 = \beta \frac{R_e}{\sigma_F} \qquad (2.22)$$

式中：β 为随参数 b 变化的常数，用来计算疲劳损伤等效值，即

$$\beta = [\, 0.683 + 0.2712^{\eta b} + 0.04333^{\eta b} \,]^{1/\eta b} \qquad (2.23)$$

根据具体情况，η 在 $0.8 \sim 1.5$ 范围内取值，是非线性函数[LAM 80]。有了这个公式，就不再需要随机振动均方根乘以 3。

例 2.7 　对于 $10 \sim 1000\text{Hz}$ 之间功率谱密度恒定的噪声信号，图 2.19 给出了 $Q = 10$ 时，单自由度线性系统响应均方根的精确值和用式 (2.14) 得到的近似值随其固有频率变化的情况。

可以看出，除在功率谱密度边缘部分外，近似表达式的计算结果是可以接受的。图 2.20 描述了相对误差与固有频率的关系。

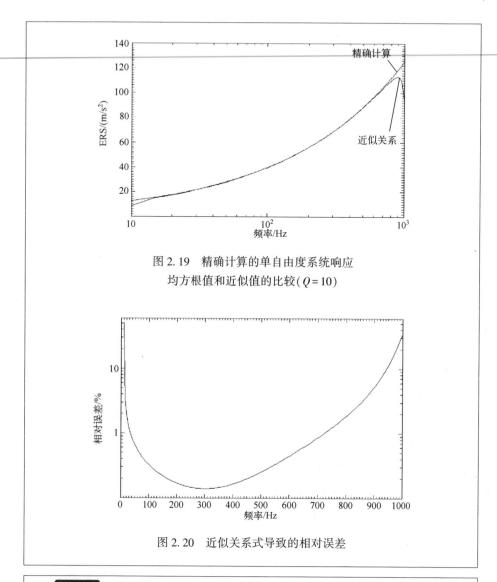

图 2.19　精确计算的单自由度系统响应
均方根值和近似值的比较($Q = 10$)

图 2.20　近似关系式导致的相对误差

例 2.8　　如图 2.21 所示,功率谱密度是在恒值宽带噪声背景上叠加 200 ~ 500Hz 大幅值窄带。

近似公式的结果在功率谱密度边缘和窄带(200 ~ 500Hz)的边缘效果最差(图 2.22 和图 2.23)。

品质因数 Q 越大,半功率带宽越窄,所以误差越小(图 2.24)。

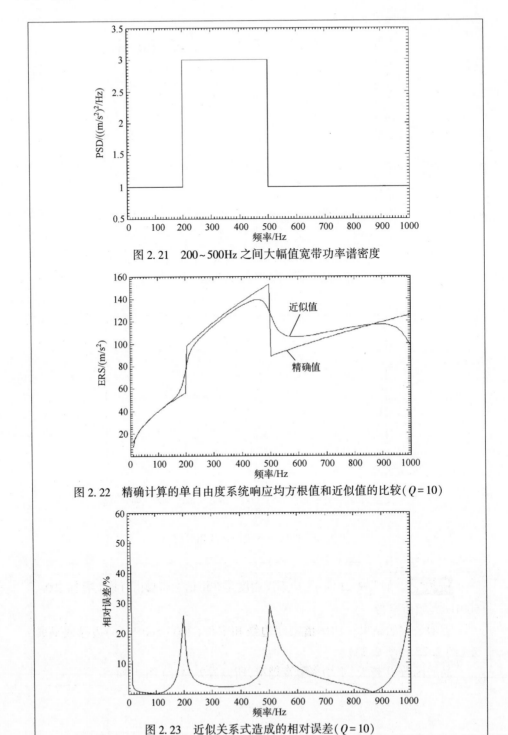

图 2.21　200~500Hz 之间大幅值宽带功率谱密度

图 2.22　精确计算的单自由度系统响应均方根值和近似值的比较($Q=10$)

图 2.23　近似关系式造成的相对误差($Q=10$)

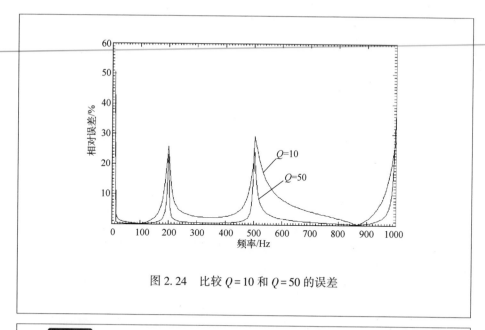

图 2.24　比较 $Q=10$ 和 $Q=50$ 的误差

例 2.9　　PSD 由 0～1000Hz 之间的恒值宽带和 500～510Hz 非常窄的窄带叠加而成(图 2.25)。

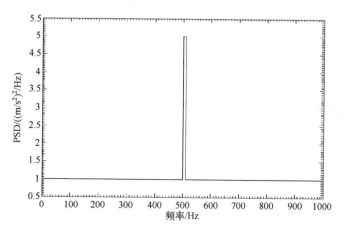

图 2.25　窄带(中心频率位于 500Hz)叠加在宽带上的 PSD

同样,在频谱边缘存在误差,而在峰值附近的误差也很大(图 2.26 和图 2.27)。

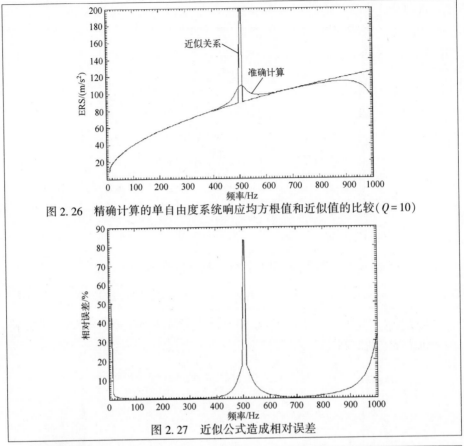

图 2.26　精确计算的单自由度系统响应均方根值和近似值的比较($Q=10$)

图 2.27　近似公式造成相对误差

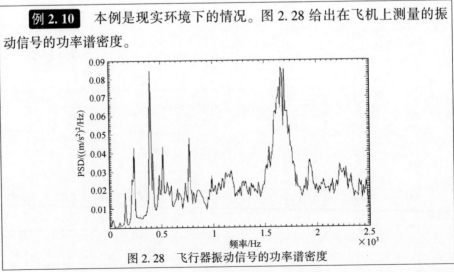

例 2.10　本例是现实环境下的情况。图 2.28 给出在飞机上测量的振动信号的功率谱密度。

图 2.28　飞行器振动信号的功率谱密度

近似公式计算的均方根值曲线相对于精确计算得到的更不平滑。事实上,它与功率谱密度的形状很像,而精确计算得到的曲线更加平滑些(图 2.29)。

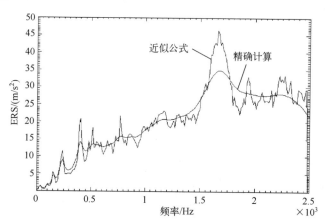

图 2.29　精确计算的单自由度系统响应均方根值和
近似值的比较($Q = 10$)

在功率谱密度定义的大部分区间内,相对误差比较大(大于 10%)(图 2.30)。

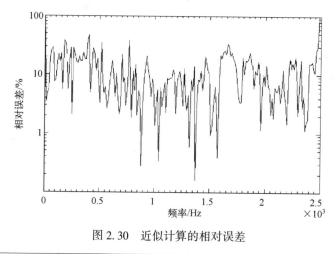

图 2.30　近似计算的相对误差

2.2.4　其他计算极限响应谱的方法

第 3 卷中第 10 章给出了基于不同假设下经历随机振动的单自由度线性系统响应首次穿越,可用来计算 ERS(表 2.2)。

2.3 高频段极限响应谱的限制

极限响应谱的幅值(式(2.7))是关于响应位移的均方根值和其平均频率的一个函数,即

$$\omega_0^4 z_{rms}^2 = \omega_0^4 \int_{f_1}^{f_2} G_z(f)\,\mathrm{d}f = \int_{f_1}^{f_2} \frac{G_{\ddot{x}}(f)\,\mathrm{d}f}{\left(1 - \frac{f^2}{f_0^2}\right)^2 + 4\xi^2 \frac{f^2}{f_0^2}} \qquad (2.24)$$

在极限响应谱的高频率段,当 $f_0 \gg f_2$ 时,有

$$\omega_0^4 z_{rms}^2 \approx \int_{f_1}^{f_2} G_{\ddot{x}}(f)\,\mathrm{d}f = \ddot{x}_{rms}^2 \qquad (2.25)$$

从式(2.24)和式(2.25)可推导出

$$G_z = \frac{G_{\ddot{x}}}{\omega_0^4} \qquad (2.26)$$

根据定义,平均频率可以表示为

$$f_M^2 = \frac{\int_{f_1}^{f_2} f^2 G_z(f)\,\mathrm{d}f}{z_{rms}^2}$$

由式(2.25)和式(2.26)可得

$$f_M^2 = \frac{\int_{f_1}^{f_2} f^2 G_{\ddot{x}}(f)\,\mathrm{d}f}{\omega_0^4 z_{rms}^2} = \frac{\int_{f_1}^{f_2} f^2 G_{\ddot{x}}(f)\,\mathrm{d}f}{\ddot{x}_{rms}^2} \qquad (2.27)$$

当固有频率比定义的输入 PSD 频率上限大时,相对响应位移的平均频率趋向于激励频率。结果是响应与受激励系统的固有频率无关。因此,计算 ERS 的式(2.7)有一个极限:

$$\omega_0^2 z_{sup} \approx \ddot{x}_{rms}\sqrt{2\ln f_M T} \qquad (2.28)$$

从而证实冲击响应谱在高频段区趋向于激励的最大值。

2.4 具有上穿越风险的响应谱

在之前章节考虑了 T 时间段内最大峰值的平均值(振幅为 z_s)。最大峰值分布表明,当分散性很小的时候,这个平均值足以用来比较不同振动的严酷度或者用来编写试验规范(因为只对曲线的相对位置感兴趣)。然而,如果设计部门根据这个结果来确定材料的尺寸,将会带来这样的风险:当持续时间超过 T 时,估算时被忽略的峰值出现的概率变大,且不可忽略(第 3 卷,第 7 章)。出于这种目的,最好选择一个上穿越风险较低的值。

2.4.1 完整表达式

一个持续时间为 T 的信号中峰值个数为 $n_p^+ T$(n_p^+ 为每秒峰值平均个数),其中有 N 个峰值大于 u,表示为[第 3 卷,式(7.21)]

$$v = N_p Q(u)$$

式中: $N_p = n_p^+ T$。

固有频率为 f_0 的单自由度系统响应的峰值比给定的 u_0 值大的概率 $Q(u)$ 由下式给出[第 3 卷,式(6.67)]:

$$Q(u_0) = \frac{1}{2}\left\{1 - \mathrm{erf}\left(\frac{u_0}{\sqrt{2(1-r^2)}}\right) + r e^{-\frac{u_0^2}{2}}\left[1 + \mathrm{erf}\left(\frac{r u_0}{\sqrt{2(1-r^2)}}\right)\right]\right\}$$

式中: r 为奇异因子,由功率谱密度的矩得出; u 为简化的最大值的相对位移幅值(幅值与均方根值的比,即 $u = z/z_{\mathrm{rms}}$); $\mathrm{erf}(\ )$ 为误差函数,定义为

$$\mathrm{erf}(x) = \frac{2}{\sqrt{\pi}}\int_0^x e^{-\lambda^2}\mathrm{d}\lambda$$

给定时间 T 内最大值的概率为[第 3 卷,式(7.22)]

$$p_N(u)\mathrm{d}u = \mathrm{d}(e^{-v}) = -e^{-v}\mathrm{d}v$$

即

$$p_N(u)\mathrm{d}u = -e^{-N_p Q(u)}N_p \mathrm{d}[Q(u)]$$

因此

$$p_N(u)\mathrm{d}u = -e^{-N_p Q(u)}N_p q(u)\mathrm{d}u \qquad (2.29)$$

式中: $q(u)$ 为峰值的概率密度[第 3 卷,式(6.19)]。

设幅值 u_0 有 π_0 的概率(如 10^{-2} 或 10^{-3})被超过,即

$$\pi_0 = 1 - \int_0^{u_0} p_N(u)\mathrm{d}u \qquad (2.30)$$

u_0 通过迭代得到。

当固有频率 f_0 变化时,可以描绘出由下式定义的谱:

$$R_U(f_0) = \omega_0^2 u_0 z_{\mathrm{rms}}$$

式中: $\omega_0 = 2\pi f_0$。

我们称用这种方法得到谱 $R_U(f_0)$ 为上穿越风险谱(URS)。谱上的每一个点的出现概率不同。 $\pi(u_0)$ 是上穿越风险。

例 **2.11** 这个例子用来证明 ERS 和上穿越风险谱(URS)可能存在的差异。图 2.31 是飞机运输振动信号的功率谱密度。

图 2.32 中 URS 的风险值为 0.01,振动持续时间为 1h;图 2.33 中 URS 风险值为 0.001,振动持续时间为 5min。

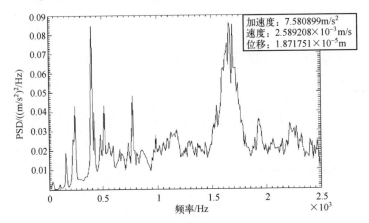

图 2.31 某飞机运输振动信号的功率谱密度

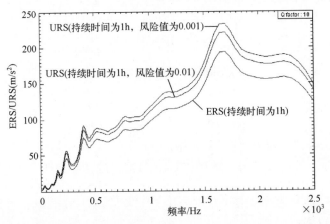

图 2.32 ERS 与两个不同上穿越风险值 URS(持续时间为 1h)之间的比较

可以得出:

(1) 利用极限响应谱对结构的设计会稍微有些欠设计;

(2) 风险值为 0.01 和 0.001 得出的 URS 差别不是很大;

(3) URS 与 ERS 相似,随持续时间(更准确地说是循环次数)不同而变化:持续时间越长,大的响应越容易出现(参考 6.1 节)。然而变化却很缓慢(此例中持续时间为 5min 和 1h 之间差距很小)。

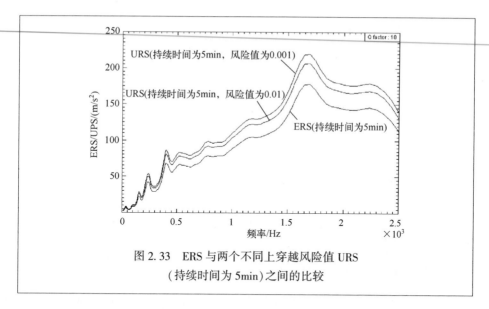

图 2.33　ERS 与两个不同上穿越风险值 URS
（持续时间为 5min）之间的比较

2.4.2　近似关系式

根据第 3 卷中式(7.54)可知

$$R_{\text{U}} = (2\pi f_0)^2 z_{\text{rms}} \sqrt{-2\ln\left[1-(1-\alpha)^{1/n_0^+ T}\right]} \tag{2.31}$$

式中：α 为上穿越可接受的风险值，也就是在 $n_0^+ T$ 个峰值中找出一个比 R_{U} 大的峰值的概率（比如，$\alpha=0.01$ 是可接受的）；n_0^+ 为单自由度系统响应的平均频率，系统固有频率为 f_0。第 3 卷中式(7.54)是基于窄带噪声假设得来的（这里是单自由度系统响应），则 $n_0^+ = f_0$。

URS 可以表达成先前定义的 ERS 的一个函数：

$$R_{\text{U}} = R\sqrt{\frac{-\ln\left[1-(1-\alpha)^{1/n_0^+ T}\right]}{\ln(n_0^+ T)}} \tag{2.32}$$

当 $\alpha \ll 1$ 时，根据第 3 卷中式(7.55)，式(2.31)可以简化成

$$R_{\text{U}} = (2\pi f_0)^2 z_{\text{rms}} \sqrt{2\ln\left(\frac{n_0^+ T}{\alpha}\right)} \tag{2.33}$$

得到

$$R_{\text{U}} = R\sqrt{1-\frac{\ln\alpha}{\ln n_0^+ T}} \tag{2.34}$$

图 2.34 给出了当 α 分别为 10^{-4}、10^{-3}、10^{-2} 和 10^{-1} 时，$\dfrac{R_{\text{U}}}{R}$ 作为 $n_0^+ T$ 的函数的变化情况。从图可以看出，α 因子不可忽略。

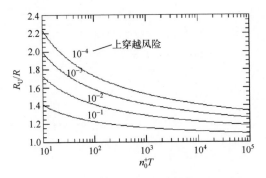

图 2.34 R_U/R 作为 n_0^+T 的函数的变化情况

由近似关系式得出的谱与通过完整公式得出的结果,大体上是相等的(除了当 r 比 1 小很多时)。

例 2.12 飞机振动。

利用上面的方法(参见 2.2.1.1 节),通过迭代法计算出 $Q=10, T=10\text{min}$ 条件下的 ERS。

分别在上穿越风险值 0.001 和 0.01 情况下,计算 URS。

(1)利用 Rayleigh 假设(式(2.31));

(2)由峰值的 Rice 分布(参见 2.4.1 节)。

两个风险值下的 URS 曲线合并在一起(图 2.35)。

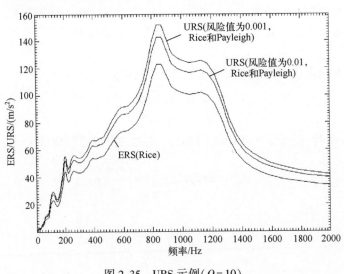

图 2.35 URS 示例($Q=10$)

2.4.3 URS-PSD 近似关系

由式(2.31)可知,响应的均方根值可以通过下式计算:

$$z_{\mathrm{rms}} = \sqrt{\frac{QG_{\ddot{X}}(f)}{4\omega_0^3}}$$

进而可得

$$R_{\mathrm{U}} = (2\pi f_0)^2 \sqrt{\frac{QG_{\ddot{X}}(f)}{4\omega_0^3}} \sqrt{-2\ln\left[1-(1-\alpha)1/n_0^+ T\right]} \qquad (2.35)$$

$$R_{\mathrm{U}} = \sqrt{-\frac{\omega_0 G_{\ddot{X}}(f)}{4\xi}\ln\left[1-(1-\alpha)1/n_0^+ T\right]} \qquad (2.36)$$

注:当给出 URS 或冲击响应谱[KAU 78],简化的表达式可以用于计算 PSD:

$$G_{\ddot{X}}(f) = \frac{-4\xi R_{\mathrm{U}}^2}{\omega_0\ln\left[1-(1-\alpha)1/n_0^+ T\right]} \qquad (2.37)$$

取 $\alpha = 5\%$ 并近似处理 $n_0^+ \approx f_0$。可取使用 z_{rms} 精确值的计算方法。已知冲击响应谱的情况,必须计算持续时间以至于通过 PSD 计算的 URS 幅值与冲击响应谱相近。(见图 2.36~图 2.38)

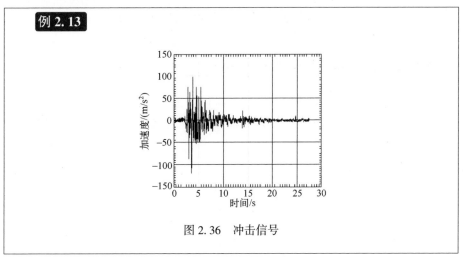

例 2.13

图 2.36 冲击信号

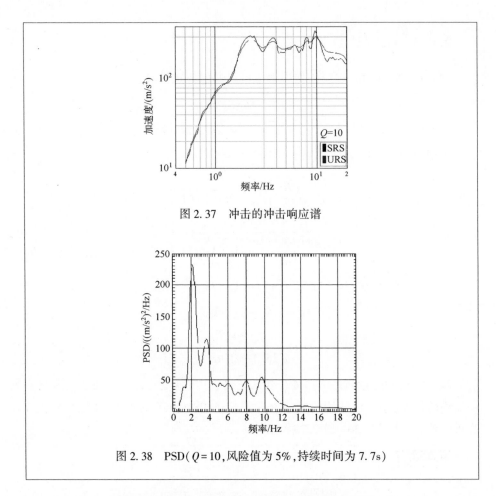

图 2.37 冲击的冲击响应谱

图 2.38 PSD($Q=10$,风险值为 5%,持续时间为 7.7s)

2.4.4 以穿越阈值相互独立为假设的计算方法

假设上穿越阈值 a 是独立的,也可以得出同样结果,对于高量级情况是可以接受的(因为关注的是最大量级)。在这种情况下,上穿越大致服从泊松分布,其均值

$$E(T) = \frac{1}{n_a^+} \tag{2.38}$$

和标准差

$$s = \frac{1}{n_a^+} \tag{2.39}$$

得出分布函数为

$$P(T_0) = 1 - e^{-n_a^+ T_0} \tag{2.40}$$

假设 $E(T)=T$ 或者 T 是平均时间,那么

$$T=\frac{1}{n_a^+}$$

得出

$$a=z_{rms}\sqrt{2\ln n_0^+ T} \tag{2.41}$$

在少于 T 时间内达到这个量级的概率为

$$P(T)=1-e^{-\frac{n_a^+}{n_a^+}}=1-\frac{1}{e}=0.632$$

如果确定比上述值更小的概率 P 所对应的量级 a,则过程如下:
令 $P=P_0$ 作为所选取量级的概率,对应的持续时间为

$$T=E(T)-ks(T)$$

$$T=\frac{1}{n_a^+}-\frac{k}{n_a^+}=\frac{1-k}{n_a^+}$$

$$P_0=1-e^{-n_a^+\frac{1-k}{n_a^+}}=1-e^{k-1}$$

$$k=1+\ln(1-P_0)$$

得出

$$T=\frac{1-1-\ln(1-P_0)}{n_a^+}=-\frac{\ln(1-P_0)}{n_a^+} \tag{2.42}$$

$$n_a^+ T=-\ln(1-P_0)=n_a^+ Te^{-\frac{a^2}{2z_{rms}^2}}$$

$$\ln\left(\frac{-\ln(1-P_0)}{n_a^+ T}\right)=-\frac{a^2}{2z_{rms}^2}$$

和

$$a=z_{rms}\sqrt{2\{\ln(n_0^+ T)\}-\ln[-\ln(1-P_0)]} \tag{2.43}$$

如果 $P_0=0.50$,则可得

$$a\approx z_{rms}\sqrt{2\{\ln(n_0^+ T)+0.3665\cdots\}}$$

例 2.14 图 2.39 比较 $\frac{a}{z_{rms}}=\sqrt{2\{\ln(n_0^+ T)+4.6\}}$ ($P_0=0.01$,曲线 1)和 $\frac{a}{z_{rms}}=\sqrt{2\ln(n_0^+ T)}$ ($P=0.632$,曲线 2)作为 $n_0^+ T$ 函数的变化情况。

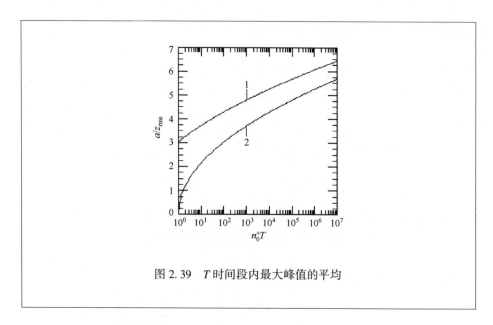

图 2.39 T 时间段内最大峰值的平均

2.4.5 URS 的应用

URS 可以用于以下两种情况：

（1）对于分析结构，在选择一个比较低的先验概率值（如 1%）后，得到在此概率下可能达到的响应最大值。

（2）验证所分析的随机振动能产生比冲击更高的响应（这样就不用进行冲击试验）。此时要用高上穿越风险（如 99%）进行计算。如果计算所得的 URS 比冲击的 SRS 更大，则表明随机振动的严酷度比冲击的严酷度高的可能性比较大。

> **例 2.15**   比较冲击和随机振动的严酷度。图 2.40 给出单自由度系统受随机振动激励产生的响应峰值大于冲击响应的最大峰值的概率为 99%（比较 99%的 URS 与 SRS）。
>
> 如果分析某结构能否耐受随机振动，就应改用较小的上穿越风险如 1%来计算 URS，这样基本可以覆盖到环境引发的最大应力。

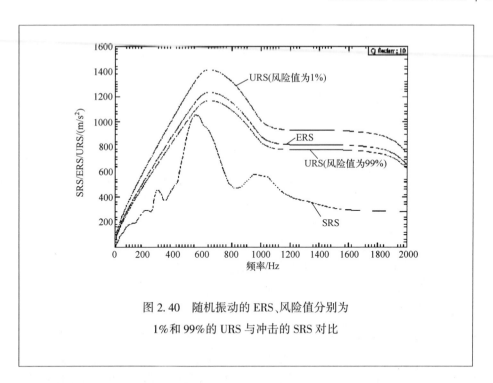

图 2.40 随机振动的 ERS、风险值分别为
1% 和 99% 的 URS 与冲击的 SRS 对比

2.5 各种公式的比较

有多种方法可以计算单自由度系统响应的最大值。通过例 2.16 来比较本章提供的方法与第 3 卷里面各种公式得到结果。

例 2.16 所分析的随机振动为持续时间 1h,其 PSD 在 $1 \sim 2000\text{Hz}$ 之间,幅值恒为 $1(\text{m}/\text{s}^2)^2/\text{Hz}$,单自由度线性系统的固有频率 $f_0 = 100\text{Hz}$,阻尼比 $\xi = 0.05(Q = 10)$。

响应位移的均方根值 $u_{\text{rms}} = 1.0036 \times 10^{-4}\text{m}$。

平均频率 $n_0^+ = 99.87\text{Hz}$。

每秒正峰值数 $n_p^+ = 150.47$。

若 r 是任意值,则 $N_p = n_p^+ T$。若 $r \approx 1$,则 $N_p = n_0^+ T$。本例中 $r = 0.664$。

表 2.1 概括了利用本章建立的关系式计算的响应值。

表 2.1　不同最大峰值公式的比较

参　　数	公　式①	位移/10^{-4}m	$\omega_0^2 \times$位移/(m/s^2)
均方根值响应	第3卷,式(8.62)	1.0036	39.62
3倍响应均方根值	第3卷,式(8.62)	3.011	118.86
$z_{\text{rms}}\sqrt{2\ln(n_0^+ T)}$	第3卷,式(5.61) 第3卷,式(7.43)	5.076	200.41
最大峰值的均值 $z_{\text{rms}}\left[\sqrt{2\ln(n_0^+ T)} + \dfrac{\varepsilon}{\sqrt{2\ln(n_0^+ T)}}\right]$ （假设为窄带噪声）	第3卷,式(7.30)	5.19	204.93
最大峰值的均值 $z_{\text{rms}}\left[\sqrt{2\ln(rN_p)} + \dfrac{\varepsilon}{\sqrt{2\ln(rN_p)}}\right]$ $N_p = n_p^+ T$	第3卷,式(7.56)	5.19	204.93
$z_{\text{rms}}\sqrt{2\{\ln(n_0^+ T) - \ln[-\ln(1-P_0)]\}}$ （$P_0 = 10^{-3}$）	第3卷,式(7.16)	5.721	225.85
概率为10^{-3}的波峰幅值 （由响应的最大值的分布得出）	第3卷,式(6.67)	3.62	142.83
T时间段内最大峰值的均值	第5卷,式(2.2)	5.08	200.41
概率为10^{-3}的波峰幅值 （响应最大峰值的分布）	第3卷,式(7.26)	6.30	248.82
最大峰值的均值加3倍标准偏差 （$r \approx 1$）	第3卷,式(7.30) 第3卷,式(7.37)	5.954	235.07
最大峰值的均值加3倍标准偏差 （r为任意值）	第3卷,式(7.56) 第3卷,式(7.61)	5.987	236.35
最大峰值被超过的风险α $\alpha=0.01$	第5卷,式(2.34)	5.92	233.72
$\alpha=0.001$		6.30	248.70

需要注意：由3倍均方根值计算出的响应值比最大峰值的平均值小得多。当持续时间很短时，结果可能正好相反。

表2.2给出了利用第3卷中第10章的首次穿越计算公式对相同数据处理的结果。通过确定所采用公式中ν的值来求得位移，而ν的选取方法是首次上穿越该阈值的概率，根据不同的类型分别采用：在持续时间T内，对于B型和D

---

① 相关卷及公式号。

型上穿越,$P=1-\dfrac{1}{n_p^+ T}$;对于 E 型上穿越,$P=1-\dfrac{1}{N_T}$(包络的峰值平均数 N_T 由第 3 卷中式(10.55)给出)。

表 2.2　首次穿越某阈值的各种公式对照示例

方　　法	类型	公　　式	位移/ $(\times 10^{-4}\mathrm{m})$	$\omega_0^2 \times$位移/ $(\mathrm{m/s^2})$
独立阈值穿越	B	第 3 卷,式(10.5)	7.33	289.23
独立阈值穿越	D	第 3 卷,式(10.7)	7.43	293.19
独立响应的最大值	D	第 3 卷,式(10.30)	7.43	293.19
最大值包络的独立阈值穿越	E	第 3 卷,式(10.35)	7.07	278.93
独立最大值包括(Crandall)	E	第 3 卷,式(10.49)	7.07	278.93
独立最大值的包络(Aspinwall)	E	第 3 卷,式(10.59)	6.91	272.99
马尔可夫过程(Mark)	B	第 3 卷,式(10.66)	7.33	289.23
马尔可夫过程(Mark)	D	第 3 卷,式(10.66)	7.43	293.19
马尔可夫过程(Mark)	E	第 3 卷,式(10.67)	7.25	286.06
两状态马尔可夫过程	B	第 3 卷,式(10.84)	7.33	289.23
两状态马尔可夫过程	D	第 3 卷,式(10.88)	7.43	293.19
两状态马尔可夫过程	E	第 3 卷,式(10.95)	7.21	284.48
平均聚类尺寸	B	第 3 卷,式(10.106) (修正后)	6.85	270.29
平均聚类尺寸	D	第 3 卷,式(10.106)	6.93	273.78
二态平均聚类尺寸	D	第 3 卷,式(10.112)	6.93	273.78

2.6　加速度时域信号的峰值截断效应

为了估计作为参考激励施加在单自由度底座上的加速度信号峰值被截断造成的影响,下面以第 3 卷中 2.13 节同样旨在计算 PSD 的情况为例。

2.6.1　由时域信号计算的极限响应谱

相同截断条件下计算的 ERS 绘制在图 2.41 中。峰值高于 $3\ddot{x}_{rms}$ 的部分被截断对谱的影响很小。峰值高于 $2.5\ddot{x}_{rms}$ 的部分被截断,ERS 的形状变化也还不大。比这再小的截断,得到的 ERS 就无法接受了。在 4.7 节将看到,疲劳损伤谱对这种效应的敏感程度要低一些。

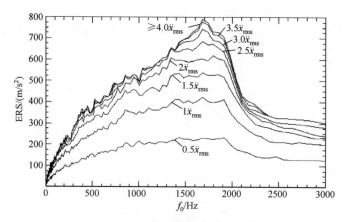

图 2.41　被截断后的振动信号的 ERS($\xi = 0.05$)

2.6.2　由 PSD 计算的 ERS

从图 2.42 可以看出,大于 $2.5\ddot{x}_{rms}$ 的截断效应可以忽略。

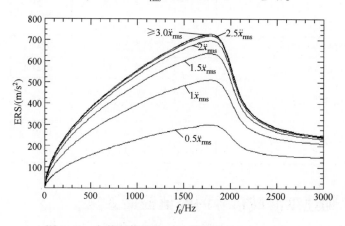

图 2.42　由截断信号的 PSD 计算的 ERS($\xi = 0.05$)

2.6.3　时域信号和 PSD 计算的极限响应谱的比较

当截断大于 $2.5\ddot{x}_{rms}$ 时,两个谱之间的拟合很好,不过由 PSD 计算的 ERS 会更平滑些(因为 PSD 是统计意义上的平均谱)。

由时域信号通过对峰值排序直接计算的 ERS 是确定的,用 PSD 进行计算得到的是平均谱,这个谱是其中的一个样本谱。

当截断小于 $2.5\ddot{x}_{rms}$ 时,根据时域信号计算出的 ERS 比由 PSD 计算出的 ERS 低。图 2.43 和图 2.44 描述了由非截断和截断($0.5\ddot{x}_{rms}$)的时域信号及其由 PSD 计算出的 ERS。

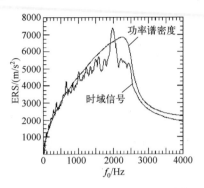

图 2.43 无截断信号及其由 PSD 计算的
ERS 的比较(非截断,$\xi = 0.05$)

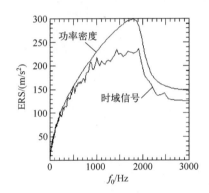

图 2.44 截断信号及其由 PSD 计算的
ERS 的比较(截断处 $0.5\ddot{x}_{rms}$,$\xi = 0.05$)

注:在相似条件下,将白噪声替换为窄带($600 \sim 700$Hz,$G = 5(m/s^2)^2/$Hz)叠加在白噪声上($10 \sim 2000$Hz,$G = 1(m/s^2)^2/$Hz),进行了补充研究,结果相似。

2.7 宽带随机叠加正弦振动

2.7.1 实际环境

实际环境不总是单一的,有时是几种随机振动和正弦振动的组合。

装有恒定转速发动机的螺旋桨飞机与直升机产生的振动由宽带随机噪声和频率变化非常小正弦振动叠加组成。

图 2.45 和图 2.46 描述了在螺旋桨飞机上测量振动信号的 PSD。

例 2.17

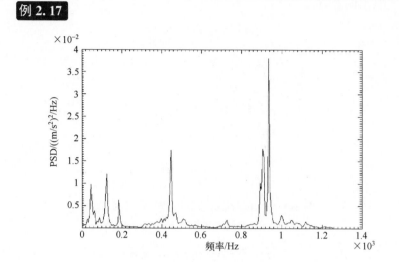

图 2.45 螺旋桨飞机上测量的一个振动信号的 PSD

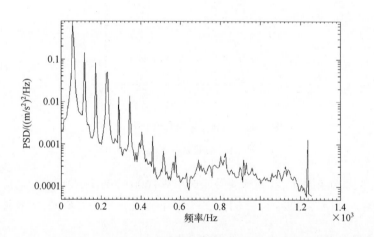

图 2.46 螺旋桨飞机上测量的另一个振动信号的 PSD

例 2.18 标准 GAM-EG-13B 螺旋桨飞机,靠近发动机[GAM 87]。如图 2.47 所示:

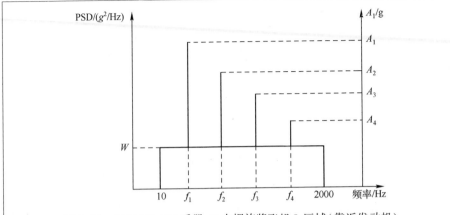

图 2.47　GAM-EG-13B 手册 42 中螺旋桨飞机 L 区域(靠近发动机)
f_1 为发动机旋转频率,f_2、f_3、f_4 为其谐波频率

2.7.2　宽带噪声叠加单个正弦信号的情况

首先考虑在 PSD 为恒值 G 的宽带随机振动叠加单个正弦信号(频率 f_s、幅值 $\ddot{x}_m$)的情况。

(1) $z(t)$ 是此激励下一个单自由度线性系统(f_0,Q)的相对位移响应;

(2) $z_s(t)$ 是正弦信号单独作用下该系统最大相对位移响应;

(3) $z_{a_{rms}}$ 是随机振动单独作用下相对位移响应的均方根值。

2.7.2.1　峰值概率密度

响应的峰值分布 $z(t)$ 的概率密度为[RIC 44]

$$p(z) = \frac{z}{z_a^2} \mathrm{e}^{-\frac{z^2 + z_s^2}{2 z_{a_{rms}}^2}} \mathrm{I}_0 \left(\frac{z\, z_s}{z_{a_{rms}}^2} \right) \tag{2.44}$$

式中:I_0 是零阶贝塞尔函数,且有

$$\mathrm{I}_0 \left(\frac{z\, z_s}{z_{a_{rms}}^2} \right) = \sum_{n=0}^{\infty} \left(\frac{z\, z_s}{2 z_{a_{rms}}^2} \right)^{2n} \frac{1}{(n!)^2} \tag{2.45}$$

式(2.44)是建立在一个假设基础上,即假设在纯随机振动的情况下,单自由度系统的响应是一个窄带响应,响应的峰值分布服从瑞利(Rayleigh)分布。令

$$u = \frac{z}{z_{a_{rms}}}, a = \frac{z_s}{z_{a_{rms}}}$$

式中:z_s 为函数 $z_s(t)$ 的最大值。简化可得

$$p(V) = u \mathrm{e}^{-\frac{u^2 + a^2}{2}} \mathrm{I}_0(au) \tag{2.46}$$

式中

$$I_0(au) = \sum_{n=0}^{\infty} \left(\frac{au}{2}\right)^{2n} \frac{1}{(n!)^2} \tag{2.47}$$

用类似的符号,如果 σ 是所产生的应力($\sigma = Kz$),$\sigma(t)$ 的峰值概率密度可表示为

$$p(\sigma) = \frac{\sigma}{\sigma_{a_{rms}}^2} e^{-\frac{\sigma^2 + \sigma_s^2}{2\sigma_{a_{rms}}^2}} I_0\left(\frac{\sigma\sigma_s}{\sigma_{a_{rms}}^2}\right) \tag{2.48}$$

图 2.48 描述了正弦信号加宽频随机噪声的峰值概率密度。

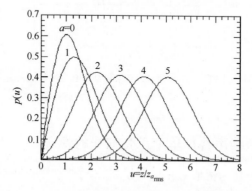

图 2.48 正弦信号加宽带随机噪声的峰值概率密度

2.7.2.2 峰值分布函数

根据定义,峰值分布函数可表示为

$$P(z \leqslant z_1) = \int_0^{z_1} p(z)\,dz \tag{2.49}$$

图 2.49 描述了正弦信号加宽带随机噪声叠加后的峰值分布函数。

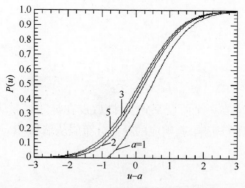

图 2.49 正弦信号加宽带随机噪声叠加后的峰值分布函数

峰值大于 z_1 的概率为

$$Q(z_1) = 1 - P(z_1) = \int_{z_1}^{\infty} p(z)\mathrm{d}z \tag{2.50}$$

简化后，可得

$$Q(u_1) = \int_{u_1}^{\infty} p(u)\mathrm{d}u \tag{2.51}$$

$$Q(u_1) = \int_{u_1}^{\infty} u e^{-\frac{u^2+a^2}{2}} \sum_{n=0}^{\infty} \left(\frac{au}{2}\right)^{2n} \frac{1}{(n!)^2}\mathrm{d}u \tag{2.52}$$

$$Q(u_1) = \sum_{n=0}^{\infty} \left(\frac{a}{2}\right)^{2n} \frac{e^{-\frac{a^2}{2}}}{(n!)^2}\int_{u_1}^{\infty} u^{2n+1} e^{-\frac{u^2}{2}}\mathrm{d}u \tag{2.53}$$

$$Q(u_1) = \sum_{n=0}^{\infty} 2\left(\frac{a^n}{n!}\right)^2 e^{-\frac{a^2}{2}}\int_{u_1}^{\infty} \left(\frac{u}{2}\right)^{2n+1} e^{-\frac{u^2}{2}}\mathrm{d}u \tag{2.54}$$

令 $t=\dfrac{u^2}{2}$ 代入上式，可以得到伽马的不完全式：

$$\gamma(1+x) = \int_0^{u_1} t^x e^{-t}\mathrm{d}t$$

如果

$$\Gamma(1+x) = \int_0^{\infty} t^x e^{-t}\mathrm{d}t$$

并令

$$\gamma_1(1+x) = \Gamma(1+x) - \gamma(1+x)$$

则可得

$$Q(u_1) = \sum_{n=0}^{\infty} \left(\frac{a^n}{n!}\right)^2 \frac{1}{2^n} e^{-\frac{a^2}{2}}\gamma_1(1+n) \tag{2.55}$$

函数 $\gamma(1+n)$ 可以近似为

$$\gamma(1+n) = n! - e^{-x}W(n,t) \tag{2.56}$$

其中[SPE 92]

$$W(n,t) = \begin{cases} 1 & (n=0) \\ 1+t & (n=1) \\ n! + t^n + \sum_{i=1}^{n-1} \dfrac{n!}{(n-i)!}t^{n-i} & (n>1) \end{cases} \tag{2.57}$$

可得

$$\gamma_1(1+n) = e^{-t}W(n,t) = e^{-\frac{u_1^2}{2}}W\left(n,\frac{u_1^2}{2}\right) \tag{2.58}$$

结合式(2.55)和式(2.58)，得到

$$Q(u_1) = \sum_{n=0}^{\infty} \left(\frac{a^n}{n!}\right)^2 \frac{1}{2^n} e^{-\frac{a^2}{2}} e^{-\frac{u_1^2}{2}}W\left(n,\frac{u_1^2}{2}\right) \tag{2.59}$$

$$Q(u_1) = \mathrm{e}^{-\frac{a^2+u_1^2}{2}} \sum_{n=0}^{\infty} \left(\frac{a^n}{n!}\right)^2 \frac{1}{2^n} W\left(n, \frac{u_1^2}{2}\right) \qquad (2.60)$$

特殊情况

如果 $a_0 = \dfrac{a}{\sqrt{2}}$, 那么

$$Q(u_1) = \mathrm{e}^{-\frac{a^2+u_1^2}{2}} \sum_{n=0}^{\infty} \left(\frac{a^n}{n!}\right)^2 W\left(n, \frac{u_1^2}{2}\right) \qquad (2.61)$$

如果 $a_0 = 0$, 即没有正弦振动, 则可

$$Q(u_1) = \int_{u_1}^{\infty} u \mathrm{e}^{-\frac{u_1^2}{2}} \mathrm{d}u \qquad (2.62)$$

$$Q(u_1) = \mathrm{e}^{-\frac{u_1^2}{2}} \qquad (2.63)$$

注:当 a 变大, u 本身也很大时, 分布与其他正态分布一样, 由平均值 z_s 和标准差 z_a 表征。

2.7.2.3 极限响应

一般情况

T 时间段内大于 u_1 的峰值数为

$$N_T = n_p^+ T Q(u_1) \qquad (2.64)$$

式中: n_p^+ 为每秒峰值个数的平均值。

平均最大峰值, 在 T 时间段内就不会超过 1 次。令 $N_T = 1$, 得出

$$Q(u_1) = \frac{1}{n_p^+ T} \qquad (2.65)$$

满足关系式的 u_1 值是通过不断迭代得出的(与 2.2.1 节纯随机的情况一样)。由于已知函数 $Q(u)$ 是递减的, 则可以选择两个 u 值使得 $Q(u_a) < Q < Q(u_b)$, 然后每迭代一次, 迭代区间间隔将减小, 直到 u_1 满足

$$\frac{Q(u_a) - Q(u_b)}{Q(u_a)} < 10^{-2}$$

利用内插法得到

$$z_{\sup} = z_{a_{\mathrm{rms}}} \left[(u_b - u_a) \frac{Q(u_a) - Q(u_1)}{Q(u_a) - Q(u_b)} + u_a \right] \qquad (2.66)$$

极限响应谱为

$$R = (2\pi f_0)^2 z_{\sup} \qquad (2.67)$$

n_0^+ 和 n_p^+ 的计算

相对位移响应的均方根值为

$$z_{\text{rms}}^2 = z_{a_{\text{rms}}}^2 + z_{s_{\text{rms}}}^2 \tag{2.68}$$

文献[CRA 67, RIC 48, STO 61]给出了速度均方根和加速度均方根分别为

$$\dot{z}_{\text{rms}}^2 = \dot{z}_{a_{\text{rms}}}^2 + (2\pi f_{\text{s}})^2 \dot{z}_{s_{\text{rms}}}^2 \tag{2.69}$$

$$\ddot{z}_{\text{rms}}^2 = \ddot{z}_{a_{\text{rms}}}^2 + (2\pi f_{\text{s}})^4 \ddot{z}_{s_{\text{rms}}}^2 \tag{2.70}$$

复合信号的平均频率为

$$n_{0_{\text{RS}}}^+ = \frac{1}{2\pi} \frac{\dot{z}_{\text{rms}}}{z_{\text{rms}}} \tag{2.71}$$

每秒正峰值的平均数为

$$n_{0_{\text{RS}}}^+ = \frac{1}{2\pi} \frac{\ddot{z}_{\text{rms}}}{\dot{z}_{\text{rms}}} \tag{2.72}$$

例 2.19

图 2.50 描述了宽带随机噪声叠加单个正弦信号振动的 ERS。

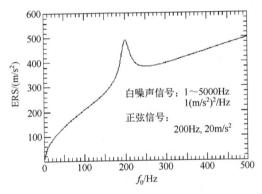

白噪声信号：1～5000Hz
1(m/s²)²/Hz

正弦信号：
200Hz, 20m/s²

图 2.50　宽带随机噪声叠加单个正弦信号振动
的 ERS($Q = 10, T = 1h$)

近似法

（1）单位时间内正穿越给定阈值 z_0 的平均穿越数为

$$n_{z_0}^+ = \frac{1}{2\pi} \frac{\dot{z}_{\text{rms}}}{z_{\text{rms}}} \mathrm{e}^{-\frac{z_0^2}{2 z_{\text{rms}}^2}} = n_{0_{\text{RS}}}^+ \mathrm{e}^{-\frac{z_0^2}{2 z_{\text{rms}}^2}} \tag{2.73}$$

如果振动持续时间为 T，则有

$$\mathrm{e}^{-\frac{z_0^2}{2 z_{\text{rms}}^2}} = \frac{n_{0_{\text{RS}}}^+}{n_{z_0}^+} = \frac{n_{0_{\text{RS}}}^+ T}{n_{z_0}^+ T} \tag{2.74}$$

得出

$$z_0^2 = 2z_{rms}^2 \ln \frac{n_{0_{RS}}^+ T}{n_{z_0}^+ T} \tag{2.75}$$

最大峰值 $z_{sup} = z_0$ 意味着只被穿越一次,即

$$n_{z_{sup}}^+ T = 1$$

得出

$$z_{sup} = z_{rms}\sqrt{2\ln n_{0_{RS}}^+ T} \tag{2.76}$$

$$R = (2\pi f_0)^2 z_{rms}\sqrt{2\ln n_{0_{RS}}^+ T} \tag{2.77}$$

(2)如果 n_0^+ 只是随机振动的平均频率,并且 $n_0^+ T$ 大于1000,则可用下面近似关系式:

$$R = (2\pi f_0)^2 z_{a_{rms}} (a + \sqrt{2\ln n_0^+ T}) \tag{2.78}$$

这个近似关系式比之前的要合理。令 ρ 为这个值与窄带噪声 ERS($R = (2\pi f_0)^2 z_{rms_{NB}}\sqrt{2\ln n_0^+ T}$)的比值,即

$$\rho = \frac{z_{a_{rms}[\sqrt{2\ln n_0^+ T} + a]}}{z_{rms_{NB}}\sqrt{2\ln n_0^+ T}} \tag{2.79}$$

然而

$$\frac{z_{a_{rms}}}{z_{a_{rms_{NB}}}} = \frac{z_{a_{rms}}}{\sqrt{z_{a_{rms}}^2 + z_s^2/2}} = \frac{1}{\sqrt{1 + \frac{1}{2}\left(\frac{z_s}{z_{a_{rms}}}\right)^2}} \tag{2.80}$$

$$\frac{z_{a_{rms}}}{z_{a_{rms_{NB}}}} = \frac{1}{\sqrt{1 + a^2/2}} \tag{2.81}$$

和

$$\rho = \frac{1}{\sqrt{1 + a^2/2}}\left(1 + \frac{a}{\sqrt{2\ln n_0^+ T}}\right) \tag{2.82}$$

当 $u_1 = \sqrt{2\ln n_0^+ T} + a$ 时,式(2.82)也可以表示为

$$\rho \approx \frac{1}{\sqrt{1 + a^2/2}}\frac{u_1}{\sqrt{2\ln n_0^+ T}} \tag{2.83}$$

用此公式可用于确定宽带随机叠加窄带随机混合振动的特性,使其等效于一个宽带随机叠加的正弦振动。

(3)S. O. Rice[RIC 44]表明,如果 $u \gg 1$,$|u-a| \ll a$,那么

$$P(u) = \frac{1}{2} + \frac{1}{2}\text{erf}\left(\frac{u-a}{\sqrt{2}}\right) - \frac{1}{2a\sqrt{2\pi}}\left[1 - \frac{u-a}{4a} + \frac{1+(u-a)^2}{8a^2}\right]\exp\left[-\frac{(u-a)^2}{2}\right] \tag{2.84}$$

（这里提到的误差函数是第 3 卷附录 A4.1 中定义的误差函数 E_1）。如果 $1<a<4$ 且 $u>5$，或者 $a \geqslant 4$ 且 $u \geqslant a$，则这个近似值是正确的。

2.7.3 宽带随机振动叠加多个正弦信号的情况

2.7.3.1 近似关系

计算最低频率正弦信号在一个周期内的最大响应作为响应（$z_{\sup}$）的最大峰值，ERS 为

$$\text{ERS} = \omega_0^2 z_{a_{\text{rms}}} \left(a + \sqrt{2\ln(n_0^+ T)} \right) \tag{2.85}$$

式中：$z_{a_{\text{rms}}}$ 为仅考虑随机振动计算所得的响应均方根值，其计算时只考虑随机振动，且

$$a = \frac{z_{\sup}}{z_{a_{\text{rms}}}}$$

$$\omega_0 = 2\pi f_0$$

$$n_0^+ = \frac{1}{2\pi} \frac{\dot{z}_{a_{\text{rms}}}}{z_{a_{\text{rms}}}}$$

当随机振动由 n 个正弦谐波组成时，$z_{\sup}$ 可以通过 1.2.5 节公式计算。

2.7.3.2 精确公式

S. O. Rice[RIC 44]提出，由一个随机振动和多个正弦信号组成的信号概率密度可表示为

$$P(u) = u \int_0^\infty r \mathrm{J}_0(ru) \left[\prod_{i=1}^n \mathrm{J}_{0i}(S_i r) \right] \exp\left(-\frac{r^2}{2} \right) \mathrm{d}r \tag{2.86}$$

式中：$\mathrm{J}_0(x)$ 为第一个为零的贝塞尔函数；S_i 为

$$S_i = \frac{z_{si}}{z_{a_{\text{rms}}}}$$

其中：z_{si} 为单自由度系统对正弦信号 i 响应的最大值。

> **例 2.20** 单自由度系统（$f_0 = 70\text{Hz}, Q = 10$）对由以下信号组成的信号响应峰值概率密度（图 2.51）：
>
> （1）PSD 等于 $1(\text{m/s}^2)^2/\text{Hz}$ 的随机振动，其频率为 $10 \sim 500\text{Hz}$。
>
> （2）频率为 20Hz、幅值为 50m/s^2 正弦信号。
>
> （3）频率为 40Hz、幅值为 40m/s^2 正弦信号。
>
> （4）频率为 60Hz、幅值为 20m/s^2 正弦信号。
>
> （5）频率为 80Hz、幅值为 50m/s^2 正弦信号。

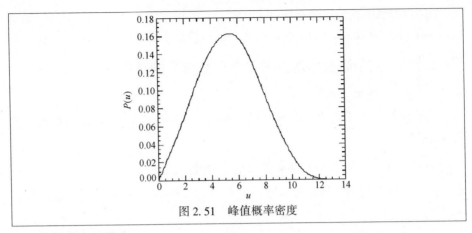

图 2.51 峰值概率密度

峰值分布函数为

$$P(u) = \int_0^u p(u)\,\mathrm{d}u \tag{2.87}$$

计算 ERS 的方法包括寻找和计算在所考虑时间方位内最大峰值概率相关参数 u_0 的值,如 $\dfrac{1}{n_0^+ T}$。u_0 值可以通过 2.7.2.3 节所述的迭代法计算。ERS 的计算公式为

$$\mathrm{ERS} = \omega_0^2 z_{a_{\mathrm{rms}}} u_0 \tag{2.88}$$

例 2.21 宽带噪声信号:

$10 \sim 2000\mathrm{Hz}$

$G_0 = 1(\mathrm{m/s^2})^2/\mathrm{Hz}$

正弦信号:

$100\mathrm{Hz}$、$300\mathrm{Hz}$ 和 $600\mathrm{Hz}$

振幅 $20\mathrm{m/s^2}$

取 $Q = 10$,$10 \sim 1000\mathrm{Hz}$ 步长为 $5\mathrm{Hz}$ 的 ERS 曲线如图 2.52 所示。

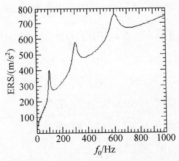

图 2.52 宽带随机振动叠加 3 个正弦信号的 ERS($Q=10$)

2.7.3.3 通过时间函数信号的计算

ERS 也可以通过时间历程信号进行数值计算得到,此时间历程信号由根据 PSD 生成的随机信号与正弦信号叠加而成。

2.7.3.4 正弦信号间相位差的影响

对于信号由一个宽带随机噪声上叠加多个正弦所组成的情况(1.2.6 节),信号的 ERS 对正弦信号之间的相位差比较敏感。

2.8 宽带随机振动叠加扫描正弦

2.8.1 实际环境

标准(如 GAM-EG-13)中为验证机载设备的振动适应性所规定的振动条件一般由宽带噪声叠加以下信号构成:

(1)对于直升机和靠近螺旋桨飞机发动机的机载设备,如果旋转速度是变化的,则叠加扫频信号。即使转速不变,在规范制定过程中也要考虑对旋转速度的误读,从而影响正弦频率。

(2)在螺旋桨飞机的机身、机翼和机尾处由于结构共振而导致的,则叠加窄带扫频信号。

例 2.22 GAM-EG-13B 手册 42 中,直升机机身前侧的随机振动功能试验[GAM 87],如图 2.53 所示。

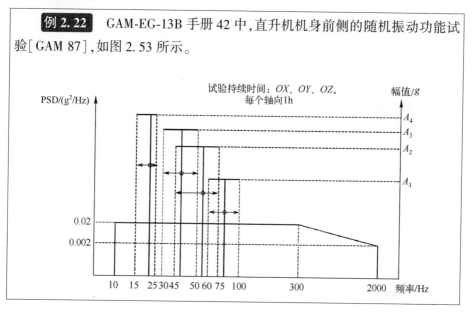

	频率/Hz	幅值/g
A_4	15~25	3.7
A_3	30~50	3
A_2	45~75	2.2
A_1	60~100	2.2

图 2.53　直升机功能试验

试验时间:每个轴向 1h,分为两个对数扫频循环,

每个 0.5h(耐久试验的前、后 0.5h)。

2.8.2　宽带随机振动叠加单个扫描正弦的情况

考虑下面的情况:在一个 PSD 为恒值 G_0 的宽带随机振动上叠加一个扫描正弦,其频率变化是时间的函数,不失一般性按线性变化。在给定时间间隔内,扫描持续时间与混合振动总持续时间相同。

在扫频区间选取 n 个正弦信号,每一个正弦振动信号持续时间等于振动信号总的持续时间除以 n,利用之前章节给出的公式包络 ERS。

例 **2.23**　宽频噪声信号:

10~2000Hz

$G_0 = 1(\mathrm{m/s^2})^2/\mathrm{Hz}$

正弦扫频信号:

100~400Hz

幅值 20m/s²

线性扫频信号:

取 $Q = 10, 10 \sim 1000\mathrm{Hz}$ 步长为 5Hz 的 ERS 曲线如图 2.54 所示。

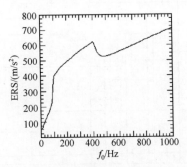

图 2.54　宽带随机振动叠加扫描正弦

的 ERS($Q = 10$)

2.8.3　宽带随机振动叠加多个扫描正弦的情况

利用前面章节的方法,通过对每一个正弦信号在其扫描范围内的 ERS 进行包络来计算 ERS。

2.9　宽带随机振动叠加扫描窄带

2.9.1　实际环境

从螺旋桨飞机的机身采集的振动,由气流造成的噪声信号和来自发动机不同结构模态的响应信号组成。

可以将这些振动归结为几个窄带信号与宽带噪声信号的叠加。在缺少真实环境数据时,标准提供了包络谱,里面的扫描窄带可以覆盖常用机型的频率范围。

例 2.24　GAM-EG-13B 手册 42 中,机身中部功能试验[GAM 87],如图 2.55 所示。

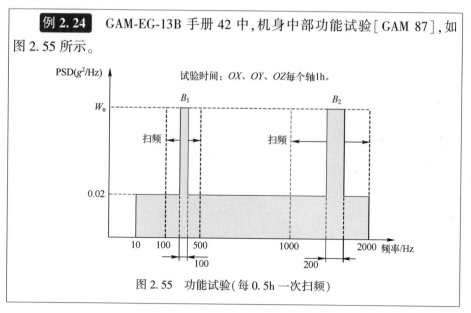

图 2.55　功能试验(每 0.5h 一次扫频)

2.9.2　极限响应谱

标准有时将随机振动试验规定:在 PSD 为恒定幅值的宽带上随机叠加一个或几个恒定带宽的窄带信号,每个窄带的中心频率按照一定的规律随时间(线性)在给定的频率范围内移动。

通过下面的方法对 ERS 进行包络计算振动的 ERS。

（1）将总扫描持续时间 T 等间隔分为 n 个时间段，每个持续时间为 T/n；

（2）每个时间段中心时刻振动的 PSD 由宽带噪声的 PSD 和当时时刻窄带位置对应的 PSD 组成；

（3）对如上定义的每个 PSD，用前面章节给出的公式分别计算持续时间为 T/n 的 ERS。

例 2.25 随机振动由以下组成：

（1）宽带噪声信号，频率为 10～2000Hz，PSD 幅值 $G_0 = 2(m/s^2)^2/Hz$

（2）两个窄频信号：一个带宽为 100Hz，中心频率从 150Hz 线性变化到 550Hz；另一个带宽为 200Hz，从 1100Hz 扫频到 1900Hz。

阻尼比为 0.05，10～2000Hz 的 ERS 曲线如图 2.56 所示。

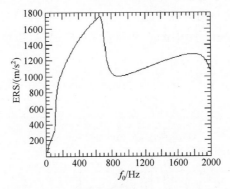

图 2.56 由两个窄带扫频信号叠加到一个宽带噪声信号上的
随机振动信号的 ERS($Q = 10$)

第 3 章
正弦振动信号的疲劳损伤谱

3.1 疲劳损伤谱的定义

疲劳损伤谱描述了一个给定阻尼比 ξ 和参数 b(b 是来自 Basquin 准则,表示结构组成材料的沃勒 Wöhler 曲线)的单自由度系统受振动所经受的疲劳损伤随其固有频率 f_0 变化的特性。

无论是什么信号(正弦振动信号、冲击信号、随机信号或者组合振动信号)都可以直接利用时域信号获得 FDS。其方法如下(图 3.1 和图 3.2):

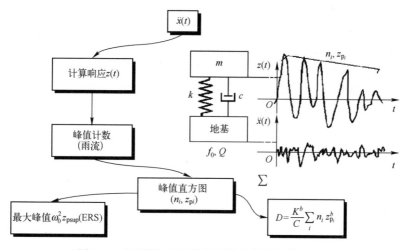

图 3.1   由时域加速度信号计算疲劳损伤谱的过程

(1) 对质量块相对于支撑的相对位移响应进行数值计算;

(2) 建立峰值的直方图,得到各幅值 z_{pi} 的峰值数 n_i;

(3) 利用 Miner 损伤累积定律(第 4 卷,式(2.3)):

$$D = \sum_i \frac{n_i}{N_i} \qquad (3.1)$$

式中:N 为在幅值为 σ 的正弦应力产生损伤所经过的循环次数。

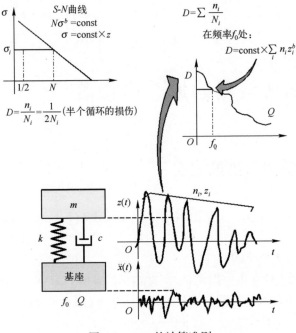

图 3.2　FDS 的计算准则

　　沃勒(实验)曲线描述了 N 随应力 σ 的变化,理论上这个关系可以通过 Basquin 关系式表示(图 3.3):

$$N\sigma^b = C \qquad (3.2)$$

式中:b 和 C 为常数,表示材料的特性,是应力模式(拉伸和压缩、扭转、弯曲等)和温度的函数等。

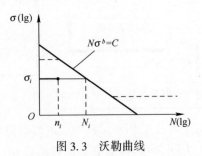

图 3.3　沃勒曲线

因为假设系统是线性的,所以弹性单元产生的应力与相对位移 z_p 成比例, z_p 与 $z(t)$ 的极值一一对应(这些点的导数值为零):

$$\sigma = K z_p$$

在半个循环的应力 σ_i 作用下,系统的损伤为

$$\delta_i = \frac{1}{2N_i} = \frac{\sigma_i^b}{2C} \tag{3.3}$$

对于 n_i 个半循环应力 σ_i,有

$$d_i = \frac{n_i}{2N_i} = \frac{n_i \sigma_i^b}{2C} = \frac{K^b}{2C} n_i z_{p_i}^b \tag{3.4}$$

式中: N_i 为在应力 σ_i 下发生断裂的循环周期数; n_i 为应力水平 σ_i 下的半循环次数 ($N_i = 2n_i$)。

如果在直方图内将位移 z_{pi} 分成 m 个量级,根据 Miner 线性累积损伤定律,可得总损伤值为

$$D = \sum_{i=1}^{m} d_i = \sum_i \frac{n_i \sigma_i^b}{2C} \tag{3.5}$$

得出

$$D = \frac{K^b}{2C} \sum_{i=1}^{m} n_i z_{p_i}^b \tag{3.6}$$

3.2 正弦信号的疲劳损伤谱

正弦信号 $\ddot{x}(t) = \ddot{x}_m \sin(2\pi ft)$ 作用于一个单自由度线性系统,持续时间为 T。每半个循环的幅值为

$$|z_m| = \frac{\ddot{x}_m}{\omega_0^2 \sqrt{\left[1 - \left(\dfrac{f}{f_0}\right)^2\right]^2 + \left(\dfrac{f}{Qf_0}\right)^2}}$$

损伤可以写成

$$D = \frac{n}{N} = \frac{n}{C}\sigma^b \tag{3.7}$$

式中: n 为施加的循环次数, $n = fT$。

$$D = \frac{K^b}{C} fT z_m^b \tag{3.8}$$

$$D = \frac{K^b}{C} fT \frac{\ddot{x}_m^b}{\omega_0^{2b} \left\{\left[1 - \left(\dfrac{f}{f_0}\right)^2\right]^2 + \left(\dfrac{f}{Qf_0}\right)^2\right\}^{b/2}} \tag{3.9}$$

特殊情况

如果是共振试验,则有

$$f=f_0\sqrt{1-\frac{1}{2Q^2}} \tag{3.10}$$

$$|z_m|=\frac{Q\ddot{x}_m}{\omega_0^2\sqrt{1-\frac{1}{4Q^2}}} \tag{3.11}$$

$$D=\frac{K^b}{C}fT\frac{Q^b\ddot{x}_m^b}{\omega_0^{2b}\left\{1-\frac{1}{4Q^2}\right\}^{b/2}}=\frac{K^b}{C}f_0\sqrt{1-\frac{1}{2Q^2}}T\frac{Q^b\ddot{x}_m^b}{\omega_0^{2b}\left\{1-\frac{1}{4Q^2}\right\}^{b/2}} \tag{3.12}$$

$$\approx\frac{K^b}{C}f_0T\frac{Q^b\ddot{x}_m^b}{\omega_0^{2b}}$$

注:如果采用共振频率进行疲劳试验,则必须十分注意。因为共振频率 f_0 随着疲劳损伤的产生而发生变化(通常 f_0 减小);因为所施加应力的幅值对 Q 因子(或在共振附近处的传递函数)非常敏感,很难通过计算来解释试验结果。因此,有必要经常核查频率值,并重新调整相应激励的频率。也可以选择 $f=f_0/2$,但是试验的持续时间就会变得特别长。

如果 $f \ll f_0$,则有

$$|z_m|\approx\frac{\ddot{x}_m}{\omega_0^2} \tag{3.13}$$

$$D\approx\frac{K^b}{C}fT\frac{\ddot{x}_m^b}{\omega_0^{2b}}$$

在这个范围内,损伤 D 与 Q 无关。

当 $f/f_0\rightarrow\infty$ 时, $z_m\rightarrow0$, $D\rightarrow0$。在低频处,如果 $f_0\ll f$, $(f/f_0)^{2b}$ 作为分母中的一个因子,则损伤值可以写成

$$D=\frac{K^b}{C}fT\frac{\ddot{x}_m^b}{(2\pi)^{2b}f_0^{2b}\dfrac{f^{2b}}{f_0^{2b}}\left\{\left[\left(\dfrac{f_0}{f}\right)^2-1\right]^2+\left(\dfrac{f_0}{Qf}\right)^2\right\}^{b/2}} \tag{3.14}$$

当 $f_0\rightarrow0$ 时,有

$$D\rightarrow\frac{K^b}{C}\frac{T\ddot{x}_m^b}{(2\pi)^{2b}f^{2b-1}} \tag{3.15}$$

因为 f_0 很小,所以损伤值 D 与 f_0 和 Q 无关。

疲劳损伤谱(FDS)是给定 K、C、Q 和 b 值的情况下,损伤 D 随 f_0 变化的曲线。

例 3.1

$$\ddot{x}_m = 10\mathrm{m/s^2}$$

$$f_{\mathrm{excit}} = 500\mathrm{Hz}$$

$$T = 3600\mathrm{s}$$

$$K = 6.3 \times 10^{10}\mathrm{Pa/m}$$

$$C = 10^{80}(\mathrm{S.I.})$$

$$b = 8$$

$$D \approx \frac{(6.3 \times 10^{10})^8}{10^{80}} \frac{3600 \times 10^8}{(2\pi)^{16} \times 500^{16-1}} \approx 4.96 \times 10^{-36}$$

例 3.2 图 3.4 描述了正弦信号的 FDS。

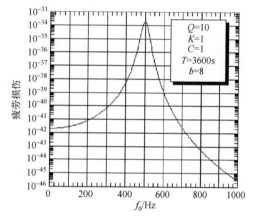

图 3.4 正弦振动信号的 FDS(500Hz, 10m/s²)

3.3 周期信号的疲劳损伤谱

周期激励信号可以表示成一系列正弦信号的叠加：

$$\ddot{x}(t) = \sum_k \ddot{x}_{m_k} \sin(\Omega_k + \varphi_k) \qquad (3.16)$$

由式(1.14)可得线性系统在一个自由度上的相对位移响应为

$$z(t) = -\sum_k \frac{\dot{x}_{m_k}\sin(\Omega_k t + \varphi_k - \varphi_k)}{\omega_0^2 \sqrt{\left[1 - \left(\dfrac{f_k}{f_0}\right)^2\right]^2 + \dfrac{1}{Q^2}\left(\dfrac{f_k}{f_0}\right)^2}} \qquad (3.17)$$

在持续时间段 T，损伤可以通过计算在 T_0 内响应峰值 z_m 的个数(幅值 z_{mi} 的个数 n_i)得到，即

$$D = \frac{K^b}{C} \frac{T}{T_0} \sum_i n_i z_{m_i}^b \qquad (3.18)$$

n 个正弦谐波的情况，当信号由 n 个正弦谐波组成时，由 1.2.5 节可以看到：有可能在一个周期内计算响应的峰值个数，相应的疲劳损伤可以用式(3.18)计算得到。

例 3.3 图 3.5 给出了例 1.1 中正弦信号的 FDS，在 ERS 情况下，正弦信号中的相位差异会导致 FDS 的差别(图 3.6)，因此将其考虑在内是很重要的。

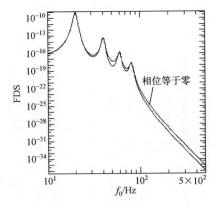

图 3.5 4 个无相位差的正弦叠加而成的周期信号 ERS 和 4 个有相位差正弦 FDS 的比较
($Q=10, b=8$，持续时间 1h)

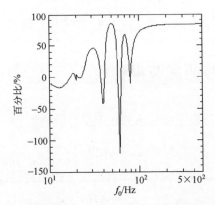

图 3.6 有相位差和无相位差正弦 FDS 计算结果的差异

3.4   损伤的一般表达式

与极限响应谱一样,由加速度、速度或位移定义的激励产生的损伤采用相同的符号以更通用的关系式表示为

$$D = \frac{K^b}{C} f_0 TE_m^b \omega_0^{b(\alpha-2)} \frac{h^{\alpha b+1}}{\left[(1-h^2)^2 + \frac{h^2}{Q^2}\right]^{b/2}} \qquad (3.19)$$

3.5   与 *S-N* 曲线其他假设有关的疲劳损伤

因为 *S-N* 曲线在对数坐标条中是一条直线,所以疲劳极限(当存在时)的影响可以忽略。

3.5.1   考虑疲劳极限

设 σ_D 为疲劳极限,在计算响应相对位移 $z(t)$ 后,将大于 σ_D/K 的 z_m 按上述方法处理,并且忽略根据定义对损伤没有影响的其他值。图 3.7 描述了带有疲劳极限的 *S-N* 曲线。

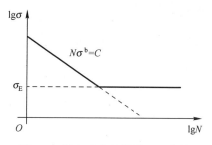

图 3.7   带有疲劳极限的 *S-N* 曲线

3.5.2   当 *S-N* 曲线在对数–线性坐标系中近似于一条直线的情况

如图 3.8 所示,*S-N* 曲线可以表示成

$$Ne^{A\sigma} = B \qquad (3.20)$$

可得

$$D = \sum_i \frac{n_i}{N_i} = \frac{fT}{B} e^{A\sigma} \qquad (3.21)$$

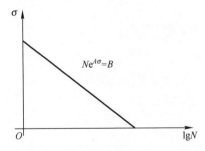

图 3.8　对数–线性坐标系中的 S-N 直线

最大应力 σ_m 与相对位移的关系为

$$\sigma_\mathrm{m} = K z_\mathrm{m}$$

其中

$$z_\mathrm{m} = \frac{|\ddot{x}_\mathrm{m}|}{4\pi^2 f_0^2 \sqrt{\left[1-\left(\dfrac{f}{f_0}\right)^2\right]^2 + \left(\dfrac{f}{Qf_0}\right)^2}} \tag{3.22}$$

如果 S-N 曲线上存在一个沿着坐标轴的疲劳极限应力 σ_m，计算疲劳损伤值时就可忽略小于 σ_D/K 的 z_m 值。

3.5.3　S-N 曲线分别在对数–对数坐标系和对数–线性坐标系中为一条直线时的损伤值比较

考虑 (σ_1, N_1)、(σ_2, N_2) 两个点的 S-N 曲线（图 3.9）。

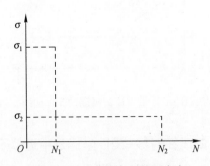

图 3.9　S-N 曲线定义的两个点

如果在对数坐标系中 S-N 曲线为一条直线，则有

$$\begin{cases} N\sigma^b = C \\ N_1\sigma_1^b = N_2\sigma_2^b \end{cases} \tag{3.23}$$

得出

$$b = \frac{\ln(N_2/N_1)}{\ln(\sigma_1/\sigma_2)} \qquad (3.24)$$

即

$$C = N_1 \sigma_1^{\ln(N_2/N_1)/\ln(\sigma_1/\sigma_2)} \qquad (3.25)$$

如果在对数-线性坐标系中 S-N 曲线为一条直线,有

$$N e^{A\sigma} = B$$

得出

$$N_1 e^{A\sigma_1} = N_2 e^{A\sigma_2} \qquad (3.26)$$

$$A = \frac{\ln(N_2/N_1)}{\sigma_1 - \sigma_2} \qquad (3.27)$$

即

$$B = N_1 e^{\sigma_1 \ln(N_2/N_1)/(\sigma_1 - \sigma_2)} \qquad (3.28)$$

对于给定的 N,通过比较以这两个表达式为基础算得的疲劳应力,可知 $N_{\log,\log} > N_{\log,\lin}$。

如果

$$\frac{C}{\sigma^b} > \frac{B}{e^{A\sigma}} \qquad (3.29)$$

则

$$C e^{A\sigma} > B \sigma^b \qquad (3.30)$$

或者,如果

$$e^{\sigma \ln(N_2/N_1)/(\sigma_1 - \sigma_2)} \sigma_1^{\ln(N_2/N_1)/(\sigma_1/\sigma_2)} > e^{\sigma_1/(\sigma_1 - \sigma_2)} \sigma^{1/\ln(\sigma_1/\sigma_2)}$$

则

$$\frac{\sigma - \sigma_1}{\ln(\sigma/\sigma_1)} > \frac{\sigma_1 - \sigma_2}{\ln(\sigma_1/\sigma_2)} \qquad (3.31)$$

例 3.4　$\sigma_1 = 6, \sigma_2 = 2$(任意量纲)

$$\frac{\sigma - 6}{\ln(\sigma/6)} > \frac{4}{\ln 3} = 3.6410$$

当 $\sigma = 8$ 时,左边的数等于 6.95;当 $\sigma = 1$ 时,左边的数等于 2.79。当 $\sigma = 2$ 时,两个数相等。事实上,对于任何大于 σ_2 的应力 σ,有 $N_{\log,\log} > N_{\log,\lin}$。因此,以(log,log)为假设计算的使用寿命比(log,lin)假设中计算出的要长。σ_2 与疲劳极限相等的情况很令人感兴趣,此时不等式(3.29)需要验证。

3.6　单自由度系统上的正弦扫频振动信号产生的疲劳损伤

3.6.1　一般情况

图 3.10 给出了依据 Basquin 准则描述的 S-N 曲线。

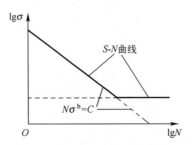

图 3.10　Basquin 准则描述的 S-N 曲线

如果用 Miner 准则和 Basquin 准则($N\sigma^b=C$)描述 S-N 曲线,则疲劳损伤可表示为

$$D = \sum_i \frac{n_i}{N_i} = \int_0^{t_b} \frac{\mathrm{d}n}{N} \tag{3.32}$$

式中:N 为在应力水平为 σ 时,发生失效的循环数,且有

$$N = \frac{C}{\sigma_{max}^b} \tag{3.33}$$

应力与相对位移的关系为

$$\sigma_{max} = Kz_m \tag{3.34}$$

如果 t_b 是扫频的结尾时间,$\mathrm{d}n=f(t)\mathrm{d}t$($\mathrm{d}t$ 时间内的循环数),$f(t)$ 为正弦信号在时间 t 时刻的瞬时频率,则有

$$D = \frac{K^b}{C}\int_0^{t_b} f(t) z_m^b \mathrm{d}t \tag{3.35}$$

式中:z_m 为最大响应位移(f 的函数)。

或

$$D = \frac{K^b}{C}\int_0^{t_b} f(t)\left[\;|\;\ell_m\;|\,H(f)\right]^b \mathrm{d}t \tag{3.36}$$

式中:$H(f)$ 为系统的传递函数。

假设扫频速率很低,则响应与稳态激励的响应很接近(如 99%)[CUR 71],单自由度线性系统的传递函数可以表示成

$$H = \frac{1}{\sqrt{\left[1 - \left(\dfrac{f}{f_0}\right)^2\right]^2 + \dfrac{1}{Q^2}\left(\dfrac{f}{f_0}\right)^2}} \tag{3.37}$$

可得

$$D = \frac{K^b}{C} \int_0^{t_b} f(t)\, \frac{|\ell_m|^b}{\left\{\left[1 - \left(\dfrac{f}{f_0}\right)^2\right]^2 + \dfrac{1}{Q^2}\left(\dfrac{f}{f_0}\right)^2\right\}^{b/2}}\, \mathrm{d}t \tag{3.38}$$

3.6.2 线性扫频

3.6.2.1 一般情况

频率 f 根据 $f = \alpha t + \beta$ 而变化,f_1 是初始扫频频率($t=0$),f_2 为最终频率($t=t_b$),$\alpha = \dfrac{f_2 - f_1}{t_b}$ 和 $\beta = f_1$(见第 1 卷)。令 $h = f/f_0$,则有

$$\mathrm{d}h = \frac{\mathrm{d}f}{f_0} = \frac{\alpha \mathrm{d}t}{f_0} = \frac{f_2 - f_1}{f_0 t_b}\mathrm{d}t \tag{3.39}$$

$$\mathrm{d}t = \frac{f_0 t_b}{f_2 - f_1}\mathrm{d}h \tag{3.40}$$

$$D = \frac{K^b}{C} \int_{h_1}^{h_2} \frac{f_0 h\, |\ell_m|^b}{\left\{\left[1 - h^2\right]^2 + \dfrac{h^2}{Q^2}\right\}^{b/2}} \frac{f_0 t_b}{f_2 - f_1}\mathrm{d}h \tag{3.41}$$

式中:$h_1 = f_1/f_0$;$h_2 = f_2/f_0$。

$$D = \frac{K^b}{C} \frac{f_0^2 t_b}{f_2 - f_1} \int_{h_1}^{h_2} \frac{h\, |\ell_m|^b}{\left\{\left[1 - h^2\right]^2 + \dfrac{h^2}{Q^2}\right\}^{b/2}}\, \mathrm{d}h \tag{3.42}$$

3.6.2.2 恒定加速度的线性扫频

单一量级情况

$$|\ell_m| = \frac{\ddot{x}_m}{\omega_0^2} = \frac{\ddot{x}_m}{4\pi^2 f_0^2}$$

$$D = \frac{K^b}{C} \frac{f_0^2 t_b\, \ddot{x}_m^b}{(4\pi^2 f_0^2)^b (f_2 - f_1)} \int_{h_1}^{h_2} \frac{h}{\left\{(1 - h^2)^2 + \dfrac{h^2}{Q^2}\right\}^{b/2}}\mathrm{d}h \tag{3.43}$$

不同量级的正弦扫频激励信号(图 3.11)

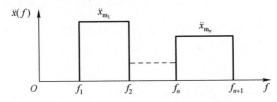

图 3.11 不同量级的几个正弦扫频激励信号

如果 f_1 到 f_{n+1} 之间的正弦扫频激励信号是由几个恒定量级的信号组成的,则损伤值 D 由各部分损伤叠加计算出。

在图 3.11 中,可知

$$D = \frac{K^b}{C} \frac{t_b f_0^2}{(4\pi^2 f_0^2)^b (f_{n+1} - f_1)}$$

$$\left\{ \ddot{x}_{m_1}^b \int_{h_1}^{h_2} \frac{h\,\mathrm{d}h}{\left[(1-h^2)^2 + \dfrac{h^2}{Q^2}\right]^{b/2}} + \cdots + \ddot{x}_{m_n}^b \int_{h_n}^{h_{n+1}} \frac{h\,\mathrm{d}h}{\left[(1-h^2)^2 + \dfrac{h^2}{Q^2}\right]^{b/2}} \right\}$$

$$(3.44)$$

> **例 3.5** 一个恒定加速度的正弦扫频激励信号:
>
> $20 \sim 100\mathrm{Hz}:5\mathrm{m/s^2}$
>
> $100 \sim 500\mathrm{Hz}:10\mathrm{m/s^2}$
>
> $500 \sim 1000\mathrm{Hz}:20\mathrm{m/s^2}$
>
> $t_b = 1200\mathrm{s}, b = 10, Q = 10, K = 1, C = 1$
>
> 以 5Hz 为步长绘出从 1~2000Hz 的损伤谱(图 3.12)。
>
>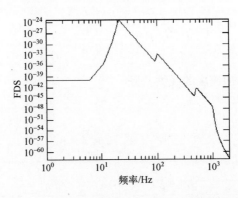
>
> 图 3.12 恒定加速度的正弦扫频振动的疲劳损伤谱

近似公式

由于比较简单,单自由度线性系统常用来估计和了解振动和冲击的影响。经常将其作为一个模型,用来选择正弦扫频信号的扫频速率(见第 1 卷)、选择由一个样本计算出的 PSD 的最小点数(见第 3 卷),或者比较几个振动和冲击的严酷度(冲击响应谱、极限响应谱、疲劳损伤谱等)。

单自由度系统的响应主要取决于激励在半功率点区间 Δf 内的频率成分。对由正弦扫频振动信号造成的疲劳损伤更是如此。

损伤表达式中的积分项除特殊情况外无法求得解析解。扫频频率范围内有共振频率时,损伤主要由半功率点之间的循环造成[MOR 65, REF 60],这在后面章节将详细介绍。由于忽略其他循环而引入的误差不会超过 3%[MOR 65]。

半功率点位于固有频率两侧(图 3.13),是传递函数 $H(f)$ 曲线与水平线 $Q/\sqrt{2}$ 的交点。它们在 x 轴上的值分别为 $\sqrt{1-2\xi^2-2\xi\sqrt{1-\xi^2}}$ 和 $\sqrt{1-2\xi^2+2\xi\sqrt{1-\xi^2}}$。

由文献[MOR 65]可知

$$I = \int_{h_1}^{h_2} \frac{h\,dh}{[(1-h^2)^2 + (2\xi h)^2]^{b/2}} \approx \frac{\pi}{2}Q^{b-1}b^{-1/\sqrt{\pi}} \tag{3.45}$$

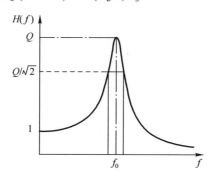

图 3.13　半功率点区间

式中

$$\begin{cases} h_1 = \sqrt{1-2\xi^2-2\xi\sqrt{1-\xi^2}} \\ h_2 = \sqrt{1-2\xi^2+2\xi\sqrt{1-\xi^2}} \end{cases} \tag{3.46}$$

当 $4<b<30, \xi<0.1$ 时,该近似法很好。图 3.14 中描绘了在不同的 Q 值情况下,相对误差 $100\left|\dfrac{I_{精确值}-I_{近似值}}{I_{精确值}}\right|$ 随参数 b 的变化。这可用于确定损伤值,即

$$D = \frac{K^b}{C}\frac{f_0^2 t_b \ddot{x}_m^b}{(4\pi^2 f_0^2)^b (f_2-f_1)}\frac{\pi}{2}Q^{b-1}b^{-1/\sqrt{\pi}} \tag{3.47}$$

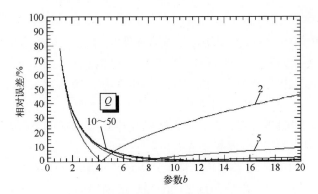

图 3.14 由式(3.45)产生的相对误差

失效时间($D=1$)为

$$t_{b} = \frac{2}{\pi} \frac{C}{K^{b}} \frac{(4\pi^{2}f_{0}^{2})^{b}(f_{2}-f_{1})}{f_{0}^{2}\ddot{x}_{m}^{2 \cdot b}Q^{b-1}b^{1/\sqrt{\pi}}} \qquad (3.48)$$

另一种简化方法

基于疲劳损伤主要与半功率点之间循环数有关(假定扫频范围内包含半功率点),M. Gertel[GER 61]定义了一条简化的传递率曲线。

为了达到这个目的(图 3.15),M. Gertel 描绘了在共振频率附近区间 Δf 上的传递函数,即在 x 轴上 h_{1} 与 h_{2} 之间(式(3.46)),有

$$\frac{h-h_{1}}{\Delta f} = \frac{(h-h_{1})Q}{f_{0}}$$

式中:Δf 为半功率点之间的区间。

在 y 轴上的函数为

$$\frac{H(h)}{Q} = \frac{2\xi\sqrt{1-\xi^{2}}}{\sqrt{(1-h^{2})^{2}+(2\xi h)^{2}}}$$

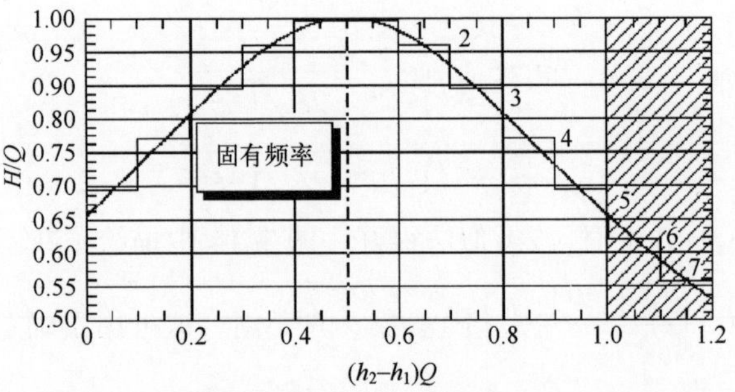

图 3.15 半功率点之间的近似传递函数[GER 61]

在这个频率区间内,只要 $Q>5$,所有归一化的传递率曲线都非常相似。区间 $\Delta f Q / f_0$ 平均分成 10 等份,根据固有频率附近的垂直方向上近似对称的特性将其分组,在该轴上定义的 5 组量级如表 3.1 所列。

表 3.1　位于半功率点之间的传递函数值

量　　级	H/Q
1	0.996
2	0.959
3	0.895
4	0.820
5	0.744

疲劳损伤如下:

$$D = \sum_i \frac{n_i}{N_i} = \sum_i \frac{n_i \sigma_i^b}{C} \tag{3.49}$$

$$D = \frac{K^b}{C} \sum_i \frac{\Delta N}{5} z_{m_i}^b \tag{3.50}$$

式中:ΔN 为在区间 Δf 内完成的循环数。

假设 Δf 完全位于扫频范围内,则有

$$D = \frac{K^b}{C} \frac{\Delta N}{5} \frac{\sum_i (4\pi^2 f_0^2 z_{m_i})^b}{(4\pi^2 f_0^2)^b} \tag{3.51}$$

根据表 3.1 给出的 H/Q 值,为不同量级的 $4\pi^2 f_0^2 z_{m_i}$ 赋值,然后乘以所选取的因子 Q 和正弦扫频信号幅值 $\ddot{x}_m$,即

$$D = \frac{K^b}{C} \frac{\Delta N}{5(4\pi^2 f_0^2)^b} \sum \left[Q\left(\frac{H}{Q}\right) \ddot{x}_m \right]^b \tag{3.52}$$

$$D = \frac{K^b}{C} \frac{\Delta N}{5(4\pi^2 f_0^2)^b} Q^b \ddot{x}_m^b (0.996^b + 0.959^b + 0.895^b + 0.82^b + 0.744^b) \tag{3.53}$$

例 3.6　一个固有频率 $f_0 = 100 \text{Hz}$,$Q = 10$ 的简单系统受频率承受 $10 \sim 500 \text{Hz}$ 幅值为 $\ddot{x}_m = 10 \text{m/s}^2$ 的线性扫频振动作用,持续时间为 30min。假设材料参数 $b = 8$。为了简单,使 $C = 1$,$K = 1$。

区间 Δf 内循环数为

$$\Delta N = \frac{f_0^2 t_b}{Q(f_2 - f_1)} = \frac{100^2 \times 1800}{10(500 - 10)} \approx 3.67 \times 10^3 \text{循环}$$

$$D = \frac{3.67 \times 10^3}{5(4\pi^2 \times 10^4)^8} 10^8 \times 10^8 (0.996^8 + 0.959^8 + 0.895^8 + 0.82^8 + 0.744^8)$$

$$\approx 1.24 \times 10^{-26} [0.97 + 0.72 + 0.41 + 0.2 + 0.09]$$

$$\approx 2.98 \times 10^{-26}$$

上式括号中的最后一项已经非常小了,可以忽略,证明去除后面的项(位于半功率点以外的量级)影响很小。同样的数据,由式(3.47)计算得出 $D = 3.03 \times 10^{-26}$。

而根据式(3.43)计算得出 $D = 3.1 \times 10^{-26}$(300个积分点)

例3.7 对数正弦扫频信号的幅值为 $10 \mathrm{m/s}^2$,持续时间 $t_\mathrm{b} = 10 \mathrm{min}$,频率范围为 $10 \sim 1000 \mathrm{Hz}$,施加到一个固有频率为 $500 \mathrm{Hz}$、$Q = 10$ 的单自由度线性系统。

系统的疲劳损伤值为 3.6×10^{-37}($b = 8$,b 是 Basquin 准则的指数)。

半功率点带宽为

$$\Delta f = \frac{f_0}{Q} = \frac{500}{10} = 50 \mathrm{Hz}$$

半功率带宽的扫描持续时间为

$$600 \times \frac{\ln \dfrac{525}{475}}{\ln \dfrac{1000}{10}} = 13.04(\mathrm{s})$$

而一个频率范围为 $475 \sim 525 \mathrm{Hz}$,幅值为 $10 \mathrm{m/s}^2$,持续时间为 $13.04 \mathrm{s}$ 的对数正弦扫频信号对同一个系统造成的损伤值是 3.45×10^{-37},是前一个损伤值的 95.83%。

图 3.16 比较了位于 $400 \sim 600 \mathrm{Hz}$ 之间的疲劳损伤谱。

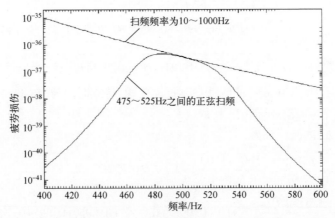

图 3.16   频率范围分别为 $10 \sim 1000 \mathrm{Hz}$ 和 $475 \sim 525 \mathrm{Hz}$ 的正弦扫频信号的
疲劳损伤的比较(幅值为 $10 \mathrm{m/s}^2$,$Q = 10$,$b = 8$)

3.6.2.3　恒定位移的线性扫频

$$|\ell_m| = \frac{\omega^2}{\omega_0^2}x_m$$

可得

$$D = \frac{K^b}{C}\frac{f_0^2 t_b x_m^b}{f_2 - f_1}\int_{h_1}^{h_2}\frac{h^{2b+1}\mathrm{d}h}{\left[(1-h^2)^2 + \dfrac{h^2}{Q^2}\right]^{b/2}} \quad (3.54)$$

例 3.8　恒定位移:

5~10Hz:±0.050m

10~50Hz:±0.001m

$t_b = 1200\mathrm{s}, Q = 10, b = 10, K = 1, C = 1$

频率范围 1~500Hz 的疲劳损伤谱,步长为 1Hz,如图 3.17 所示。

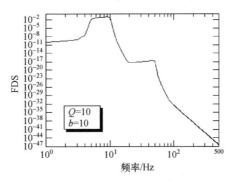

图 3.17　恒定位移线性正弦扫频振动的 FDS

注:试验中,一部分频率带(通常是在非常低的频率处)以恒定位移来描述其特性,而其他部分则以恒定加速度来描述,按照不同的扫描方式分别计算每一个共振频率 f_0 的损伤,求和得到总损伤,计算时要计入每个频段的时间。

3.6.3　对数扫频

3.6.3.1　一般情况

扫频频率 $f = f_1 \mathrm{e}^{t/T_1}$。由式(3.38)可得

$$D = \frac{K^b}{C}\int_0^{t_b}\frac{f(t)|\ell_m|^b\mathrm{d}t}{\left\{\left[1-\left(\dfrac{f}{f_0}\right)\right]^2 + \dfrac{h^2}{Q^2}\right\}^{b/2}} \quad (3.55)$$

令 $h = f/f_0$,则有

$$\begin{cases} \mathrm{d}h = \dfrac{\mathrm{d}f}{f_0} = \dfrac{f_1}{T_1 f_0}\mathrm{e}^{\frac{t}{T_1}}\mathrm{d}t = \dfrac{f}{T_1 f_0}\mathrm{d}t = \dfrac{h}{T_1}\mathrm{d}t \\ \\ D = \dfrac{K^b}{C}f_0 T_1 \displaystyle\int_{h_1}^{h_2} \dfrac{\mid \ell_m \mid^b \mathrm{d}h}{\left[\ (1 - h^2)^2 + \dfrac{h^2}{Q^2}\ \right]^{b/2}} \end{cases} \qquad (3.56)$$

式中:$h_1 = f_1/f_0$、$h_2 = f_2/f_0$。

3.6.3.2 恒定加速度的对数扫频

$$\mid \ell_m \mid = \dfrac{\ddot{x}_m}{4\pi^2 f_0^2}$$

可得

$$D = \dfrac{K^b}{C}f_0 \dfrac{T_1 \ddot{x}_m^b}{(4\pi^2 f_0^2)} \int_{h_1}^{h_2} \dfrac{\mathrm{d}h}{\left[\ (1 - h^2)^2 + \dfrac{h^2}{Q^2}\ \right]^{b/2}} \qquad (3.57)$$

例 3.9 用例 3.8 中相同的数据,扫频换为对数恒值,可得到 FDS 如图 3.18 所示。

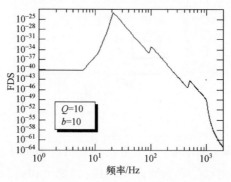

图 3.18 恒定加速度对数正弦扫频振动信号的 FDS

3.6.3.3 恒定位移的对数扫频

$$\mid \ell_m \mid = \dfrac{\varOmega^2}{\omega_0^2}x_m = \dfrac{f^2}{f_0^2}x_m$$

可得

$$D = \dfrac{K^b}{C}f_0 T_1 x_m^b \int_{h_1}^{h_2} \dfrac{h^{2b}\,\mathrm{d}h}{\left[\ (1 - h^2)^2 + \dfrac{h^2}{Q^2}\ \right]^{b/2}} \qquad (3.58)$$

例 3.10　用例 3.8 中相同的数据,扫描方式换为恒定位移线性扫频,得到的 FDS 如图 3.19 所示。

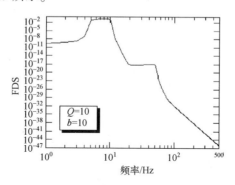

图 3.19　恒定位移对数正弦扫频振动信号的 FDS

注:如上所述,正弦扫频激励(一部分是恒定位移,另一部分是恒定加速度)在固有频率 f_0 处产生的损伤等于每一种正弦扫频振动单独产生的损伤的和。

例 3.11　正弦(对数)扫频激励信号如下:

1~10Hz : ± 1 mm

10~1000Hz: ± 4m/s^2

持续时间 $t = 1$h

尽管这不是绝对的准则,但对于用不同物理量分段定义的正弦扫频,共频处的加速度一般设成相同的值。如本例中 10Hz:

$$\left| \ddot{x}_m \right| = 4\pi^2 f^2 x_m = 4\pi^2 \times 10^2 \times 10^{-3} \approx 4\,(\mathrm{m/s}^2)$$

1~10Hz 持续时间为

$$t_1 = 3600 \times \frac{\ln\dfrac{10}{1}}{\ln\dfrac{1000}{1}} = 1200\,(\mathrm{s})$$

3.6.4　双曲扫频

3.6.4.1　一般情况

如前所述,频率随时间的变化遵从 $1/f_1 - 1/f = at$。常数 a 的取值:当 $t = t_b$ 时,$f = f_2$。

因而,$a = (f_2 - f_1)/f_1 f_2 t_b$。令 $h = f/f_0$,$dh = df/f_0$,而 $f = f_1/(1 - af_1 t)$,可得

$$dh = \frac{f_1^2 a dt}{f_0(1 - af_1 t)^2} \qquad (3.59)$$

或

$$dh = \frac{af^2}{f_0} dt = af_0 h^2 dt \qquad (3.60)$$

可得

$$D = \frac{K^b}{Ca} \int_{h_1}^{h_2} \frac{|\ell_m|^b dh}{h\left[(1-h^2)^2 + \dfrac{h^2}{Q^2}\right]^{b/2}} \qquad (3.61)$$

$$D = \frac{K^b}{C} \frac{f_1 f_2 t_b}{f_2 - f_1} \int_{h_1}^{h_2} \frac{|\ell_m|^b dh}{h\left[(1-h^2)^2 + \dfrac{h^2}{Q^2}\right]^{b/2}} \qquad (3.62)$$

例 3.12 采用线性扫频振动试验例 3.8 中的数据,如图 3.20 所示。

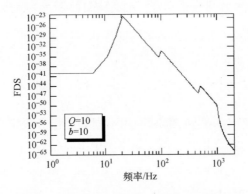

图 3.20 恒定加速度的双曲正弦扫频信号的 FDS

3.6.4.2 恒定加速度的双曲扫频
由公式

$$|\ell_m| = \frac{\ddot{x}_m}{4\pi^2 f_0^2}$$

可得

$$D = \frac{K^b}{C} \frac{f_1 f_2 t_b}{f_2 - f_1} \left(\frac{\ddot{x}_m}{4\pi^2 f_0^2}\right)^b \int_{h_1}^{h_2} \frac{dh}{h\left[(1-h^2)^2 + \dfrac{h^2}{Q^2}\right]^{b/2}} \qquad (3.63)$$

3.6.4.3 恒定位移的双曲扫频

$$| \ell_m | = \frac{\Omega^2}{\omega_0^2} x_m = \frac{f^2}{f_0^2} x_m$$

可得

$$D = \frac{K^b}{C} \frac{f_1 f_2 t_b x_m^b}{f_2 - f_1} \int_{h_1}^{h_2} \frac{h^{2b-1} \mathrm{d}h}{h \left[(1 - h^2)^2 + \frac{h^2}{Q^2} \right]^{b/2}} \tag{3.64}$$

例 3.13 采用线性扫频振动试验例 3.8 中同样的数据,扫频方式变为双曲扫频,如图 3.21 所示。

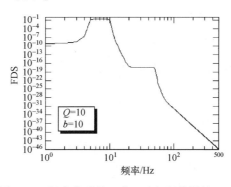

图 3.21 恒定位移的双曲正弦扫频信号的 FDS

3.6.5 疲劳损伤的一般表达式

通常,用 1.3.1.4 节里面的符号,疲劳损伤可以表示为

$$D = \frac{K^b}{C} f_0 t_b E_m^b \omega_0^{b(a-2)} \int_{h_1}^{h_2} \frac{M(h) h^{ab-1}}{\left[(1 - h^2)^2 + \frac{h^2}{Q^2} \right]^{b/2}} \mathrm{d}h \tag{3.65}$$

表 3.2 给出函数 $M(h)$ 的表达式。

表 3.2 函数 $M(h)$ 的表达式

扫 频 方 式	$M(h)$
线性	$h^2/(h_2 - h_1)$
对数	$h/\ln(h_2 - h_1)$
双曲	$h_1 h_2/(h_2 - h_1)$

对于由 n 个量级组成的正弦扫频激励信号,有

$$D = \frac{K^b}{C} f_0 t_b \omega_0^{b(a-2)} \sum_{i=1}^{n} E_{m_i}^b \int_{h_i}^{h_{i+1}} \frac{M(h) h^{ab-1}}{\left[(1-h^2)^2 + \dfrac{h^2}{Q^2} \right]^{b/2}} dh \qquad (3.66)$$

式中：$M(h)$在表 3.2 中已给出；积分边界从 h_1 和 h_2 替换成 h_i 和 h_{i+1}。

注：上面给出的损伤表达式都假设扫频速率足够慢，以使响应尽可能地达到稳定状态。如果不是这种情况，可以将关系式中的输入加速度 $\ddot{x}_m$ 用 $G\ddot{x}_m$（G的定义见第 1 卷中 9.2 节）替代，或者位移 x_m 用 Gx_m 替代（或者更通用的符号：用 $G\ell_m$ 替代 ℓ_m）。

3.7 试验时间压缩

3.7.1 线性系统中疲劳损伤的等效

前面提到的表达式表明，纯正弦信号和其他类型扫频信号造成的损伤 D 都正比于：试验的持续时间；激励幅值 $\ddot{x}_m$ 或者 x_m 的 b 次方。因而，在疲劳等效的前提下，根据下面的准则，可以通过提高应力量级降低试验时间[MOR 76，SPE 62]：

加速度：

$$\ddot{x}_{m缩减} = \ddot{x}_{m实际} \left(\frac{T_{实际}}{T_{缩减}} \right)^{1/b} \qquad (3.67)$$

位移：

$$x_{m缩减} = x_{m实际} \left(\frac{T_{实际}}{T_{缩减}} \right)^{1/b} \qquad (3.68)$$

$E = \dfrac{\ddot{x}_{m缩减}}{\ddot{x}_{m实际}}$ 称为扩大因子，$\dfrac{T_{实际}}{T_{缩减}}$ 称为时间压缩系数。

对于正弦扫频振动来说，很重要的一点是应确定缩短持续时间不会导致信号扫频过快，过快的扫频速率会导致共振响应低于稳态响应（或量级增大过度导致设备的工作应力范围与实际情况相差较大）。

注：这些结果可以直接通过应力/相对位移的正比关系得出。

$$\sigma_{max} = \text{const} \cdot z_m = \text{const} \cdot \ddot{x}_m \qquad (3.69)$$

式中：σ_{max} 为最大应力；z_m 为最大形变量；$\ddot{x}_m$ 为激励幅值。

根据 Basquin 关系可得

$$N_{实际} (\text{const})^b \ddot{x}_{m实际}^b = N_{缩减} (\text{const})^b \ddot{x}_{m缩减}^b$$

因为循环数 N 等于正弦信号频率和激励信号持续时间的乘积，即 fT，则式(3.67)很容易建立。

3.7.2 基于 Basquin 准则疲劳损伤等效的方法

根据 Basquin 公式,需要将材料的阻尼看作应力量级的一个函数。利用 Basquin 公式,则有

$$N_{缩减} \sigma_{\max 缩减}^{b} = N_{实际} \sigma_{\max 实际}^{b}$$

已知 $N = fT$,假设应力与相对位移成比例关系,则上式可写为

$$T_{缩减} z_{m 缩减}^{b} = T_{实际} z_{m 实际}^{b} \tag{3.70}$$

假设阻尼能量与应力有以下关系(第 1 卷,式(2.21))[CUR 71]:

$$D = J\sigma^{n} \tag{3.71}$$

式中:J 为材料参数,是一个常数;$n = 2$ 表示黏弹性材料;$n = 2.4$ 表示应力水平低于疲劳极限的 80%;$n = 8$ 表示应力水平高于疲劳极限的 80%。

总的阻尼能量与比能量之间的因子取决于材料外形和应力的分布情况。

在给定共振频率,因子 Q 与响应相对位移 z 存在以下关系:

$$Q = az^{2-n} \tag{3.72}$$

式中:α 为常数,取决于材料、外形和应力分布情况。

当正弦激励的频率等于结构共振频率,最大响应为

$$z_{m} = \frac{Q\ddot{x}_{m}}{4\pi^{2}f_{0}^{2}} \tag{3.73}$$

可得

$$\begin{cases} \sigma_{\max} = \text{const} \cdot z_{m} = \text{const} \cdot Q\ddot{x}_{m} \\ z_{m} = \text{const} \cdot \ddot{x}_{m} z_{m}^{2-n} \\ z_{m}^{n-1} = \text{const} \cdot \ddot{x}_{m} \end{cases} \tag{3.74}$$

结合式(3.70)和式(3.74),可得

$$\frac{\ddot{x}_{m 缩减}}{\ddot{x}_{m 实际}} = \left(\frac{T_{实际}}{T_{缩减}} \right)^{\frac{n-1}{b}} \tag{3.75}$$

3.8 关于 ERS 和 FDS 的一些假设的注意事项

很长时间以来,标准中建议根据式(3.67)提高振动量级以缩短试验时间,对随机振动采用

$$\ddot{x}_{\text{rms缩减}} = \ddot{x}_{\text{rms实际}} \left(\frac{T_{\text{实际}}}{T_{\text{缩减}}} \right)^{\frac{1}{b}}$$

式中:b 是一个先验值,通常接近 8 或 9。

采用这些关系式隐含接受有关 FDS 计算的所有假设,这些假设来自于 Basquin 准则,暗含的假设是应力 σ 与所关心局部的形变成比例,甚至正比于表征激励振动信号特性的加速度值。

ERS 和 FDS 的计算是基于单自由度线性机械系统的响应,其品质因子 Q 为常数,这一模型至今被广泛应用于冲击响应谱。对于振动来讲,ERS 严格意义上等价于 SRS。定义假设应力与相对位移成比例关系($\sigma = Kz$),就可以用于比较不同信号的严酷度。

此外,FDS 的计算是认为可以用 Basquin 准则 $N\sigma^b = C$ 来描述 S-N 曲线。计算 FDS 时需要额外附加一个假设,损伤服从线性累加准则。

假设的相似性可以通过两种具有可比特性的振动造成的损伤相同(本卷的式(3.19)、式(3.43)、式(3.57)或第 4 卷的式(4.37))得出,而不同持续时间和幅值的相似性则通过本卷的式(3.67)和式(4.22)得到。

第4章
随机振动的疲劳损伤谱

4.1 时域信号计算的疲劳损伤谱

对于一个给定的阻尼比 ξ，随机振动的疲劳损伤谱为单自由度线性系统的损伤随固有频率 f_0 变化的曲线。

如果信号不能用功率谱密度来描述其特征（如非稳态或非高斯信号），疲劳损伤只能通过计算单自由度线性系统对该随机激励的响应，然后利用计数法建立响应的峰值直方图来确定。

基于以下假设计算疲劳损伤：

（1）单自由度线性系统；

（2）由 Basquin 公式（$N\sigma_p^b = C$）描述的 S-N 曲线；

（3）峰值应力与系统的最大相对位移成比例（$\sigma_p = Kz_p$）

（4）用于响应峰值计数的雨流法（第4卷，第3章）；

（5）用于损伤累积的 Miner 准则（第4卷，第2章）。

n_i 是幅值为 z_{pi} 的半循环次数，则疲劳损伤可以写成（第4卷，第4章）：

$$D = \frac{K^b}{2C} \sum_{i=1}^{m} n_i z_{pi}^b$$

如此重复计算不同固有频率 f_0 下的疲劳损伤（ξ、b、K 和 C 都是给定的），则可以绘制出疲劳损伤谱 $D(f_0)$。

由时域信号确定的疲劳损伤谱是确定性的，显示了每个样本在各频率点 f_0 造成的损伤。即使噪声是平稳并且各态历经的，不同样本计算出的损伤谱也是不同的。以几个样本为基础，可以确定平均的损伤谱 $D(f_0, \xi)$ 和它的标准方差 $\delta_D(f_0, \xi)$。对于持续时间长的振动，疲劳损伤的预计是很有用的。除了一些假设是无效的特殊情况下，最好用下面章节介绍的方法来计算这些谱的统计特性。

如果振动信号是稳态和各态历经的,则可以考虑更短时间 T 内的一个典型的信号样本来计算 $D_T(f_0, \xi)$,然后用比例法预计总持续时间 Θ 内的损伤:

$$D_\Theta = \frac{\Theta}{T} D_T \qquad (4.1)$$

对随机振动、平稳信号或非平稳信号、各态历经或非各态历经信号而言,无论振动信号的特性怎样(瞬态、正弦、随机),还是受从 D_T 开始的时间 Θ 内计算的限制(风险误差与统计特性有关),该方法都可以使用。

例 4.1 从卡车上测量的振动信号,该阶段的持续时间为 10h。

分析条件: $Q=10, b=8, K=1, C=1$。如图 4.1 所示。

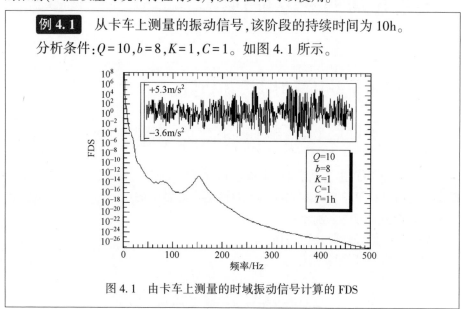

图 4.1 由卡车上测量的时域振动信号计算的 FDS

4.2 由功率谱密度得到的疲劳损伤谱

当随机振动信号为平稳和高斯过程时,可以获得单自由度线性系统响应峰值的概率密度的解析表达式,从而避免复杂的计数过程去建立峰值直方图。

该过程包括以下几个主要步骤(图 4.2):

(1)计算振动信号的 PSD(第 3 卷,第 4 章);

(2)根据 PSD,计算单自由度线性系统响应的相对位移、速度和加速度的均方根值 z_{rms}、$\dot{z}_{rms}$、$\ddot{z}_{rms}$(第 3 卷,第 8 章);

(3)由这些值计算平均频率和单位时间内的峰值平均个数(第 3 卷,第 5、6 章);

(4)计算响应的不规则因子 R(第 3 卷,第 9 章);

（5）确定响应的峰值概率密度（第 3 卷,第 6 章）,即

$$q(u) = \frac{\sqrt{1-r^2}}{\sqrt{2\pi}} e^{-\frac{u^2}{2(1-r^2)}} + \frac{ur}{2} e^{\frac{u^2}{2}} \left[1+\mathrm{erf}\left(\frac{ur}{\sqrt{2(1-r^2)}}\right)\right] \tag{4.2}$$

式中: $u = \dfrac{z_p}{z_{\mathrm{rms}}}$。

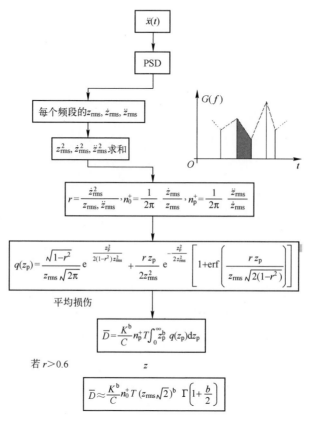

图 4.2　高斯随机振动的 FDS 的计算原理

概率密度 $q(u)$ 是高斯分布和瑞利分布的加权和,其系数是参数 r 的函数:

$$r = \frac{\displaystyle\int_0^\infty f^2 G_z(f)\,\mathrm{d}f}{\sqrt{\displaystyle\int_0^\infty G_z(f)\,\mathrm{d}f \int_0^\infty f^4 G_z(f)\,\mathrm{d}f}} = \frac{n_0^+}{n_p^+} \tag{4.3}$$

式中: n_0^+ 为单自由度线性系统响应的平均频率（以正斜率穿越零值的平均次数）; n_p^+ 为每秒最大值的平均次数; $G_z(f)$ 为相对位移响应的 PSD; erf( ) 为误差函数,定义为

$$\mathrm{erf}(x) = 1 - \frac{2}{\sqrt{\pi}} \int_x^\infty e^{-\lambda^2} d\lambda \tag{4.4}$$

疲劳损伤为(第4卷,第4章)

$$\overline{D} = \frac{K^b}{C} n_p^+ T z_{rms}^b \int_0^{+\infty} u^b q(u) \, du \tag{4.5}$$

固有频率f_0的系统的平均损伤为[①](第4卷,第4章)

$$\overline{D} = \frac{K^b}{C} \frac{n_p^+ T}{z_{rms}^b} \int_0^{+\infty} z_p^b \left\{ \frac{\sqrt{1-r^2}}{\sqrt{2\pi}} e^{-\frac{z_b^2}{2(1-r^2)z_{rms}^2}} \right.$$
$$\left. + \frac{r z_p}{2 z_{rms}} e^{-\frac{z_p^2}{2 z_{rms}^2}} \left[1 + \mathrm{erf}\left(\frac{r z_p}{z_{rms} \sqrt{2(1-r^2)}} \right) \right] \right\} dz_p \tag{4.6}$$

在给定 ξ 和 b 时,疲劳损伤谱表示损伤 $D(f_0)$ 随 f_0 的变化。为了制定规范和进行几种振动的严酷度比较,通常将两个未知的常数 K 和 C 等于1。绘制的疲劳损伤谱乘以一个近似的常数,但对结果没有影响,因为所比较的振动是施加在同一个结构上的。

例 4.2   (1) 由下面的加速度谱密度定义的随机振动:

100~300Hz	5 (m/s²)²/Hz	$\ddot{x}_{rms} = 69.28 \mathrm{m/s^2}$
300~600Hz	100 (m/s²)²/Hz	$\dot{x}_{rms} = 3.61 \mathrm{cm/s}$
600~1000Hz	2 (m/s²)²/Hz	$x_{rms} = 0.033 \mathrm{mm}$

持续时间:1h

固有频率f_0在 5~1500Hz 之间变化的单自由度力学系统的疲劳损伤谱如图 4.3 所示,其中 $Q=10$,材料参数 $b=8$,$A=10^9 \mathrm{N/m^3}$($C=A^b$),$K=0.5 \times 10^{12} \mathrm{N/m^3}$。

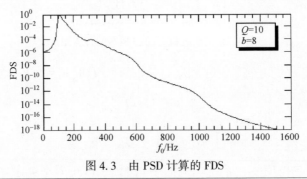

图 4.3   由 PSD 计算的 FDS

① 误差函数在第3卷的附录 A4.1.1 中定义。

（2）随机振动是频率介于 200~1000Hz 之间的白噪声(振幅为 1(m/s²)²/Hz)。计算中其他参数取值如下：

b = 10；

ξ 分别取 0.01、0.05、0.1、0.2 和 0.3；

$K = 6.3 \times 10^{10} Pa/m$；

$C = 10^{80}(S.I.)$；

持续时间：$T = 1h$。

图 4.4 给出了 1~2000Hz 之间的疲劳损伤谱。

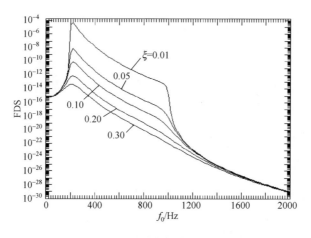

图 4.4 阻尼对随机振动 FDS 的影响

注：由第 3 章中可知半功率点之间的频率对正弦扫频振动损伤的计算影响比较大，而随机振动所产生的损伤包含频率在这个区间之外的更多成分。损伤与质量块相对位移均方根值的 b 次方成比例。可以证明[第 3 卷,式(8.72)]，如果窄带噪声的 PSD 幅值是白噪声的 2 倍，则在频率范围 Δf 内受白噪声和窄带噪声作用的单自由度系统的响应相等，进而损伤比等为 $2^{b/2}$。如果 $b = 8$，这个比值将达到 16。

例 4.3 比较 10~1000Hz 之间的随机振动和具有相等的 PSD 幅值(PSD 为 1(m/s²)²/Hz)，频率介于固有频率 $f_0 = 500Hz$ 的单自由度系统半功率点之间的振动所产生的损伤，其中 $Q = 10$。图 4.5 给出了 $b = 8$,持续时间 1h 所对应的疲劳损伤谱。

可以验证损伤比为 16。在 475~525Hz 之间的 PSD 只贡献了总损伤的 6.25%。

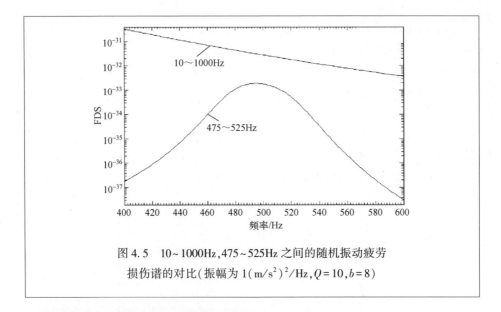

图 4.5　10~1000Hz,475~525Hz 之间的随机振动疲劳
损伤谱的对比(振幅为 1(m/s^2)^2/Hz,$Q=10$,$b=8$)

4.3　瑞利准则假设的简化

当信号瞬时值是高斯分布时,单自由度系统的响应 $z(t)$ 的最大值 z_p 的概率密度服从式(4.2)。

式(4.5)的积分只能进行数值计算,为了简化,有时假设响应最大值服从瑞利分布。换句话说在式(4.2)中 $r=1$。根据这个假设,可以对式(4.5)进行解析积分,得到

$$\overline{D} = \frac{K^b}{C} n_0^+ T (\sqrt{2} z_{rms})^b \Gamma\left(1+\frac{b}{2}\right) \tag{4.7}$$

式中:$\Gamma(\ )$ 为伽马函数,可以用级数进行计算。

也可按每秒最大值的个数写为

$$\overline{D} = \frac{K^b}{C} n_p^+ T (\sqrt{2} z_{rms})^b \Gamma\left(1+\frac{b}{2}\right) \tag{4.8}$$

理论上,只有当参数 r(不规则因子)接近 1 时,该近似方法是正确的。结果表明,对于 $r \geqslant 0.6$,无论 b 取 3~30 中的任何值,基于瑞利分布假设产生的误差仍低于 4%(第 4 卷,第 3 章)。

对于传统值($Q=10$),常常认为单自由度线性系统的响应是窄带的,进而以上近似结果有效,然而经验表明情况也不总是这样。

例 **4.4**　以飞机上测量的高斯随机振动信号为例,5s 内 32302 个点的样本,频带为 6~2500Hz(PSD 如图 4.6 所示)。

共振频率为 10Hz($Q=10$)的单自由度系统的相对位移响应看起来更像是正弦而不是窄带噪声(图 4.7)。然而,小的振荡增加了峰值的个数:在 5s 内,可以统计到以正斜率穿越零值的次数为 50(可以认为平均频率为 10Hz)并有 205 个峰值。由这两个参数计算出的参数 r(利用式(4.3))等于 0.244,和 1 差距很大,这些小峰值对损伤的影响非常小。

在实际中可以看到,在低频段参数 r 一般很小,而后在高频段逐渐增加并接近 1,图 4.8 显示了飞机振动信号参数 r 的变化。

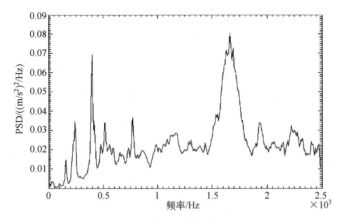

图 4.6　飞机振动信号的 PSD

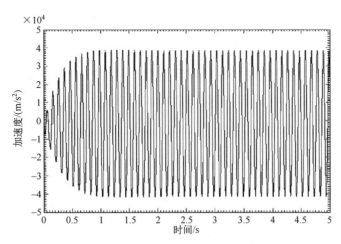

图 4.7　固有频率为 10Hz($Q=10$)的系统响应 $(2\pi f_0)^2 z(t)$

Specification Development

　　在同一个图中给出了分别利用相对位移、相对速度和相对加速度均方根值,由该环境的 PSD 谱计算得到的参数 r,可以验证结果的可比性,和损伤一样,与特定分布的曲线进行比较(相对于所研究的样本信号)。

　　因此,在这个例子中,只有当固有频率高于 145Hz 且 $r>0.6$ 时,瑞利近似法理论上是正确的。

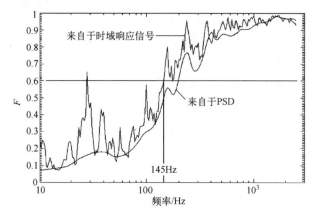

图 4.8　由 PSD 和时域信号计算的参数 r($Q=10$)

　　使用峰值平均次数往往高估损伤,因为每个小峰值都被计算作一个从零开始又回到零的半循环。在低频段,用峰值的平均个数与瑞利准则计算的 FDS 的幅值最大,其次是由完全概率密度函数获得的 FDS,然后是通过平均频率和瑞利准则计算的 FDS(图 4.9)。在图 4.7 中,幅值最小的 FDS 最能代表实际的损伤情况。

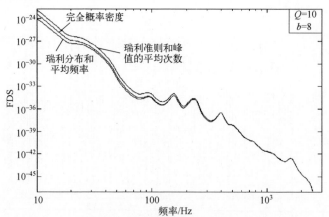

图 4.9　利用峰值的完全概率密度、瑞利分布、峰值的
平均次数和平均频率计算的 FDS

例 4.5　卡车上测量的随机振动持续时间为 1.25s,有 2000 个点。该信号的 PSD 的频率达 600Hz,只有从 1~250Hz 的部分是重要的(图 4.10)。

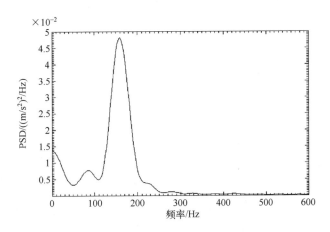

图 4.10　卡车振动信号的 PSD

当频率成分重要时,参数 r 随频率范围增大而接近于 1,随后逐渐减小(图 4.11)。

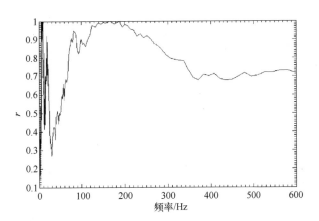

图 4.11　时域信号计算的参数 r 随固有频率的变化($Q=10$)

注:损伤的近似表达式。

由第 2 章可知,在受白噪声时,ERS 可以用单自由度系统响应的均方根值来近似计算(式(2.14)):

$$z_{\text{rms}} = \sqrt{\frac{QG_{\ddot{x}\,0}}{4\omega_0^3}}$$

以相似的方式,疲劳损伤可以利用这个公式和式(4.7)来计算。假设 $n_0^+ = f_0$,则有

$$\overline{D} = \frac{K^b}{C} n_0^+ T \left(\frac{QG_{\ddot{x}\,0}}{2\omega_0^3}\right) \Gamma\left(1 + \frac{b}{2}\right) \tag{4.9}$$

式(4.9)也可以写成

$$\overline{D} = \left[\frac{K^b}{C} \frac{\Gamma\left(1 + \frac{b}{2}\right)}{(8\pi\omega_0^2)^{b/2}} f_0 T \left(\frac{G_{\ddot{x}\,0}}{\xi f_0}\right)^{b/2} = A f_0 T \left(\frac{G_{\ddot{x}\,0}}{\xi f_0}\right)^{b/2}\right] \tag{4.10}$$

如果以速度(而非加速度)来表征振动特性,那么当 $f = f_0$ 时,速度 PSD(G_{v0})等于加速度 PSD($G_{\ddot{x}\,0}$)除以 $(2\pi f)^2$,式(4.10)可以写成

$$\overline{D} = \left[\frac{K^b}{C} \frac{\Gamma\left(1 + \frac{b}{2}\right)}{(8\pi)^{b/2}}\right] f_0 T \left(\frac{G_{\ddot{x}_0}}{\xi f_0}\right)^{b/2} = B f_0 T \left(\frac{G_{v0}}{\xi f_0}\right)^{b/2} \tag{4.11}$$

除了常数 B,可以发现 A. G. Piersol 和 G. R. Henderson[HEN 95]定义的"潜在损伤谱"具有以下形式:

$$\text{DP}(f_0) = f_0 T \left(\frac{G_{\ddot{x}_0}}{\xi f_0}\right)^{b/2} \tag{4.12}$$

2.2.3.2 节中有关式(4.9)的讨论在这里同样也适用。

4.4 利用 Dirlik 概率密度计算疲劳损伤谱

当利用时域信号计算 FDS 时,利用雨流计数法可以对应变循环次数进行计数,从而建立峰值的直方图,最好使用峰值直方图。当利用 PSD 计算时,Rice 法可以获得应变峰值的概率密度。二者之间在原理上不同,为此 T. Dirlik 提出了域半经验概率密度(第 4 卷,第 4 章)。

在实际中,用 Rice 公式计算 FDS 时这种方法造成的差别不大。

例 4.6 由例 2.3 可以看出，用图 2.4 和图 2.6 的 PSD 计算 FDS，Rice 法和 Dirlik 法非常接近(图 4.12 和图 4.13)。

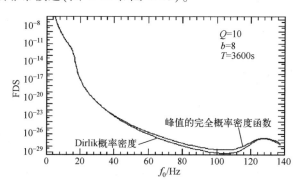

图 4.12 分别用 Rice 和 Dirlik 的概率密度计算图 2.4 PSD 得到的疲劳损伤谱

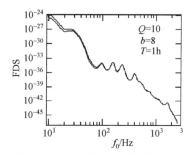

图 4.13 分别用 Rice 和 Dirlik 的概率密度计算图 2.6 PSD 得到的疲劳损伤谱

4.5 上穿越风险疲劳损伤谱

FDS 是单自由度线性系统所承受的由疲劳 $\overline{D}$ 造成的平均损伤作为其特征频率的函数曲线。在此假设振动通过 PSD 定义。上穿越风险疲劳损伤谱(UFS)通过疲劳给定的穿越风险给出损伤。

上穿越风险疲劳损伤谱可以通过以下步骤计算：

(1) 计算平均损伤 $\overline{D}$(式(4.6))。

(2) 计算损伤的标准差(第 4 卷，式(5.6))：

$$s_D^2 = \left[\left(\frac{K^b}{2C} \right)^2 z_{\text{rms}}^{2b} \int_0^{+\infty} u^{2b} q(u) \, du - \left(\frac{D}{N_p} \right)^2 \right] \times \left[N_p + 2 \frac{(N_p-1) \, e^{2\pi\xi} - N_p + e^{-2(N_p-1)\pi\xi}}{(e^{2\pi\xi}-1)^2} \right]$$

式中

$$u = \frac{z_p}{z_{rms}}, \quad N_p = 2n_p^+ T = 2N_p^+$$

（3）计算损伤协方差：

$$covd = \frac{s_D}{\overline{D}} \tag{4.13}$$

（4）假设损伤分布律。给定穿越风险 π_0，根据假设的损伤分布律计算。

假设为对数正态分布：

① 计算均值和标准差（第 3 卷，附录 A1.2）：

$$m_y = \ln\overline{D} - \frac{1}{2}\ln(1+covd^2) \tag{4.14}$$

$$s_y = \sqrt{\ln(1+covd^2)} \tag{4.15}$$

② 计算损伤 UFS：

$$1 - \pi_0 = \frac{1}{s_y\sqrt{2\pi}} \int_0^{UFS} \frac{1}{x} e^{-\frac{1}{2}\left(\frac{\ln x - m_y}{s_y}\right)} \, dx \tag{4.16}$$

假设为威布尔分布：

① 从 $\overline{D}$ 和 $covd$ 计算 α 和 ν

$$covd = \sqrt{\frac{\Gamma\left(1+\frac{2}{\alpha}\right)}{\Gamma^2\left(1+\frac{1}{\alpha}\right)} - 1} \tag{4.17}$$

$$\nu = \frac{\overline{D}}{\Gamma\left(1+\frac{1}{\alpha}\right)} \tag{4.18}$$

② 计算 UFS：

$$1-\pi_0 = 1 - e^{-\left(\frac{UFS}{\nu}\right)^\alpha} \tag{4.19]}$$

注：对于对数正态分布，可用误差函数的级数展开方法以避免积分运算。

记 $u = \ln UFS$，则有

$$1-\pi_0 = \frac{1}{s_y\sqrt{2\pi}}\left\{\frac{1}{2}\left[1+erf\left(\frac{u-m_y}{2s_y}\right)\right]\right\} \quad (u>m_y) \tag{4.20}$$

$$1-\pi_0 = \frac{1}{s_y\sqrt{2\pi}}\left\{\frac{1}{2}\left[1-erf\left(\frac{u-m_y}{2s_y}\right)\right]\right\} \quad (u<m_y) \tag{4.21}$$

式中

$$erf(x) = \frac{2}{\sqrt{\pi}}\int_0^x e^{-t^2} dt$$

例 4.7 卡车上振动信号的 PSD 如图 4.14 所示。该振动主要是低频。单自由度系统的响应在该频率范围内的奇异因子约为 1,当固有频率超过 20Hz 后快速减小(图 4.15)。

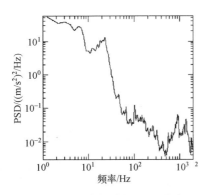

图 4.14 卡车振动的 PSD(均方
根值为 20.034m/s²)

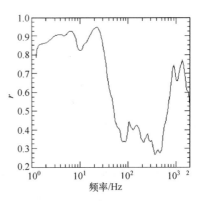

图 4.15 卡车振动——参数
r 为固有频率的函数

计算该振动的 UFS 时,取风险为 1%,$b = 14$,持续时间为 1h。通过对数正态分布和威布尔分布计算的结果并无太大区别。这里只给出通过正态对数计算的结果。FDS 与 UFS 如图 4.16 所示,两个谱非常接近。图 4.17 给出了 UFS/FDS 作为固有频率的函数的关系。

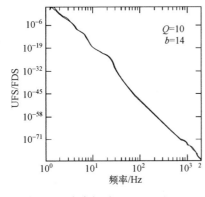

图 4.16 卡车振动——UFS 和 FDS

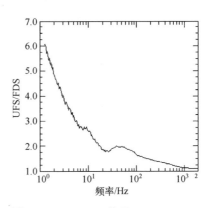

图 4.17 UFS/FDS 关系($b = 14$, $T = 1h$)

例 4.8 飞机的宽带振动信号 PSD 如图 4.18 所示。低频段响应的奇异因子非常小,当固有频率增加时趋于 1(图 4.19)。

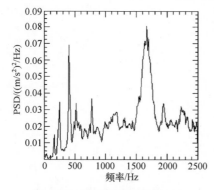

图 4.18　飞机振动信号的 PSD
（均方根值为 7.569m/s²）

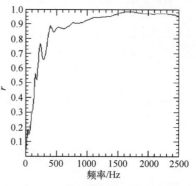

图 4.19　飞机振动信号——参数
r 为固有频率 f_0 的函数

　　图 4.20 给出了当 $b=14$，持续时间为 1h 的 FDS，以及风险为 1% 的 UFS。不同持续时间下两个谱之比如图 4.21($b=14$) 和图 4.22($b=4$) 所示。

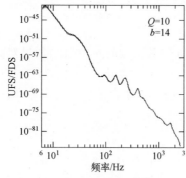

图 4.20　飞机振动信号的 UFS 和
FDS($b=14$，持续时间为 1h)

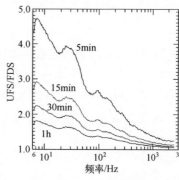

图 4.21　飞机——不同持续时间下
UFS(1%)/FDS 的关系($Q=10,b=14$)

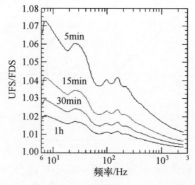

图 4.22　飞机——不同持续时间下 UFS(1%)/FDS 的关系($Q=10,b=4$)

UFS 的作用

在给定阈值风险时(可以选得非常低),UFS 给出了损伤的最大值,因此 UFS 可替代 FDS 进行结构尺寸的确定。UFS 也可用于比较随机振动与一系列冲击或其他非平稳现象的严酷度(用于研究时间函数信号)。

4.6 试验时间的缩减

4.6.1 线性系统的疲劳损伤等效

式(4.6)表明,平均损伤与持续时间及均方根值的 b 次方成比例,因为响应位移的均方根 z_{rms} 与激励加速度的均方根 $\ddot{X}_{\text{rms}}$ 成比例。对于正弦信号,有

$$\ddot{x}_{\text{rms缩减}} = \ddot{x}_{\text{rms实际}} \left(\frac{T_{\text{实际}}}{T_{\text{缩减}}}\right)^{\frac{1}{b}} \tag{4.22}$$

对于功率谱密度的量值 G,有

$$\frac{G_{\text{缩减}}}{G_{\text{实际}}} = \left(\frac{T_{\text{实际}}}{T_{\text{缩减}}}\right)^{\frac{2}{b}} \tag{4.23}$$

在这个式子中,无论假设应力量级为多少,阻尼总是不变的。

4.6.2 固有阻尼为应力量级函数情况下基于 Basquin 关系的疲劳等效方法

由第 3 卷第 8 章可知,在量级 G_0 白噪声作用下,固有频率为 f_0 的单自由度机械系统的相对位移响应均方根值可以表示成

$$z_{\text{rms}}^2 = \text{const} \cdot (f_0 Q G_0) \tag{4.24}$$

可得

$$\sigma_{\text{rms}} = \text{const} \cdot z_{\text{rms}} = \text{const} \cdot (f_0 Q G_0)^{\frac{1}{2}}$$

结合式(3.72)和 $\sigma_{\text{rms}} = \text{const} \cdot z_{\text{rms}}$,则有

$$Q = \text{const} \cdot \sigma_{\text{rms}}^{2-n}$$

得出

$$\begin{cases} \sigma_{\text{rms}} = \text{const} \cdot (f_0 G_0)^{1/2} (\sigma_{\text{rms}}^{2-n})^{1/2} \\ \sigma_{\text{rms}} = \text{const} \cdot (f_0 G_0)^{1/2} \end{cases} \tag{4.25}$$

因为应力的峰值水平与 σ_{rms} 成正比,则消去 $N\sigma_{\text{rms}}^b = \text{const}$ 和式(4.25)的 σ_{rms} 项,可得

$$N(f_0 G_0)^{\frac{b}{n}} = \text{const}$$

因为 $N=fT$，所以得到

$$\frac{G_{缩减}}{G_{实际}}=\left(\frac{T_{实际}}{T_{缩减}}\right)^{\frac{n}{b}} \tag{4.26}$$

或

$$\frac{\ddot{x}_{\text{rms缩减}}}{\ddot{x}_{\text{rms实际}}}=\left(\frac{T_{实际}}{T_{缩减}}\right)^{\frac{n}{2b}} \tag{4.27}$$

A. J. Curtis 建议 $n=2.4, b=9$。MIL-STD-810 建议 $b/n=4$。AIR 7304 也采用此值，而没有指明它的来源。作为指导，表 4.1 可以用来比较这些公式。用 $b=9, n=2.4$ 来计算用于确定实际试验时间 $T_{实际}$ 的扩大因子。

表 4.1 扩大因子示例

		缩减法则	扩大因子
Q 是常数	正弦和随机状态	$\frac{\ddot{x}_{\text{rms缩减}}}{\ddot{x}_{\text{rms实际}}}=\left(\frac{T_{实际}}{T_{缩减}}\right)^{\frac{1}{b}}$	1.17
Q 不是常数	正弦	$\frac{\ddot{x}_{\text{rms缩减}}}{\ddot{x}_{\text{rms实际}}}=\left(\frac{T_{实际}}{T_{缩减}}\right)^{\frac{n-1}{b}}$	1.24
	随机	$\frac{\ddot{x}_{\text{rms缩减}}}{\ddot{x}_{\text{rms实际}}}=\left(\frac{T_{实际}}{T_{缩减}}\right)^{\frac{n}{2b}}$	1.20

注:时间缩短因子为4

从随机振动得到的结果非常相似。

注:

(1) 尽管在最后的程序中硬性地向 n 和 b 赋值，b 开始的取值还是开放的，发现扩大因子很大程度上取决于所选择的值(表 4.2)。例如，先选择 $\frac{T_{实际}}{T_{缩减}}=4$，再计算扩大因子使得 $3\leq b\leq20$ 时。

表 4.2 参数 b 对扩大因子的影响

b	3	6	10	15	20
$E=\frac{\ddot{x}_{\text{rms缩减}}}{\ddot{x}_{\text{rms实际}}}$	1.59	1.26	1.15	1.10	1.07

因此，选择的 b 值尽可能接近实际是很重要的。如果没有把握，b 就取一个默认值。

(2) 用解析式 $N\sigma^b=$ const 描述 S-N 曲线，优点是简化了计算，结果忽略了疲劳极限,并假设每一量级对疲劳损伤的贡献相等。

很明显,对于应力低于疲劳极限,以这种方式计算的扩大因子会导致试验偏于保守(众所周知,很多材料如钢没有这种疲劳极限)。

(3) 实际上,对缩短试验时间的限制是施加的激励量级不能超过极限强度。因此,可以接受的扩大因子取值限制是极限强度和疲劳极限的比值,大多数材料取 2~3 是可以接受的。严格遵循这一原则的压缩因子会使时间很长。根据给定的参数 b,表 4.3 列出了扩大因子等于 2 时,由式(4.22)得到的最大值。

表 4.3　参数 b 对试验时间压缩的影响

b	4	6	8	10	14
$\dfrac{T_{实际}}{T_{试验}}$	16	64	256	1024	16384

时间压缩控制得不好,会导致本来不存在的问题产生,原因如下:

① 产生超过极限应力的最大应力,而实际的应力无法达到该量级。

② 在含有间隙的设备中产生冲击,而实际量值下不会出现(或程度较轻)。

③ 疲劳损伤等效是基于线性系统假设,而实际情况不是这样。结果导致应力量级越大,试验的时间更短,但扩大因子中产生的误差越大。

④ 第一条注释说明了参数 b 对扩大因子的影响,取 b 值产生的小误差导致 E 的误差随扩大因子增大。

时间压缩是一种策略,它的使用应有限度。使用时,压缩因子不应该太大。

进行加速试验时,可能造成后果严重的因素有[CAR 97]:对产品的物理性能不了解或错误理解;对要模拟的失效模式了解不多;在估算试验加速程度时不尊重分析模型的限制;假设产品的实际物理加速过程能够精确可靠地计算出来。

在试验过程中出现问题,修改试样之前,有必要延长试验持续时间使之更接近真实时间(当然会导致严酷度降低)。某些标准[AVP 70]将加速试验限制在较低的量级,长持续时间就和运输过程一样,同样也不应在试验中施加比实际中经常遇到的严酷度还要高的量级。

4.7 "输入"加速度信号的峰值截断

第 3 卷 2.13 节和本书 2.6 节中的例子评估了峰值截断对 PSD 和极限响应谱的影响,下面用同样的例子评估对疲劳损伤谱的影响,条件计算如下:

$$Q = 10, f_{min} = 5Hz, K = 1,200 \, 点$$
$$b = 8, f_{max} = 3000Hz, C = 1, 对数步长$$

4.7.1 由时域信号计算的疲劳损伤谱

图 4.23 给出了直接由截断信号计算得到的 FDS。

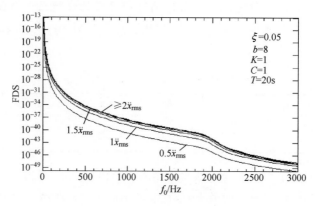

图 4.23　截断振动信号的 FDS

应该指出的是,只要截断水平等于或大于 $2\ddot{x}_{rms}$,FDS 就非常相似。

4.7.2 从功率谱密度计算的疲劳损伤谱

图 4.24 给出了由截断信号的 PSD 计算得到的 FDS。

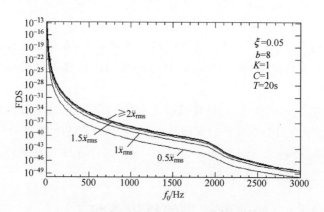

图 4.24　截断振动信号 PSD 计算的 FDS

超过 $2\ddot{x}_{rms}$ 时,截断的影响不大。这一结果很容易和由时域信号计算得到的 FDS 比较。

4.7.3　由时域信号和功率谱密度计算的疲劳损伤谱的比较

无论量级水平,两种方法得到的疲劳损伤谱非常相似。截断的影响看起来也很相似,因此基本上不受计算方法的影响。

图 4.25 和图 4.26 给出了根据这两种方法计算的 FDS:非截断信号和在 $0.5\ddot{x}_{rms}$ 截断的信号。

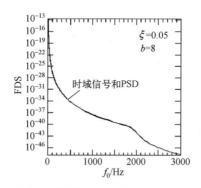

图 4.25　从非截断时域信号和从其 PSD 计算的 FDS 的比较

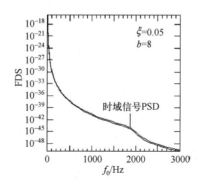

图 4.26　从截断时域信号和从其 PSD 计算出的 FDS 的比较

基于窄带叠加到白噪声的补充研究得出的结论相同。

4.8　宽带随机振动叠加正弦

4.8.1　宽带随机振动叠加单个正弦的情况

令 σ_s 为正弦应力和 σ_a 为随机应力。疲劳损伤 $\overline{D} = \int_0^\infty \dfrac{\mathrm{d}n}{N}$。已知 $N\sigma^b = C$,

$\mathrm{d}n = n_\mathrm{p}^+ T q(\sigma)$，采用 2.7 节中的符号得到

$$\overline{D} = \frac{n_\mathrm{p}^+}{C} T \int_0^\infty \sigma^b q(\sigma)\, \mathrm{d}\sigma \tag{4.28}$$

$$\overline{D} = \frac{n_\mathrm{p}^+ T}{C} \int_0^\infty \frac{\sigma^{b+1}}{\sigma_\mathrm{a\,rms}^2} \mathrm{e}^{\frac{\sigma^2 + \sigma_x^2}{2\sigma_\mathrm{a\,rms}^2}} \mathrm{I}_0\!\left(\frac{\sigma\sigma_\mathrm{s}}{\sigma_\mathrm{ams}^2}\right) \mathrm{d}\sigma \tag{4.29}$$

或

$$\overline{D} = \frac{K^b}{C} \frac{n_\mathrm{p}^+ T}{z_\mathrm{a\,rms}^2} \int_0^\infty z^{b+1} \mathrm{e}^{\frac{z^2 + z_\mathrm{s}^2}{2z_\mathrm{a\,rms}^2}} \mathrm{I}_0\!\left(\frac{z^* z_\mathrm{s}}{z_\mathrm{a\,rms}^2}\right) \mathrm{d}z \tag{4.30}$$

如果 $u = \dfrac{z}{z_\mathrm{a\,rms}}$，并且 $a = \dfrac{z_\mathrm{s}}{z_\mathrm{a\,rms}}$，则损伤可以表示为

$$\overline{D} = \frac{K^b}{C} n_\mathrm{p}^+ T z_\mathrm{a\,rms}^b \int_0^\infty u^{b+1} \mathrm{e}^{-\frac{u^2 + a^2}{2}} \mathrm{I}_0(ua)\, \mathrm{d}u \tag{4.31}$$

由式(4.31)和式(2.7)[SPE 61]可得

$$\overline{D} = \frac{K^b}{C} n_\mathrm{p}^+ T z_\mathrm{a\,rms}^b \int_0^\infty u^{b+1} \mathrm{e}^{-\frac{u^2 + a^2}{2}} \sum_{n=0}^\infty \left(\frac{a}{2}\right)^{2n} \frac{u^{2n}}{(n!)^2} \mathrm{d}u \tag{4.32}$$

$$\overline{D} = \frac{K^b}{C} n_\mathrm{p}^+ T z_\mathrm{a\,rms}^b \sum_{n=0}^\infty \left(\frac{a}{2}\right)^{2n} \frac{1}{(n!)^2} \mathrm{e}^{-\frac{a^2}{2}} \int_0^\infty u^{2n+b+1} \mathrm{e}^{-\frac{u^2}{2}} \mathrm{d}u \tag{4.33}$$

$$\overline{D} = \frac{K^b}{C} n_\mathrm{p}^+ T z_\mathrm{a\,rms}^b 2^{b+1} \sum_{n=0}^\infty \frac{(a)^{2n}}{(n!)^2} \mathrm{e}^{-\frac{a^2}{2}} \int_0^\infty \left(\frac{u}{2}\right)^{2n+b+1} \mathrm{e}^{-\frac{u^2}{2}} \mathrm{d}u \tag{4.34}$$

然而

$$\Gamma(1+x) = 2^{x+1} \int_0^\infty \left(\frac{u}{2}\right)^{2x+1} \mathrm{e}^{-\frac{u^2}{2}} \mathrm{d}u \tag{4.35}$$

式中

$$2x+1 = 2n+b+1 \quad (x = n+b/2)$$

$$\Gamma\!\left(1+n+\frac{b}{2}\right) = \left(n+\frac{b}{2}\right)!$$

$$\overline{D} = \frac{K^b}{C} n_\mathrm{p}^+ T (\sqrt{2} z_\mathrm{a\,rms})^b \mathrm{e}^{-\frac{a^2}{2}} \sum_{n=0}^\infty \left(\frac{a^n}{n!}\right)^2 \frac{1}{2^n}\left(n+\frac{b}{2}\right)! \tag{4.36}$$

由式(4.30)[LAM 88]可得

$$\overline{D} = \frac{K^b}{C} n_\mathrm{p}^+ T (\sqrt{2} z_\mathrm{a\,rms})^b \Gamma\!\left(1+\frac{b}{2}\right) \cdot {}_1F_1\!\left(-\frac{b}{2}, 1, -a_0^2\right) \tag{4.37}$$

式中：$a_0^2 = \dfrac{a^2}{2}\left(a_0 - \dfrac{z_{s\ rms}}{z_{a\ rms}}\right)$；$_1F_1(\ )$ 为超几何函数，且有

$$_1F_1(\alpha, \delta,\ \pm x) = \sum_{j=0}^{\infty} \frac{(\alpha)_j(\ \pm x)^j}{(\delta)j!} \tag{4.38}$$

其中

$$(\alpha)_j = \alpha(\alpha+1)\cdots(\alpha+j-1)$$
$$(\delta)_j = \delta(\delta+1)\cdots(\delta+j-1)$$

通过设定 $\alpha = -\dfrac{b}{2}, \delta = 1$ 和 $-x = -a_0^2$，可得

$$_1F_1\left(-\frac{b}{2},1,\ -a_0^2\right) = 1 + \sum_{j=0}^{\infty} p_j \tag{4.39}$$

其中

$$p_j = (p_{j-1})\left(-\frac{b}{2}-1+j\right)\frac{-a_0^2}{j^2} \tag{4.40}$$

$P_0 = 1$。

例 4.9 图 4.27 描述了正弦加宽带随机噪声激励的 FDS。

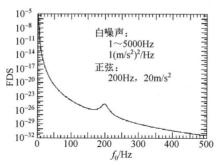

图 4.27 正弦加宽带随机噪声激励的 FDS($Q = 10, b = 8, T = 1h$)

并不总是很容易对正弦和窄带随机进行区分的，但两者对结构的影响非常不同。

例 4.10 考虑：

（1）正弦（频率为 400Hz，振幅为 40m/s²）加宽带随机（10~2000Hz，2（m/s²)²/Hz）；

（2）窄带（中心频率 400Hz，带宽 4Hz）均方根值与上面正弦信号的相等，PSD 幅值为 200（m/s²)²/Hz）加宽带随机（10~2000Hz，2（m/s²)²/Hz。

　　这两个振动的 FDS 非常接近,只是在 400Hz 附近,宽带加窄带的 FDS 更大(图 4.28 和图 4.29)。这个结果可以解释为:当均方根值相等时,窄带噪声的峰值比正弦更高,随机为均方根的 5~6 倍,正弦为均方根的 $\sqrt{2}$ 倍。

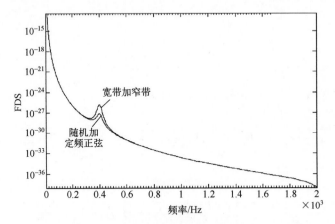

图 4.28　振动 FDS:随机加定频正弦(40m/s^2)和宽带
加窄带(持续时间为 1h,$Q=10$,$b=8$)

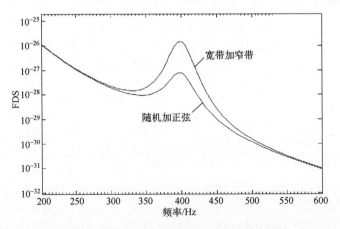

图 4.29　振动 FDS 在 200~600Hz 的放大图

随机加正弦(40ms^{-2})和宽带加窄带(持续时间为 1h,$Q=10$,$b=8$)

宽带加窄带随机过程的 ERS 总是更大(图 4.30)。

　　在这些计算条件下,为了在 400Hz 处获得相同的 FDS 值,必须将正弦的振幅设为 78m/s^2。在这个振幅下,两个 FDS 非常接近(图 4.31),但是 EMS 仍然呈现了一些不同(图 4.32)

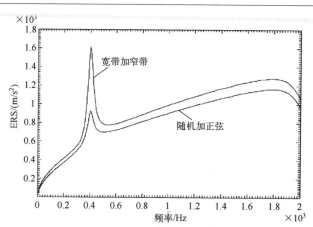

图 4.30 振动 ERS:宽带加正弦(40m/s²)和宽带加窄带(持续时间为 1h,$Q=10,b=8$)

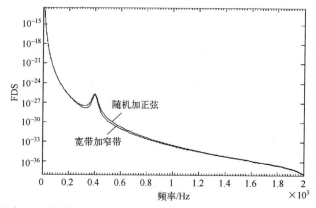

图 4.31 振动 FDS:宽带加正弦(75m/s²)和宽带加窄带(持续时间为 1h,$Q=10,b=8$)

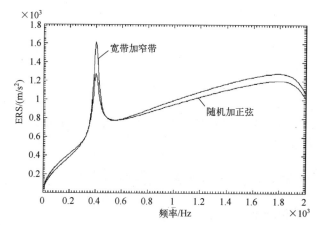

图 4.32 振动 ERS:宽带加正弦(75m/s²)和宽带加窄带(持续时间为 1h,$Q=10,b=8$)

Specification Development

例 **4.11** 窄带噪声振幅 $20(m/s^2)^2/Hz$ 与宽带噪声振幅 $2(m/s^2)^2/Hz$ 的比例小于例 4.10 中的情况,FDS 结果非常接近(图 4.33),而 ERS 仍略有不同(图 4.34)。

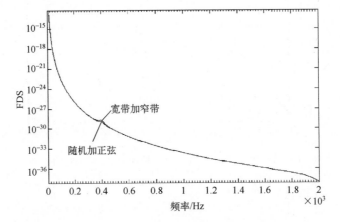

图 4.33　振动 FDS:宽带加正弦($20m/s^2$)和宽带加窄带(持续时间为 1h,$Q=10$,$b=8$)

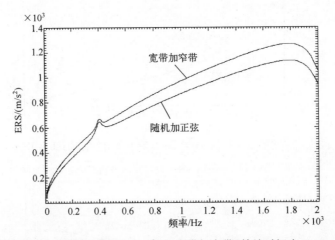

图 4.34　振动 ERS:随机加正弦($20m/s^2$)和宽带加窄带(持续时间为 1h,$Q=10$,$b=8$)

　　两条曲线之间的间隙随着频率增大;峰的数量随着频率增加,最大峰值出现的概率增加。

4.8.2　宽带随机振动叠加多个正弦的情况

4.8.2.1　近似关系

可以通过在式(4.37)中进行下面的替换来确定 PSD:

（1）用 $n_{0\text{tot}}^{+} = \dfrac{1}{2\pi} \dfrac{\dot{z}_{\text{rmstot}}}{z_{\text{rmstot}}}$（$z_{\text{rmstot}}$ 为单自由度系统在随机加 n 个正弦混合激励下相对位移响应的均方根值，$\dot{z}_{\text{rmstot}}$ 为相对速度均方值）替换峰值平均数 n_{p}^{+}。

（2）用 $\displaystyle\sum_{i} \dfrac{a_i^2}{2}$（其中 $a_i = \dfrac{z_{si}}{z_{a\,\text{rms}}}$）替换 $a_0^2 = \left(\dfrac{a^2}{2}\right)$。

因此

$$\overline{D} = \frac{K^b}{C} n_{0\text{tot}}^{+} T [\sqrt{2} z_{a\,\text{rms}}]^{b} \Gamma\left(1 + \frac{b}{2}\right) {}_1F_1\left(-\frac{b}{2}, 1, -\sum_{i} \frac{a_i^2}{2}\right) \qquad (4.41)$$

4.8.2.2　精确公式

在 2.7.3.2 节看到，由随机信号叠加多个正弦信号组成的信号其概率密度由式（2.86）给出：

$$p(u) = u\int_0^{\infty} r\mathrm{J}_0(ru)\left[\prod_{i=0}^{n} \mathrm{J}_{0i}(S_i r)\right]\exp\left(-\frac{r^2}{2}\right)\mathrm{d}r$$

FDS 可以通过下式获得

$$\overline{D} = \frac{K^b}{C} n_{0\text{tot}}^{+} T [\sqrt{2} z_{a\,\text{rms}}]^{b} \int_0^{\infty} u^b p(u)\,\mathrm{d}u \qquad (4.42)$$

需要注意的是：上述公式没有考虑正弦信号之间的相位差问题。

4.8.2.3　时域方程信号的求解

FDS 可以通过时域信号计算，将正弦部分和由 PSD 谱定义的宽带随机部分相加（2.7.3 节）。

例 4.12　宽频带噪声：

10~2000Hz

$G_0 = 1 (\mathrm{m/s^2})^2/\mathrm{Hz}$。

正弦信号：

100Hz、300Hz 和 600Hz

振幅：20m/s²

图 4.35 为 10~1000Hz，步长为 5Hz 的 FDS，持续时间 $T = 1\mathrm{h}$，$Q = 10$，$b = 8$，$K = 1$，$C = 1$。

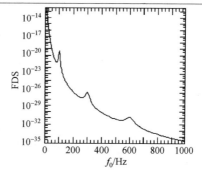

图 4.35　3 个正弦叠加在一个宽带噪声的激励的 FDS

4.9　正弦扫频加在宽带随机振动

4.9.1　单一正弦扫频加在宽带随机振动

计算每个正弦加随机信号的 FDS,每个正弦信号的频率在扫频范围内规则分布,持续时间为总扫频时间除以正弦信号个数,然后求和得到总的 FDS。

例 4.13　宽带噪声:

10~2000Hz

$G_0 = 1 (\mathrm{m/s^2})^2/\mathrm{Hz}$

正弦扫频:

100~400Hz

振幅:$20\mathrm{m/s^2}$

线性扫频。

图 4.36 为 10~1000Hz,步长为 5Hz 的 FDS,持续时间 $T = 1\mathrm{h}$,$Q = 10$,$b = 8$,$K = 1$,$C = 1$。

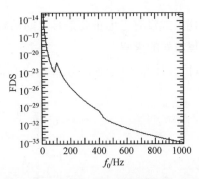

图 4.36　正弦扫频加宽带随机的 FDS

4.9.2　几个正弦扫频信号加在宽带随机振动

一般来说,扫频带之间频率间隔足够大,对于任意给定时间,先计算单个正弦叠加在随机噪声合成的信号的 FDS 包络作为初步估计。

整个信号的 FDS 是对每次以这种方式计算的 FDS 包络的求和。

4.10 宽带随机振动叠加扫描窄带

首先按照 2.9.2 节介绍的从 PSD 求 FDS 的过程求得每种信号的 FDS,然后求和得到此种振动信号 FDS 的计算结果。

例 **4.14** 再回到例 2.25,随机振动由以下构成:

(1) 10~2000Hz 的宽带噪声,PSD 幅度 $G_0 = 2(\text{m/s}^2)^2/\text{Hz}$。

(2) 两个窄带:

带宽 100Hz,中心频率在 150~550Hz 之间线性变化;

带宽 200Hz,中心频率在 1100~1900Hz 之间线性变化。

参数 $\xi = 0.05, b = 8, K = 1, C = 1$ 的单自由度系统对持续时间为 1h 的振动在 10~2000Hz 之间的 FDS,如图 4.37 所示。

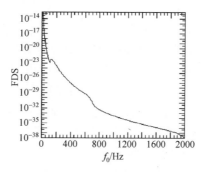

图 4.37 两个扫描窄带加在宽带随机的 FDS

第 5 章
冲击的疲劳损伤谱

5.1　疲劳损伤的通用关系

　　根据信号时间历程计算冲击对一个单自由度线性系统造成的疲劳损伤与计算随机振动造成的损伤基于的是同样的公式(第 4 卷的 4.2 节和本卷的 4.1 节)。对于后一种情况,纳入系统响应计算的时间为随机振动施加时间,忽略振动停止后的剩余响应(因其相比于振动持续时间短得多)。

　　对于冲击而言,持续时间很短,因而这种残余反应就变得很重要,特别是在低频率(因为它是峰值直方图的主要组成部分)。进行计算时必须:

　　(1) 通过数值计算确定冲击产生的相对响应位移 $z(t)$。

　　(2) 建立 $z(t)$ 的峰值直方图(最大值和最小值的绝对值等于给定振幅 z_{mi} 的个数为 n_i)。

　　(3) 根据每个应力极值 $\sigma_i = K z_{mi}$ 的基本损伤因子

$$d_i = 1/2N_i \tag{5.1}$$

式中:N_i 是根据 Basquin 准则 $N_i \sigma_i^b = C$、幅值为 σ_i 的交替正弦应力对应的失效周期数。得到直方图所有峰值的总损伤(Miner 准则):

$$D = \sum d_i = \sum \frac{n_i}{N_i} \tag{5.2}$$

$$D = \frac{K^b}{2C} \sum n_i z_{m_i}^b \tag{5.3}$$

　　如果相邻冲击的间隔时间足够长,在下次冲击到来之前残余响应已经归零如图 5.1 所示。那么 p 次相同冲击的总损伤可表示为

$$\Delta = pD \tag{5.4}$$

　　如果不满足此条件,那么计算冲击 i 的响应时,将第 $i-1$ 次冲击引起的、在

第 i 个冲击到来时刻的相对速度和位移来作为初始条件。

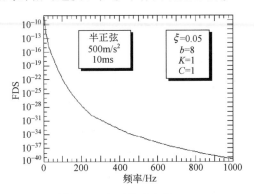

图 5.1 半正弦冲击的 FDS

对钢进行一些试验研究证实所观察的疲劳寿命。

注:某些钢材上进行的试验研究证实所观察的疲劳寿命:

(1) 在传统的疲劳和冲击下差别不大[BOU 85];

(2) 与 Miner 定律得出的预测很接近[TAN 63]。

5.2　冲击响应谱在脉冲区的应用

第 2 卷的 3.1 节指出,冲击响应谱可以分为 3 个区域。第一个在低频部分,是脉冲区,主要是残余响应,只与冲击的速度变化有关。此响应的计算公式为

$$z(t) = Z\mathrm{e}^{-\xi\omega_0 t}\sin(\omega_0\sqrt{1-\xi^2}\,t) \tag{5.5}$$

图 5.2 中,r^{th} 的振幅极值为

$$z_r = (-1)^{r-1}Z\exp\left[-\xi(2r-1)\frac{\pi}{2}\right] \tag{5.6}$$

当 $r=1$ 时,$z_1 = Z\exp\left[-\xi\dfrac{\pi}{2}\right]$。利用上述假设,冲击造成的疲劳损伤可以写成

$$D = \frac{K^b}{2C}\sum n_i z_{r_i}^b$$

式中:n_i 为幅值为 z_{r_i} 的半周期(或峰)个数。

由于该响应是阻尼振荡的类型,幅值为 z_{r_i} 的半周期只有一个,得到

$$D = \frac{K^b}{2C}\sum_{i=1}^{\infty} z_{r_i}^b = \frac{K^b}{2C}z^b\sum_{r=1}^{\infty}\exp\left[-\frac{\pi}{2}\xi b(2r-1)\right] \tag{5.7}$$

对于固有频率 f_0,相同阻尼因子 ξ 取值得到的冲击响应谱 $\mathrm{SRS} = \omega_0^2 z_1$(由于频谱计算时考虑的是响应最大峰值,在这里就是残余响应的第一个峰)。通过

推导,它服从

$$Z = \frac{\text{SRS}}{\omega_0^2} \exp\left(\frac{\pi\xi}{2}\right) \tag{5.8}$$

和[MAI 59]

$$D = \frac{K^b}{2C} \left\{\frac{\text{SRS}}{\omega_0^2}\right\}^b \exp\left(\frac{\pi\xi b}{2}\right) \sum_{r=1}^{\infty} \left[-\frac{\pi\xi b(2r-1)}{2}\right] \tag{5.9}$$

在式(5.9)中,如果 $a = \dfrac{\pi\xi b}{2}$,则可以通过求和

$$\sum_{r=1}^{\infty} e^{-a(2r-1)} = e^a\left[e^{-2a} + e^{(-2a)^2} + \cdots\right] \tag{5.10}$$

$$\sum_{r=1}^{\infty} e^{-a(2r-1)} = e^a \frac{e^{-2a}}{1-e^{-2a}} = \frac{1}{2\sinh a} \tag{5.11}$$

得到损伤为

$$D = \frac{K^b}{2C} \left\{\frac{\text{SRS}}{\omega_0^2}\right\}^b \exp\left(\frac{\pi\xi b}{2}\right) \frac{1}{2\sinh\left(\dfrac{\pi\xi b}{2}\right)} \tag{5.12}$$

令

$$M = \frac{\exp\left(\dfrac{\pi\xi b}{2}\right)}{4\sinh\left(\dfrac{\pi\xi b}{2}\right)} \tag{5.13}$$

则

$$D = \frac{K^b}{C} \left(\frac{\text{SRS}}{\omega_0^2}\right)^b M \tag{5.14}$$

图 5.3 给出了 b 取值范围是在 2~14 之间时 M 随阻尼系数 ξ 的变化关系。

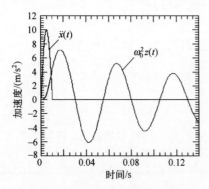

图 5.2　半正弦冲击脉冲的响应

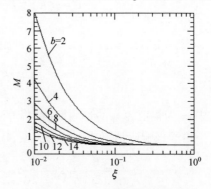

图 5.3　参数 b 不同的取值下系数 M 与阻尼因子 ξ 的关系

5.3 简单波形冲击在响应谱静态区造成的损伤

在谱的静态区,响应 $\omega_0^2 z(t)$ 围绕冲击信号的加速度值振荡,系统固有频率 f_0 越高,响应值越接近于加速度信号[除了冲击开始时信号的上升时间为零(斜率无限大)的情况,如矩形或前锋锯齿冲击]。

初步估计时,可认为响应峰值等于冲击的峰值,而残余响应的幅值可忽略。

> **例 5.1** 考虑如下半正弦波,幅值为 $50 \mathrm{m/s^2}$,持续时间为 $10 \mathrm{ms}$。图 5.4 和图 5.5 分别给出了阻尼比 $\xi = 0.05$ 时,系统固有频率为 $500 \mathrm{Hz}$ 和 $1000 \mathrm{Hz}$ 时的响应曲线。
>
>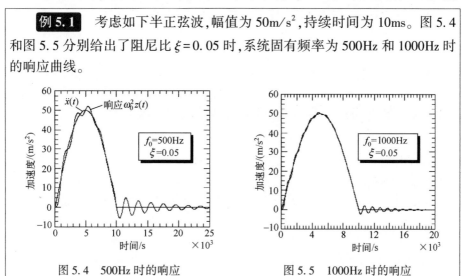
>
> 图 5.4 $500 \mathrm{Hz}$ 时的响应 　　　　　图 5.5 $1000 \mathrm{Hz}$ 时的响应

可利用这种特性来计算此类简单冲击的疲劳损伤。在静态区,当冲击峰值为 $\ddot{x}_m$ 时,每个作用到系统的冲击只产生一个半周期的损伤,即

$$D \approx \frac{K^b}{C} z_m^b \qquad (5.15)$$

在高频区,冲击响应谱 $\mathrm{SRS} = \omega_0^2 z_m$ 趋向于 $\ddot{x}_m$,得到损伤为

$$D \approx \frac{K^b}{C} \frac{\ddot{x}_m^b}{\omega_0^{2b}} \qquad (5.16)$$

第 6 章
ERS 和 FDS 的条件对计算的影响

本章介绍了计算参数对于极值响应谱和疲劳损伤谱的影响。

6.1 振动幅度和持续时间造成 ERS 的变化

进行 ERS 计算时,假设参考的单自由度系统是线性的,因此在每个频率上 ERS 与信号幅度成正比。

持续时间对正弦振动的 ERS 计算无影响(如果持续时间足够长能够使系统达到稳定的)。

瞬态响应 q_{T} 在 n 个周期后的幅值等于第一个峰值的 $1/N$,即

$$\frac{2\pi\xi}{\sqrt{1-\xi^2}} = \frac{1}{n}\ln N$$

或(第 1 卷,第 3 章)

$$n = \frac{\sqrt{1-\xi^2}}{2\pi\xi}\ln N \qquad (6.1)$$

对于较小的 ξ,式(6.1)变为

$$n \approx \frac{\ln N}{2\pi\xi} \qquad (6.2)$$

因此

$$n \approx \frac{Q\ln N}{\pi} \qquad (6.3)$$

> **例 6.1**　　当 $Q=10$ 时,瞬态响应的幅值小于或等于第一个峰值的 $1/100$,所需的周期数为

$$n - \frac{\sqrt{1-0.05^2}}{2\pi \times 0.05} \ln 100$$

或者 n 约为 15 个周期。

只要扫描速度足够慢,系统有足够的时间响应以达到最大值,则持续时间对正弦扫频振动同样不会产生影响。所有测量共振频率的试验或源于标准的规范通常是这种情况。

对于随机振动,ERS 与激励的均方根值成正比,与其 PSD 平方根成正比。随着信号持续时间的增加,在单自由度系统对随机振动的响应信号中找到一个较大的峰值的概率也会增加。因此,所对应的 ERS 是关于振动持续时间的函数。然而,这种变化很快变得不敏感,因为时间项在式(2.7)中是以对数平方根的形式出现的:

$$\text{ERS} = (2\pi f_0)^2 z_{\text{rms}} \sqrt{2\ln n_0^+ T} \qquad (6.4)$$

例 6.2　图 6.1 显示了单自由度系统中 ERS 值与响应均方根值(z_{rms} 乘以 $\omega_0^2 = (2\pi f_0)^2$)之比随响应周期平均次数(持续时间与平均频率 n_0^+ 的乘积)的变化。

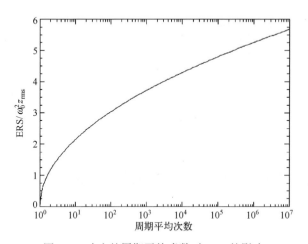

图 6.1　响应的周期平均次数对 ERS 的影响

对于从飞机运输振动得到的 PSD(图 6.2),分别按照持续时间为 1h、25h、50h 和 100h 计算 ERS,如图 6.3 所示。

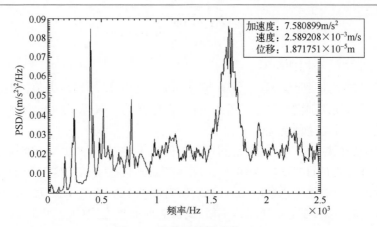

图 6.2　飞机运输振动的 PSD

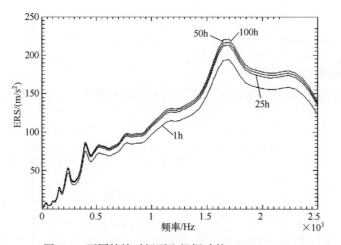

图 6.3　不同持续时间下飞机振动的 ERS($Q=10$)

可以发现：

（1）持续时间增加 1 倍对 ERS 造成的变化很小。

（2）当周期数与固有频率都变大时，周期数造成的 ERS 之间的差距在高频率下更加明显。

图 6.4 显示了根据周期次数，最高峰的平均值（ERS）和给定上穿越风险（URS）的理论变化，最高峰值之间的理论差异（假设响应峰服从瑞利分布）。固有频率为 2000Hz，按平均 ERS 的方法，要出现 6 倍均方根值的峰值需要 14h 的振动（$10^8/2000/3600$）。

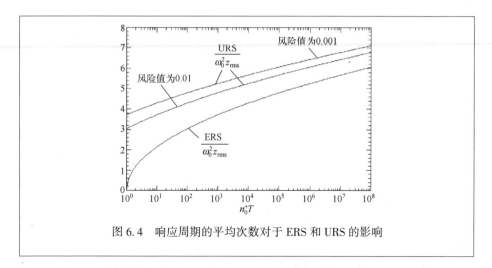

图 6.4   响应周期的平均次数对于 ERS 和 URS 的影响

6.2   振动的幅度和持续时间的变化对 FDS 的影响

Basquin 模型关系式 $NS^b = C$ 显示, 疲劳损伤随应力 S 的 b 次幂变化。换句话说, 假定该结构是线性时, 疲劳损伤随着振动幅的 b 次幂变化。对于随机振动, 损伤量与均方根值的 b 次幂成正比, 与 PSD 的 $b/2$ 次幂成正比。

疲劳损伤与周期数即振动的持续时间成正比, 无论何种性质(正弦或随机)。

在不同类型振动造成的损伤表达式中(见前面的章节)可以看出这些性质。

6.3   用对数步长还是线性步长绘制 ERS 和 FDS

对数频率步长更适合分析动态力学现象。当总点数有限时, 它可以更好地描述频谱的低频部分, 并且可以基于频率轴以对数表示获得一个有规律的点分布。这种选择非常适应道路环境的振动。

例 6.3   分别用线性方法和对数方法对卡车上测量的振动 FDS (图 6.5)进行计算和绘制(图 6.6)。

即使点数很多(200 点), 根据用线性方法定义的曲线在低频范围(4Hz 以下)也不充分。当点的数量减少时, 不充分的低频范围会变得更大。

但是如果结构所受的振动在涉及的频率范围内没有产生共振, 缺点就显得无关紧要了。超过 4Hz, 频率点的分布类型基本不会产生影响。

在这个例子中, ERS 仅在 $1 \sim 2$Hz 频率之间受到影响(图 6.7)。先前对 FDS 的结论也适用于此。

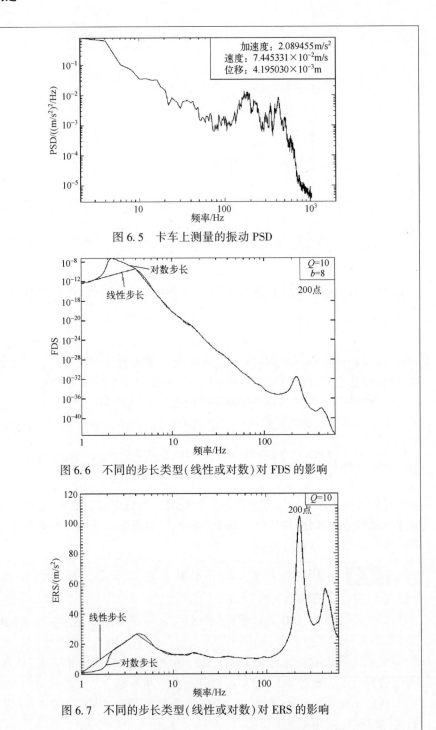

图 6.5　卡车上测量的振动 PSD

图 6.6　不同的步长类型(线性或对数)对 FDS 的影响

图 6.7　不同的步长类型(线性或对数)对 ERS 的影响

6.4 进行 ERS 和 FDS 的计算时必须有多少点

ERS 和 FDS 的曲线是:

(1) 对 PSD 定义点的数量不是很敏感,因此对于这个 PSD 的一些细节和小变化也不敏感;

(2) 相对光滑。

正因如此,没有必要用大量的点去计算它们。为保险起见,可以使用 200点(其实 100 点足够了)。

然而,如果振动中的低频率成分丰富(如卡车运输),在这个频率范围就必须用足够的点对 PSD 进行描述(已知 PSD 点分布是线性的)。

与 SRS 计算(第 2 卷,第 3 章)的情况一样,如果 ERS 和 FDS 点之间的间隔大于该频率下半功率点之间的间隔,就没法观察到这两点之间的分量[HEN 03]。

正因如此,每个倍频程内的点数 n 需要满足(第 2 卷,式(3.32)):

$$n \geqslant \frac{\log 2}{2\log\left[\xi+\sqrt{1+\xi^2}\right]}$$

例 6.4 图 6.8 和图 6.9 分别给出了用 50 点、100 点、200 点和 400 点对飞机振动(PSD,256 点,图 6.2)进行的 FDS 和 ERS 计算。可以看出,50 点定义的曲线与其他 3 条曲线不一样(峰值采样不足)。

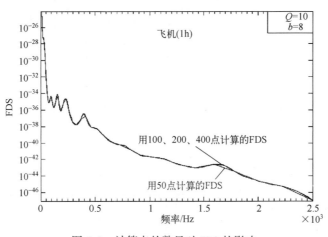

图 6.8 计算点的数目对 FDS 的影响

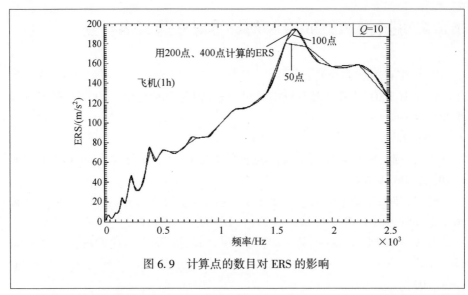

图 6.9　计算点的数目对 ERS 的影响

　　倍频程点数与阻尼比号之间关系如图 6.10 所示,表 6.1 列举了每个倍频程点数最小值的几种情况。

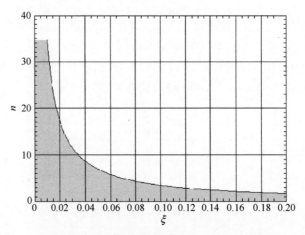

图 6.10　每个倍频程点数与阻尼因子 ξ 的关系

表 6.1　每个倍频程点数最小值的几种情况

ξ	0.01	0.02	0.03	0.04	0.05	0.06	0.07	0.1
n	35	18	12	9	7	6	5	4

6.5　用振动信号的时间历程与PSD计算ERS和FDS的区别

无论研究的振动信号性质是什么,都可以基于信号的时间历程计算其 ERS 和 FDS(本书第 2 章和第 4 章)。实际上,除非信号是高斯平稳随机振动,这通常是唯一可行的方法。如果信号是高斯平稳随机振动,则可以从采样信号的 PSD 计算得到 ERS 和 FDS。

当两种计算都可行时,所得到的频谱会有什么区别？哪种方法更好？

用时域信号进行计算优点是可以处理任何类型的振动,无论是否为稳态的,无论是否为一个冲击、纯粹的随机或复合振动(由一个或多个正弦叠加形成的宽带随机或其他振动组成)。

这种计算方法的缺点来自于信号的随机本质:

(1) 用这种方法得到 ERS(和 FDS)来自采样信号。在每个频率,可以是一个取值范围内的任何可能值,取值范围的平均值等于用 PSD 方法得到的 ERS(或 FDS)。即使信号是稳态的,在同一信号记录上另外选取一个时间间隔样本也将会得到不同的 ERS(或 FDS)。

(2) ERS 的结果是采样持续时间的函数。随着持续时间增加,找到给定响应振幅峰值的概率也增加。

(3) 计算量相对较大:所需的采样频率约为频谱最大频率的 7~10 倍(本书6.8 节),所需的样本要足够大以保证具有统计意义,因而文件大、计算时间长。

瞬时值为高斯分布时,ERS 和 FDS 的计算要快得多。所使用的 PSD 仅用512 点或 1024 点来定义,确定 PSD 时的采样频率仅为频谱最大频率的 2 倍(在数字化之前被低通滤波器过滤掉)。

用 PSD 计算 ERS 和 FDS 具有以下统计特性:

(1) 对于持续时间为 T 的振动信号,ERS 给出了在每个固有频率上可以观察到的平均最大响应[①]。根据定义,用 ERS 可以进行严酷度比较和试验规范制定。

(2) FDS 表示持续时间为 T 的随机振动信号导致的平均损伤。也可以估算损伤的标准偏差。

当信号的采样正确时(至少是加速度信号频率的 7 倍):

(1) 从信号时间历程及其 PSD 得到的 FDS 是非常接近的。

(2) ERS 也很接近,但是有差异的,其差异大于 FDS 之间的差异。ERS 给

---

① 将重点放在那些没有超过给定风险的值,也就指的是 VRS。

出的是最大的响应峰值。按照统计规律,峰的幅值随选择的样本和持续时间的变化而变化。

这种现象在高频率尤其明显;从 PSD 得到的 ERS 的值趋近于(式(2.28))

$$\mathrm{ERS}_\infty = \ddot{x}_{\mathrm{rms}} \sqrt{2\ln(f_{\mathrm{m}\ddot{x}} T)} \qquad (6.5)$$

式中:T 为振动的持续时间;$f_{\mathrm{m}\ddot{x}}$ 为输入的 PSD 的平均频率;$\ddot{x}_{\mathrm{rms}}$ 为所分析振动的均方根值。

而从信号时间历程得到的 ERS 趋于信号样本最大峰值幅值。

FDS 对随机特性不像 ERS 那样敏感,因为它将考虑所有响应峰值。

由于当前计算工具的强大能力,尝试在不经过划分不同阶段或事件的初始分析的情况下,计算所有情况下信号的 ERS 和 FDS 变为可能。

即使计算次数可以被接受,这种方法也是数据密集型的。

事实上,在这种情况下必须用一个很高的采样频率对整个振动信号进行数字化,该频率应该高于用于计算 PSD 的频率(本书6.8节)。

为了计算 PSD 的统计误差满足要求(根据经验,误差最好不超过0.15),几十秒的信号样本是必需的。甚至可以显示出这些统计误差,即使非常大,对这些谱也没有影响(本书6.6节和6.7节)。

即使会花费一些时间,根据其特性对所有的特定事件进行隔离,进而选择最适当的计算方法。这对理解实验室模拟的现象和质量非常关键。

例 6.5 用采样频率远高于信号最高频率(2500Hz 的 18.6 倍)的数字化信号表征飞机振动的特性。

分别从时域信号和 PSD(持续时间为 30s,$Q=10$,$b=8$)计算得到的两个 FDS 在 5~3500Hz 之间的频率范围内是重叠的(图 6.11)。

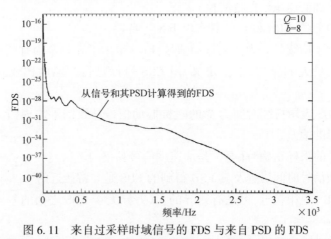

图 6.11 来自过采样时域信号的 FDS 与来自 PSD 的 FDS

相应的 ERS 在 2500Hz 之前非常接近,超出此频率后差异慢慢变大,从经处理的时域信号样本得到的最大峰值略大于从 PSD 得到的 ERS 均值(图 6.12)。

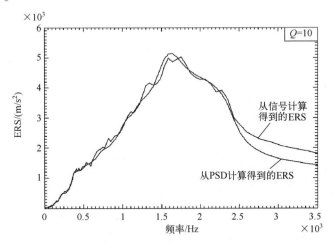

图 6.12　来自过采样时域信号的 ERS 与来自 PSD 的 ERS

采样持续时间的影响

还是来自这个过采样的振动信号的 ERS 和 FDS,持续时间依次为 30s、25s、20s、15s、10s、5s、2s 和 1s。为便于比较,(用比例法)将 FDS 的持续时间统一为 30s。

FDS 之间的差异很小(图 6.13)。由于前面已经说过的统计学原因,ERS 之间的差异稍大一些(图 6.14),持续时间越长,出现峰值的概率越高。

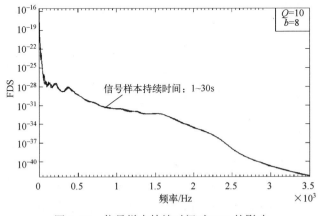

图 6.13　信号样本持续时间对 FDS 的影响

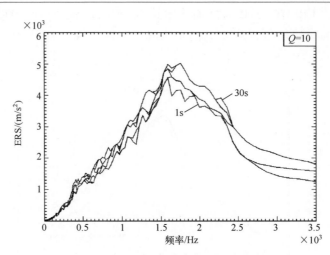

图 6.14　信号样本持续时间对 ERS 的影响

　　这些结果都是在信号采样频率满足香农定理(信号最大频率的两倍)的情况下得出的。

　　例 6.6　将例 6.5 中的加速度信号采样频率变为 5750Hz(2500Hz 的 2.3 倍)。

　　持续 1~30s 之间的样本计算得到的 FDS 是重叠的(图 6.15)。与前面一样,可以观察到 ERS 同样存在的差异(图 6.16)。

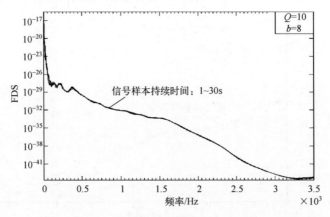

图 6.15　信号样本的持续时间对 FDS 的影响(根据香农定理进行数字化)

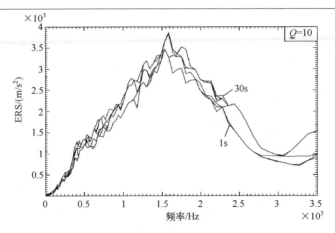

图 6.16　信号样本的持续时间对 ERS 的影响

不过,根据香农定理采样的样本与过采样的样本计算所得的谱结果略有不同(图 6.17 和图 6.18)。

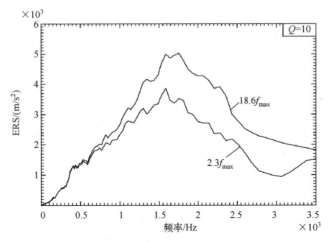

图 6.17　采样频率分别为信号最高频率的 2.3 倍
和 18.6 倍所得到 ERS 的对比

应该注意的是,基于香农理论的样本可能会得到一个更大的 ERS,如图 6.19 所示,用一个满足香农定理的频率采样得到的振动信号计算出的时域响应与一个大于 9.3 倍香农定理频率采样信号计算得到的响应重叠在一起进行比较。

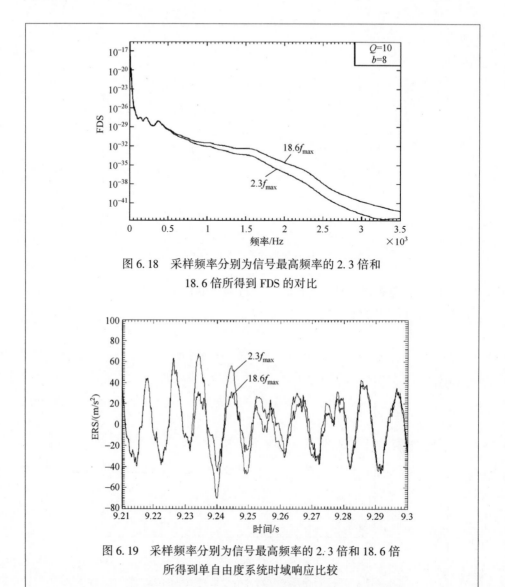

图 6.18　采样频率分别为信号最高频率的 2.3 倍和
18.6 倍所得到 FDS 的对比

图 6.19　采样频率分别为信号最高频率的 2.3 倍和 18.6 倍
所得到单自由度系统时域响应比较

6.6　PSD 计算点的个数对 ERS 和 FDS 的影响

可以用不同数量的点，或者用两个连续点之间频率间隔来计算振动信号的 PSD。当样本信号的持续时间给定后，在计算 PSD 时所选择的点数对统计误差有一定的影响。除了低频以外，这种选择对于根据 PSD 计算 FDS 和 ERS 的结

果没有影响,在低频率处除外,这是由于第一个 PSD 点的频率低,因此频率步长
或多或少都会有比较低的频率。

例 **6.7**　由同一信号(卡车运输的振动)分别按照 64 点、256 点、512
点、1024 点和 2048 点计算出 PSD,再分别推导出的 FDS,如图 6.20、表 6.2
所示。可以发现,因为第一个 PSD 点的频率不同,所以点数只在低频部分
对结果有影响。

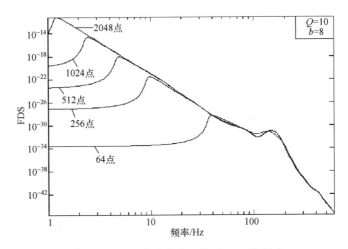

图 6.20　PSD 定义点的个数对 FDS 的影响

表 6.2　图 6.20 中 PSD 的频率步长

PSD 点数	频 率 步 长
64	12.19
256	3.05
512	1.52
1024	0.76
2048	0.38

超过 30Hz 后,各个 FDS 非常接近,即使是 64 点定义的 PSD。根据这一
特性,在制定试验规范时,对超过 200 点的 FDS 可以用较少的点数来定义。
可以观察到在低频带 ERS 的情况相同。在低频之外,当点数等于或超过 256
点时,这些谱对 PSD 定义点的数目不敏感(图 6.21)。

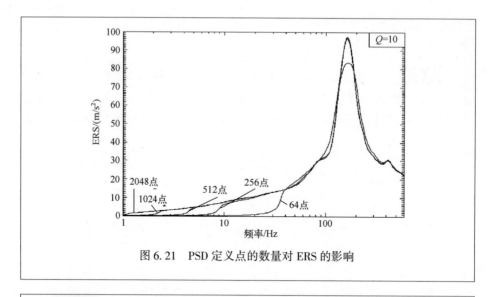

图 6.21　PSD 定义点的数量对 ERS 的影响

例 6.8　对于一个持续 30s(195560 点)的飞机振动信号,图 6.22 给出的 PSD 点数为 256 点,步长为 12.6Hz,统计误差为 0.051,图 6.23 给出的 PSD 点数为 1024 点,步长为 3.15Hz,统计误差为 0.103。

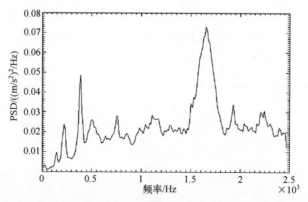

图 6.22　用 256 点计算出的飞机振动信号 PSD($\Delta f = 12.6$Hz, $\xi = 0.051$)

从这两个 PSD 计算的 FDS 和 ERS($Q = 10$, $b = 8$)是极其接近的(图 6.24 和图 6.25)。

对同一事件,统计误差很大(36%)的 PSD 计算获得的频谱也非常接近(图 6.26)。

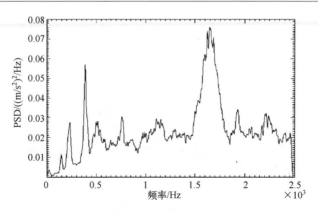

图 6.23　用 1024 点计算出的飞机振动信号 PSD($\Delta f = 3.15$Hz, $\xi = 0.103$)

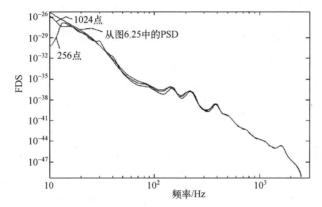

图 6.24　PSD 点数对 FDS 的影响($Q = 10$, $b = 8$, 持续时间为 30s)

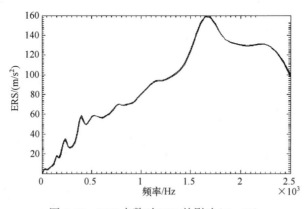

图 6.25　PSD 点数对 ERS 的影响($Q = 10$)

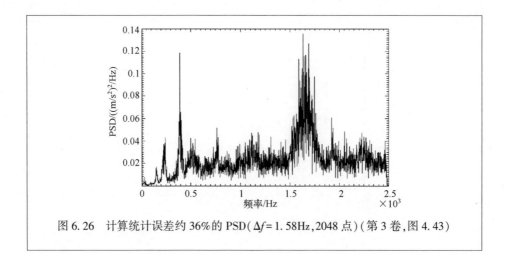

图 6.26　计算统计误差约 36% 的 PSD($\Delta f = 1.58\mathrm{Hz}$, 2048 点)(第 3 卷, 图 4.43)

6.7　PSD 统计误差对 ERS 和 FDS 的影响

根据良好的工程实践, 计算 PSD 的统计误差通常应低于 0.15。当然, 有时也无法满足此要求。幸运的是, 即使误差很大(约 50%), 对 ERS 和 FDS 的影响也很小。

例 6.9　为了突出这个特性, 利用第 3 卷的图 4.42~图 4.46 中的 PSD 计算相同的振动信号, 统计误差分别为 0.13、0.18、0.25、0.36 和 0.50。

对于 $Q = 10$ 和 $b = 8$, 根据这些 PSD 得到的 ERS 和 FDS 从实践上说是相同的(图 6.27 和图 6.28)。

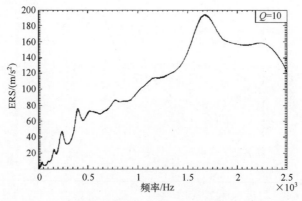

图 6.27　从不同统计误差值(0.13、0.18、0.25、0.36 和 0.50) 的同一 PSD 计算得到的 ERS

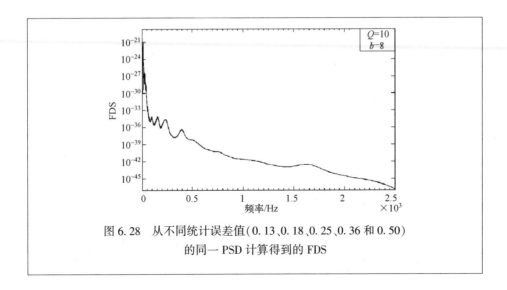

图 6.28　从不同统计误差值(0.13、0.18、0.25、0.36 和 0.50)
的同一 PSD 计算得到的 FDS

6.8　基于时域信号计算 ERS 和 FDS 时采样频率的影响

振动信号采样频率的选择一般遵循香农定理(最大信号频率的 2 倍)。由于进行 PSD 计算前可能(或必须)对信号进行滤波,采样频率一般为 2.6 倍信号的最高频率(第 1 卷,1.5 节)。

进行 SRS 计算时,(第 2 卷,2.12 节)采样频率必须大于 10 倍的最大 SRS 频率(这样产生的误差约为 5%)。必须用足够的点来定义信号,以避免失真,并且一个单自由度系统的响应必须有足够的点以能够以较低的误差拾取最大峰值的幅值。

在振动的情况下,也要事先满足这两个方面的要求。一般情况下,ERS 和 FDS 是在信号频率范围内计算:这些频谱的最大频率和所获得信号的最大频率是接近的。基于这个假设,采样频率有必要为大约 7 倍信号最高频率,以正确表征信号。

如果一个单自由度系统的固有振动频率大于最大信号频率,那么响应与输入信号非常接近。这个结论可以通过观察系统响应的 PSD($G_{\omega_0^2 z}$ 和激励 PSD ($G_{\ddot{x}}$)之间的传递函数 $H(f)$ 来证实:

$$G_{\omega_0^2 z} = |H(f)|^2 G_{\ddot{x}} \tag{6.6}$$

单自由度系统的传递函数开始时等于 1,保持近似于 1 直到接近固有频率后开始增加,并在固有频率处得到最大值,然后逐渐减小,当频率倾向于无穷时,传递函数趋近于 0(如图 6.29)。

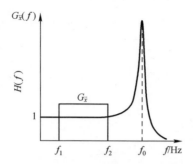

图 6.29 具有相对于随机振动最大频率大的
固有频率的单自由度系统的传递函数

如果定义激励 PSD 的最大频率远低于系统的固有频率,则响应的 PSD(等于激励的 PSD 与传递函数模的平方的乘积)只包含激励的频率。

固有频率只在响应开始的过渡阶段出现,时间非常短。

对于随机振动,在所有情况下,采样频率约为信号最大频率的 7 倍时,才足以将误差限制到 10% 以内(20 倍时的误差约 5%)。

因而,基于信号的 ERS 和 FDS 计算需要非常多数量的点(计算文件也会很大)。

因此,采用 PSD 进行计算显得更有价值:可以采用其最大频率 2 倍(或 2.6 倍)的采样信号,定义 PSD 的点的个数可以限制为 512 个或 1024 个(本书 6.6 节)。

例 6.10　根据频率范围 10~500Hz,幅值 $G = 1 (m/s^2)^2/Hz$ 的 PSD 构建持续时间为 30s 的随机振动信号,并根据这一信号计算 10~500Hz 的 ERS 和 FDS。

数字化的频率依次选为 $2f_{max}$、$4f_{max}$、$6.6f_{max}$ 和 $40f_{max}$(或 1000Hz、2000Hz、3300Hz 和 20000Hz),如图 6.30 所示,最后一个值非常大,作为基准。

可以证明:

(1) 用基于香农定理($2f_{max}$)的采样信号计算所得的 ERS 与 $40f_{max}$ 的采样信号得到的 ERS 相差很大。只有当采样频率高于 $6.6f_{max}$ 时,才能使误差小于 10%(图 6.31)。

(2) 为了使 FDS 的误差低于 10%,采样频率需要高于 10kHz 或 $20f_{max}$(图 6.32)。FDS 对振动的均方根值很敏感,可以允许更大一些的 FDS 误差,所对应的采样频率大约为 $7f_{max}$(图 6.33)。

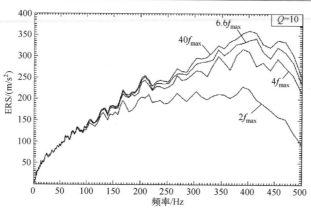

图 6.30 从采样频率为 $2f_{max}$(1000Hz)、$4f_{max}$(2000Hz)、$6.6f_{max}$(3300Hz)和 $40f_{max}$(20000Hz)的信号中计算得到的 ERS(频率范围为 1~500Hz)

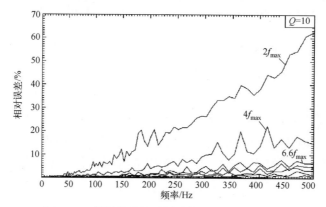

图 6.31 根据信号的采样频率得到的 ERS 误差

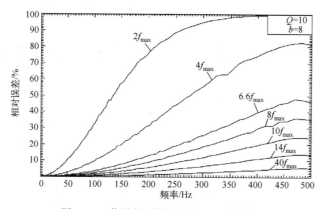

图 6.32 信号的采样频率与 FDS 的误差

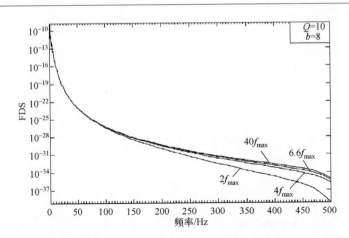

图 6.33　从采样频率为 $2f_{max}$(1000Hz)、$4f_{max}$(2000Hz)、$6.6f_{max}$(3300Hz)和 $40f_{max}$
(20000Hz,参考用)的信号中计算得到的 FDS(频率范围为 1~500Hz)

　　为了获得一个可以接受的结果,必须用约 $7f_{max}$ 的频率进行采样,超过香农定理所需值的 3.5 倍。

　　例 6.11　考虑通过选择采样频率分别为 1170 点/s(最大 PSD 频率的 2 倍)、2340 点/s 和 4680 点/s,创建图 6.34 中的 PSD 信号。由于此信号不包含高于 585Hz 的频率,使得低通滤波器的使用和 2.6 倍因子变得没有意义。

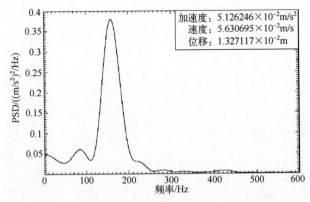

图 6.34　在卡车运输中 PSD 振动的测量($\Delta F = 0.39$Hz, $e = 0.13$)

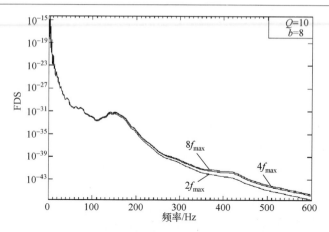

图 6.35 振动信号的采样频率对 FDS 的影响(卡车运输)

图 6.35 中的 FDS 是根据这些信号直接计算得到的。可以发现用香农定理不能提供足够多的数据点以保证在高频上得到正确的 FDS。而且,该振动的频谱在 500Hz 以上实际等于零。在计算 ERS 时,同样需要很大的数据点数(图 6.36)。

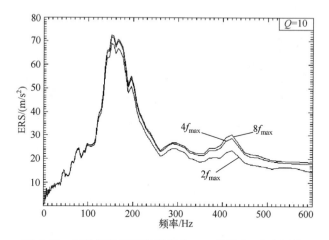

图 6.36 振动信号的采样频率对 ERS 的影响(卡车运输)

高频振动信号的 PSD 也可以观察到同样的现象。图 6.37 显示了一个信号的采样频率分别为 2.6f_{max} 和 10f_{max} 时计算出的 FDS 的差别。在高频段 FDS 的差异较大,该情况也同样发生在 ERS 中(图 6.38)。

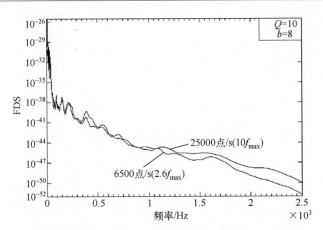

图 6.37　振动信号的采样频率对 FDS 的影响(飞机运输)

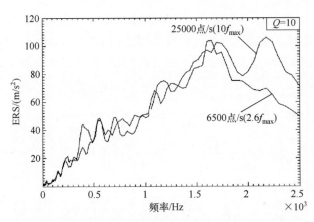

图 6.38　振动信号的采样频率对 ERS 的影响(飞机运输)

　　这种需求对于周期性或扫描正弦振动的情况更为明显,无论其是单独的还是叠加在宽带随机上。

例 6.12　设想一个信号的组成如下:

　　(1) 随机振动,PSD 为 $10 \sim 200Hz$,振幅为恒值 $1.053\,(m/s^2)^2/Hz$ ($14.14ms^2$ 均方根值);

　　(2) 对数扫描正弦,扫描范围 $10 \sim 20Hz$,振幅为 $20m/s^2$,持续时间 $200s$ (扫描速率 $1.3oct/min$)。

图 6.39 和图 6.40 显示了 FDS 和 ERS 在高频区域 520 点/s（2.6f_{max}）和 2600 点/s（13f_{max}）的显著差异。

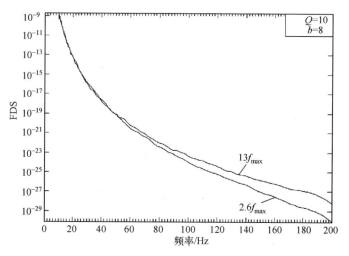

图 6.39 白噪声叠加扫描正弦振动在两种采样频率下的 FDS

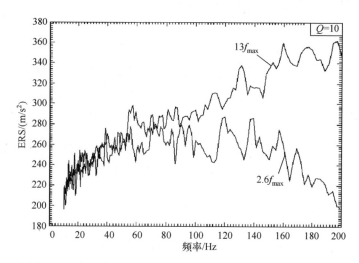

图 6.40 白噪声叠加扫描正弦振动在两种采样频率下的 ERS

我们可以通过想象采样频率为 2.6f_{max} 的扫描正弦振动在扫描结束时的情况就能理解造成这些差异的原因（图 6.41）。点的数量不足以正确表征正弦循环，特别是其幅值，而 FDS 和 ERS 恰恰对其敏感。

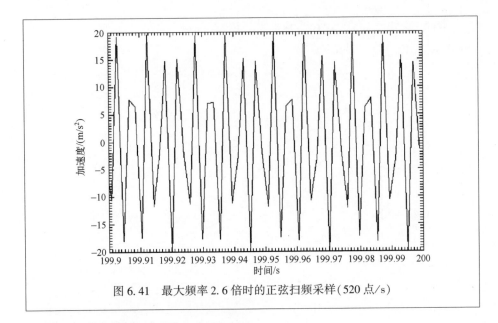

图 6.41　最大频率 2.6 倍时的正弦扫频采样(520 点/s)

6.9　峰值计数方法的影响

从时域信号直接确定 FDS 时,必须对每个单自由度系统质量的相对位移进行数字计算,然后对最大值进行计数,以便建立峰值直方图,给出每个幅值下峰值的个数。FDS 可以由下式获得:

$$D = \frac{K^b}{2C} \sum_{i=1}^{m} n_i z_{p_i}^b \tag{6.7}$$

计数方法很多且变化多样,但使用最广泛的是雨流计数方法(第 4 卷,第 3 章)。下面举例说明根据这些方法得到 FDS,并对其进行比较:

(1) 峰值计数。

(2) 两次零穿越之间的最大峰值计数。

(3) 量值穿越计数。

(4) 雨流计数方法。可将这种计数的结果看成将雨流计数法的结果以不同的形式依次给出:

① 峰值直方图;

② 假设均值为零的跨度表;

③ 考虑每个跨度均值的跨度表。

例 6.13　设想一个在飞机上测得的平稳高斯随机振动,用持续 5s 共 32302 个点的样本来表征,频率范围为 6～2500Hz(PSD 见图 6.42)。持续时间推断为 1h。

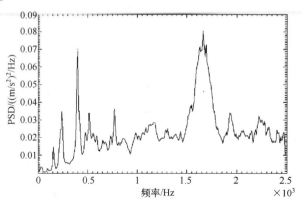

图 6.42 案例中研究的飞机振动的 PSD

在峰值的计算方法中,隐含假定在响应信号中识别出的每个峰都是半个循环,起止位置都是零。在雨流计数方法中,对峰值表的操作过程也是这样。

量值穿越法进行峰值计数是通过辨识对两个相邻阈值的穿越来完成的。同样,计数的峰值计数被认为是完整的半周期。

使用两次过零最大峰值法时,忽略两次过零之间的其他所有峰值,不考虑所覆盖跨度的重要性。

跨度计数法可以在忽略(或不忽略)跨度均值的情况下使用它,这样相当于对信号进行居中再构(图 6.43),修改了应力值。

考虑均值会是一个更好的选择,如通过使用修改过的 Gerber 或 Goodman 关系式:

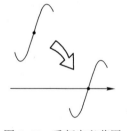

图 6.43 重新定义范围

$$\sigma'_a = \frac{\sigma_a}{1 - \dfrac{\sigma_m}{R_m}} \tag{6.8}$$

$$\sigma'_a = \frac{\sigma_a}{1 - \left(\dfrac{\sigma_m}{R_m}\right)^2} \tag{6.9}$$

可用这些表达式确定一个均值为零的应力幅值 σ'_a,其严酷度与非零均值应力 σ_a 和 σ_m 相同。这些关系涉及材料的极限拉伸应力 R_m,在实际应用中通常是未知的。

在这个例子中,为了能更好地突出平均值的作用(图 6.44),假设一个单自由度系统响应的最高峰的相对位移值与导致其断裂的值非常接近(90%)。

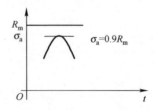

图 6.44　最高的响应峰值达到导致其断裂应力的 90%

除在 10~20Hz 频率区间之外,在这些条件下计算的所有 FDS 都非常接近(图 6.45),这些 FDS 按损伤递减的顺序依次为:

(1) 峰值;

(2) 量值穿越;

(3) 基于 Goodman 关系式的跨度和均值;

(4) 通过两次过零之间的峰值;

(5) 基于 Gerber 关系式的跨度和均值;

(6) 跨度归零重构。

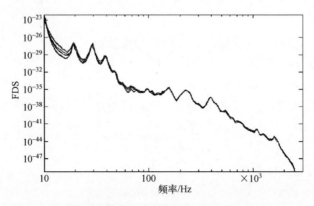

图 6.45　不同的计数方法获得的 FDS 的比较($b=8$,$Q=10$)

除在这个频率区间,可以说通常情况下计数方法几乎没有影响,对跨度均值的考虑是无关紧要的。

例 6.14　设想一个在卡车上测得的非稳态随机振动,用持续时间 1.25s 共 2000 个点的样本来表征。

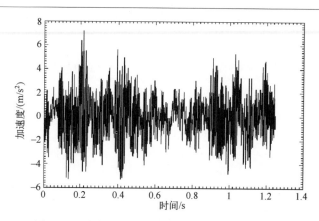

图 6.46　在卡车上的振动测量(均值为 1.87m/s^2)

在例 6.14 中,相同条件下计算得到的 FDS 也非常接近,也因此证实了我们的结论(图 6.47)。

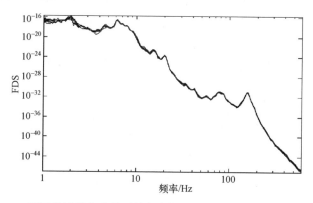

图 6.47　不同的计算方法得到的卡车振动的 FDS 的比较($b=8,Q=10$)

6.10　应力均值非零对 FDS 的影响

跨度均值对于损伤计算的影响已在本书 6.9 节中讨论。

可用 Goodman 和 Gerber 关系式在疲劳损失相同的前提下,用纯交变应力(均值为零)σ_a' 代替复合交变应力 σ_m、σ_a,即

$$\sigma_a' = \frac{\sigma_a}{\left[1 - \left(\dfrac{\sigma_m}{R_m}\right)^n\right]} \tag{6.10}$$

如图 6.48 所示，Goodman 式中 n 取值为 1；如图 6.49 所示，Gerber 式中 n 取值为 2。

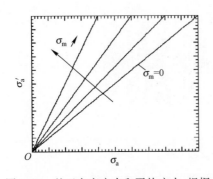

图 6.48　基于交变应力和平均应力，根据　　图 6.49　基于交变应力和平均应力，根据
　　Goodman 式给出的交变等效应力　　　　　Gerber 式给出的交变等效应力

等效交变应力随着平均应力的增加而增加，而 Goodman 关系式更是如此。

在振动信号上叠加静态应力的影响，特别是全局恒定应力 Σ_a 以及应力均值的相对值与交变应力的比值的影响。

为便于理解，设想在恒定应力 σ_m 上叠加振幅为 σ_a 的正弦应力（图 6.50）。或者 $\Sigma_a = \sigma_a + \sigma_m$。

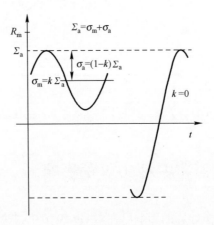

图 6.50　总应力保持恒定时平均应力的变化

式（6.10）涉及极限拉伸应力 R_m。平均应力的影响只能通过考虑和极限应力相关的总应力 Σ_a 来评估。

在这个研究中假定

$$\sigma_m = k\Sigma_a \quad (0 \leqslant k \leqslant 1)$$

$$R_m = \alpha \Sigma_a \quad (\alpha > 1)$$

考虑瞬时断裂的风险, R_m 只能高于 Σ_a。

从这些关系式中, 很容易建立

$$\sigma_a' = \frac{1-k}{1-\left(\dfrac{k}{\alpha}\right)^n} \Sigma_a \tag{6.11}$$

总应力为 Σ_a 的恒定应力, 考虑 3 种情况: 应力均值为零, 或等于纯粹的交变应力 σ_a, 或者等于和 σ_a 非常相关一个值。在每一种情况下, 假设 R_m 是依次取值 $2\Sigma_a$ 和 $4\Sigma_a$。

(1) 应力均值为零(图 6.51)。

$$R_m = 2\Sigma_a \quad \text{和} \quad R_m = 4\Sigma_a$$

损伤函数为

$$(\sigma_a)^b = (\Sigma_a)^b$$

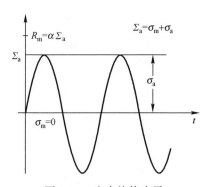

图 6.51　应力均值为零

(2) 应力均值等于交变应力(图 6.52)。

当 $R_m = 2\Sigma_a$ 时, 有

$$\sigma_a' = \frac{0.5\Sigma_a}{1-0.5\Sigma_a/2\Sigma_a}$$

$$(\sigma_a')^b = (0.667\Sigma_a)^b$$

当 $R_m = 4\Sigma_a$ 时, 有

$$\sigma_a' = \frac{0.5\Sigma_a}{1-0.5\Sigma_a/4\Sigma_a}$$

损伤函数为

$$(\sigma_a')^b = (0.57\Sigma_a)^b$$

（3）应力均值等于 9 倍的交变应力（图 6.53）。

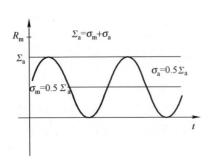

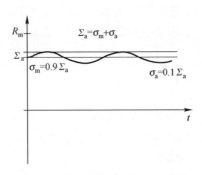

图 6.52 应力均值等于交变应力 　　图 6.53 应力均值等于 9 倍的幅值
　　　　　的幅值　　　　　　　　　　　　　　　　交变应力

当 $R_m = 2\Sigma_a$ 时，有

$$\sigma_a' = \frac{0.1\Sigma_a}{1 - 0.1\Sigma_a/2\Sigma_a}$$

$$(\sigma_a')^b = (0.182\Sigma_a)^b$$

当 $R_m = 4\Sigma_a$ 时，有

$$\sigma_a' = \frac{0.1\Sigma_a}{1 - 0.1\Sigma_a/4\Sigma_a}$$

损伤函数为

$$(\sigma_a')^b = (0.13\Sigma_a)^b$$

当平均应力增大时，等效应力减小，与 R_m 相比，总应力更小。

这个结果也可以在分别根据 Goodman 和 Gerber 假设得出的图 6.54 和图 6.55 中的曲线观察到。对于不同的 α 值（$\alpha = R_m/\Sigma_a$），显示出等效应力 σ_a' 的表达式中系数 Σ_a 随 k（$k = \sigma_m/\Sigma_a$）的变化。

图 6.56 和图 6.57 给出了对于不同 k 值，Σ_a 随 α 的变化。

应力均值增加时，总应力相对于 R_m 减小，等效应力也随之减小。

在总应力恒定的情况下，应力均值较小时损伤较大。

应力均值非零时的 FDS

与上一节相反，设想在环境应力保持不变的情况下。增加一个均值不同的应力，总应力由于平均应力的出现而变大。

按下表中给出的 3 个数值，对飞机上测得的振动叠加平均应力后计算其 FDS。

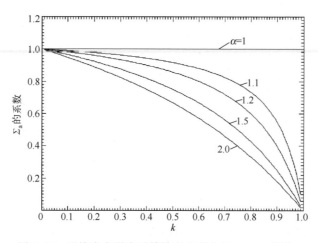

图 6.54　平均应力增大时等效应力减小（Goodman 假设）

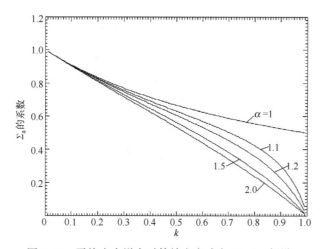

图 6.55　平均应力增大时等效应力减小（Gerber 假设）

k ($\sigma_m = k\Sigma_a$)	0.1	0.5	0.9
α ($R_m = \alpha\Sigma_a$)	1.1	1.1	1.1

　　在所有情况下，很明显总应力 $\Sigma_a = \sigma_m + \sigma_a$ 不会超过极限应力 R_m。等价的规则来自于 Goodman 和 Gerber。

　　取 $Q = 10$，$a = b = 8$，计算 FDS。

　　正如预期的那样，平均应力较高时损伤较大（图 6.58 和图 6.59）。Goodman 假设会导致最大的损伤（图 6.60~图 6.62）。

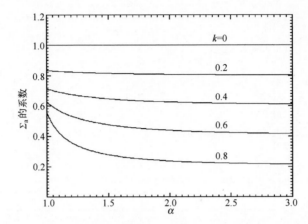

图 6.56　与 R_m 相关的总应力减小时等效应力减小（Goodman 假设）

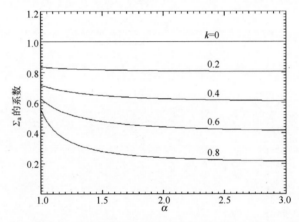

图 6.57　当与 R_m 相关的总应力减小时等效应力减小（Gerber 假设）

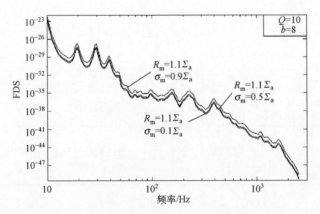

图 6.58　按照 Goodman 假设，3 个应力均值（总应力的 10%、
50% 和 90%）条件下计算的 FDS

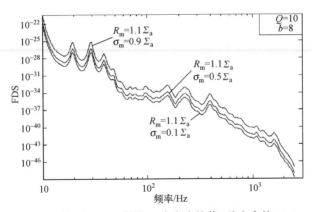

图 6.59　按照 Gerber 假设,3 个应力均值(总应力的 10%、
　　　　50% 和 90%)条件下计算的 FDS

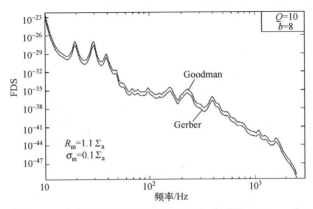

图 6.60　应力均值等于 10% 总应力时,分别按 Goodman 和
　　　　Gerber 假设计算得到的 FDS

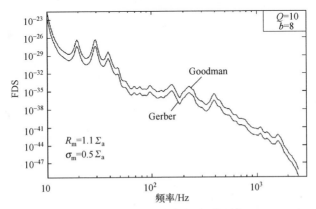

图 6.61　应力均值等于 50% 总应力时,分别按 Goodman 和
　　　　Gerber 假设计算得到的 FDS

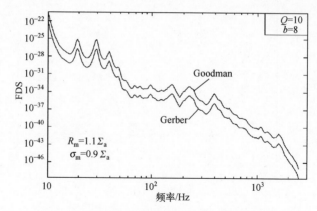

图 6.62　应力均值等于 90%总应力时,分别按 Goodman 和
Gerber 假设计算得到的 FDS

第7章
试验和标准

7.1 定义

7.1.1 标准

标准是为特定产品或产品类提供相应技术规范的文件。对于环境条件,标准的建立就是为对给定的设备种类提供开展试验所需要的严酷度和流程。

7.1.2 规范

规范为特定项目开展特定任务时提供具体的说明。它们可能源于某个标准,但往往在特定项目的范围内自成体系[DEL 69]。

产品规范在一个项目设计开始时就应建立,并在试验期间用以验证产品满足相关的耐环境性要求。

规范规定了产品在整个寿命周期将承受的环境类型(随机振动、机械冲击等)及其严酷度(应力幅值、持续时间等)。

7.2 试验类型

因产品所处开发阶段的不同,试验目的可能有所差异:
(1) 评估被试品的特性。
(2) 辨识被试品的动态特性。
(3) 评估被试品的强度。
(4) 鉴定。
(5) 其他。

对不同的试验类型采用不同的试验规范。所使用的术语往往是有争议的，下面给出一些被普遍接受的定义。

7.2.1　性能试验

性能试验用于测量设备或材料的某些特性(弹性模量、热常数、耐疲劳参数等)。

7.2.2　辨识试验

辨识试验用于测量表征产品内在特性的参数(如传递函数)。

7.2.3　评估试验

评估试验用于整个产品或其一部分的特性评估，以便于在研制早期就能选择合适的解决方案。

评估试验并不一定要模拟真实环境，它可以采用以下方式执行。

(1) 最严酷的实际量值(或代表真实环境的评估量值)，以便对项目进行预评估[KRO 62]。

(2) 量值大于该项目的实际要求，以获得更多额外的信息和对定义的一定的信心。"过应力"定义为用一个因子乘以载荷的幅值或试验的持续时间。考虑到每个产品具体使用条件的差异，一个成功的试验应体现该项目能以规定的安全裕度耐受预期的环境[SUC 75]。

(3) 逐渐增加直到断裂，从而确定安全裕度[KRO 62]。

7.2.4　最终调整/研制试验

最终调整/研制试验是用来将产品从研制阶段转为最终的合同鉴定阶段[SUC 75]。

其目的是评估环境条件下的产品性能，并确定这个产品是否能够承受这样的条件[RUB 64]。该试验在研制第一阶段执行。它可以暴露一些故障，如性能退化、变形、间歇性故障、结构断裂或其他将来可以通过研究改善的薄弱点。采用的量值不一定是由实际环境得到的结果，用该试验寻找产品的薄弱点。

研制试验还可以作为对几个解决方案进行评估的工具，并在决策时提供帮助。这些试验用来改善产品的整体质量，直到获得一个适当的置信水平，即该产品可以轻易地承受鉴定试验。

7.2.5　样机试验

原理样机试验是在首批产品或每批产品生产线第一个样机上实施。检查所有产品的性能和功能特性。该产品还要进行气候和机械耐久性试验。

7.2.6　预鉴定(或评估)试验

预鉴定(或评估)试验用于确定该产品是如何能够有效地抵抗这些应力。

(1) 实际使用条件;试验必须尽可能地模拟真实环境(频率、量值、持续时间)[KRO 62],可能需要不确定性(或安全)因子。

(2) 规范源于通用标准文件的鉴定条件。

7.2.7　鉴定

鉴定是由授权机构认可的行为,经验证之后声明目标对象具有完成特定任务所必要的质量,如在技术规范[SUC 75]中的规定。

7.2.8　鉴定试验

鉴定试验是一个系列试验,用来给客户演示设备在使用寿命周期内的质量和可信性。特别地,用这些试验展示产品是否可承受最严酷的使用环境而不被损坏[PIE 70]。

根据制定者的不同,本定义可能包括可靠性和安全性试验。该试验是在能代表产品技术状态(系列样机)的试样上(通常只有一个)进行的,所依据的规范根据预期使用来确定[CAR74,SUC 75]。试验样件将不再用于正常服役。

鉴定试验应在构成研究系统的所有设备上开展,随后将其联机进行整机试验[STA 67]。出于以下技术原因,要在整机和部件上进行额外的振动鉴定试验[BOE 63]。

(1) 当对不同的设备进行试验时,消除夹具带来的虚假应力。

(2) 评估子系统之间的相互作用。

(3) 对在各自鉴定试验中未经受足够压力的连接件、电线及小部件进行评估。

(4) 评价所施加环境所导致的电参数的变化。

7.2.9　认证

由国家评估得到的结果确认送检设备符合最低技术性能要求,即国家定义的设备使用的先决条件[SUC 75]。

7.2.10　认证试验

认证试验是一组在参考样机上实施的试验,用来表明被试产品符合认证要求。

7.2.11　应力筛选试验

应力筛选试验对所有被制造设备开展,目的是找到潜在的制造缺陷,使有故障设备得到剔除,从而提高产品的整体可靠性[DEV 86]。

7.2.12　验收或接收

使客户检查得到的设备是否符合其要求的一组技术操作,一般以技术规范来表述。

有3种称谓如接收、验收或质量控制。为了与政府合同的一般合同条款相适应,根据不同的情况使用不同的术语[REP 82]。

(1) 不涉及转让财产给国家时称为验收试验。

(2) 当任务涉及转让财产给国家时,在工业合同的背景下称为接收试验。

7.2.13　验收试验

客户通过验收试验检查设备的性能指标是否在验收程序规定的公差范围内。

这些试验一般不像鉴定试验那样彻底,并且严酷度较低。它们是非破坏性的(除了特定的情况下,如"单次使用"或火工品设备)并且关注许多或所有的样品[PIE 70]。该类试验不应该降低产品潜在的使用能力。

试验条件通常为典型的平均使用条件。所选择的持续时间为部分实际持续时间。也可以非常简单,与实际环境没有任何的直接关系,用于查找薄弱环节(例如,在研制阶段,用确定了量值和频率的正弦试验来检查焊缝的状态,或暴露制造缺陷)[CAR 74]。美国将这些试验称为验收试验。美国航空航天局戈达德空间飞行中心称,根据如上所述的条件实施的试验为飞行试验。

7.2.14　鉴定/验收试验

对于生产的产品数量只有几个甚至只有一个试样的情况,有时会将试验对象的鉴定试验和验收试验合并成一个试验,称为鉴定/验收试验。被试品试验合格后投入使用。这种试验不考虑对样品有损伤的方法[PIE 70]。

美国将这些试验称为质量验收试验(戈达德空间飞行中心称为首飞验证)。

7.2.15　一致性试验

一致性试验是在所有产品上开展,根据特定的规范对某些性能指标进行检查。除非另有规定,一般不在环境条件下进行试验。

7.2.16　抽样试验

抽样试验的目的是保证生产质量的一致性。按照特定规范的要求,在某一个批次的产品中随机抽取一定比例(如 $p=10\%$)的产品。试验内容可以是鉴定试验的全部或部分。

7.2.17　可靠性试验

可靠性试验的目的是确定在工作条件下设备的可靠性,它是在合理数量的样本下进行的。该试验应尽可能模拟使用条件,并具有比实际持续时间更长的持续时间,以便确定破裂、耐久极限或类似特征的平均时间[SUC 75]。

为了降低成本,有时基于相关设备退化模式的准则,采用等效的方法,包括时间变短幅值加大的试验。

试验清单是没有办法尽善尽美的,出于成本及其他原因,这些试验不能对每一个产品上都开展。由于一般目标是鉴定或认证产品,因此这是两种常见的试验类型。

7.3　制定试验规范的目的

规范应满足下列准则[BLA 59,KLE 65,PIE 66]。

(1) 如果设备在试验过程中功能正常,那么其有很高的概率在实际使用环境中功能也正常。这意味着,规范必须至少具有实际环境相当的严酷度。

(2) 如果设备在试验过程中出现故障,表明可能会有非常高的概率在使用中也失效。这意味着,试验应能代表真实条件,但是与真实环境相比也不能过度严酷。

(3) 采用相同设计生产的设备不应在使用中发生故障。

因此,一个好的试验应该既能暴露在实际环境中可能出现的故障,并且不应该导致在该操作期间不会出现的故障(除了试验目的是确定极限和薄弱点的情况)。试验的严酷度不应导致设备过度降额设计(过尺寸)[EST 61]。

7.4　规范类型

这个试验可能是:

(1) 通过将设备原位放置在使用寿命期内将会遇到的实际环境中进行。

例如,对于运输系统,设备通过其标称的固定点固定在所选车辆上,并按代表真实情况的条件进行驾驶。

(2) 在实验室模拟设施中进行的试验。对于这种情况,规范可以是来自于标准或从环境数据中定义。

7.4.1 现场试验中的规范要求

将设备按照所有接口与介质(连接器、位置等)相连接的状态放置实际环境中(连接器、位置等)。对于运输系统,通过在实际条件下驾驶车辆达到指定时间来进行试验。

优点:

(1) 极具代表性的试验(再现阻抗)。

(2) 无需在模拟设施上投资。

(3) 编制测试规范时不会有问题。

缺点:

(1) 成本,特别是设备的寿命周期很长的情况。对于这种情况,出于可行性的原因不得不对试验时间进行限制,这样就无法验证设备强度随着时间变化的情况。

(2) 无法对振动量值使用不确定性因子(此因子的作用将在下面讨论)。

(3) 实际环境中一般都有随机特性(环境类型和环境特性会随时间变化)。在现场试验中,设备所承受的振动样本及其他环境不一定是最严酷的。

(4) 实际不可能达到可评估安全边际的极限。

(5) 只涉及试验阶段,不对尺寸设计提供指导。

7.4.2 来自于标准的规范

7.4.2.1 历史

在早期通过试验来确保该产品能够承受规定的振动量值,该量值与整个使用寿命期必须承受的环境并没有直接关联。如果没有合理的流程,制定者的个人判断、目前可用的试验设施以及前期规范中的信息等都会对规范的制定产生很大影响,而往往不是通过纯粹科学的方式来评估可用的信息[KLE 65,PIE 66]。

1945 年至 1950 年期间北美航空公司对多种飞机的大量测量数据进行了汇编[KEN 49],并据此编写一些标准(1954 年根据测量数据编制的 AF Specification41065,由北美航空公司进行测量、整理和分析[CRE 54,FIN 51])。

将此数据转换为规范所用到的方法中第一种方法是将它们分组:结构振动、发动机引发的振动和弹性安装组件的振动。作为时间的函数,信号经过中

心频率在几赫至2000Hz之间变化的滤波器进行滤波。将响应的最高值绘制到
一个振幅(位移峰-峰值)——中心频率滤波图上。该流程在不同飞机和不同飞行
条件下进行,并且没有考虑在现实条件下它们发生的可能性。不过,编制者
[CRE 54]还是对测量进行了分类,以避免那些不可能出现的条件(非典型飞行
试验,飞机组件上进行的测量没有或只有很少价值)。这种方法优于PSD的计
算方法,该方法使用平均过程导致频谱会变得平滑,但也可能掩盖一些制定规
范时可能非常重要的细节[ROB 86]。

北美航空公司[KEN 59]的汇编没有区分过渡阶段(爬升、下降、转弯)和平
稳阶段(巡航)。

不过,C. E. Crede、M. Gertel 和 R. Cavanaug[CRE 54]只选择了平稳阶段。

这种方法由下面几种方法组成。

(1)绘制点的包络线,由断开的直线(在对数轴上)组成,这些直线对应着
该频率区间内位移或加速度恒定的情形(图7.1)。这个包络线被认为可以代
表前面提到的三种振动分类中可能遇到的最严酷条件,不过没有提及载荷是如
何获取的。

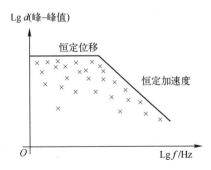

图 7.1 将测量到的滤波器最高响应进行包络得到的正弦扫频规范

(2)通过统计分析来绘制点和定义曲线,使其覆盖95%的数据[BAR 65,
GER 61,KEN 59]。

在首批标准中大量使用了这种类型的图表。不幸的是,用这种格式处理的
试验数据通常没有明确定义分析滤波器 ΔF 频带的带宽[MUS 60]。有些作者
根据中心频率采用200Hz或有时为100Hz的恒定带宽,其他人采用 $\frac{\Delta f}{f} = \mathrm{const}$ 的
Δf 带宽(现在已经很难追踪这个常数是如何取值的)[CRE 56]。

这些曲线应用于航空设备须定义以下要点。

(1)一个给定幅度的正弦振动,并不重视频率,频率可以是任意设置的(如
25Hz)[CZE 78]。

（2）找到样品的共振频率后，在测量的共振频率上进行定频正弦振动，以通过前期的曲线确定正弦振幅，即使该设备会在一个随机的振动环境使用[BRO 64]。

使试件承受最严厉条件（共振）的试验方法施加的是最严酷的振动，会导致最大的应力水平。当然这些条件尽管可能在使用时会遇到，但是在任何寿命周期阶段内不太可能在较长时间内发生。

此类型的耐久试验类似于加速试验。时间加速因子共振时约为10，非共振时约为3.33。这些因子都被认为是保守的[KEN 49]。

然而，C. E. Crede 和 E. J. Lunney[CRE 56]表示不推荐这种方法（固定正弦）。因为很难将所有重要的共振都检测出来，并且受试验人员影响，振动试验会成为一个非标准的试验。他们建议：

（1）采用缓慢上扫或下扫的正弦扫频。

（2）在整个频率范围内进行正弦扫频，首先进行线性扫频，然后是对数扫频[FAC 72]。

试验持续时间的设置可以是无条件的，或以代表实际环境的方式设定，或按等效疲劳损伤原则增加量值来减少时间，如下公式所示（本书4.4节）：

$$\frac{n_1}{n_2} = \left(\frac{\sigma_2}{\sigma_1}\right)^b \tag{7.1}$$

或

$$\frac{\ddot{x}_{\text{试验}}}{\ddot{x}_{\text{实际}}} = \left[\frac{T_{\text{实际}}}{T_{\text{缩减}}}\right]^b \tag{7.2}$$

式中：b 与 $S\text{-}N$ 曲线[CRE 56]的斜率有关；n 为在应力水平 S 下运行的周期数；$\ddot{x}$ 为试验或环境的严酷度。

在试验过程中，这种方法往往引起很大的问题，设计困难或不必要的重量损失[BRO 64]。

这些标准直到1955年一直有效，在某些领域甚至更晚。在1955年出现重大突破，当发现需要模拟导弹振动测量的频谱是连续的这一特点，从而进行了随机振动试验[CRE 56,MOR 55]。1955年至1960年间随机振动被引入标准。当然，期间也遭到了不少反对。

C. G. Stradling[STR 60]认为正弦振动相对容易产生并且结果比较容易解释，但他也承认随机振动更好地代表了真实环境。然而，他为正弦试验进行了辩护：

（1）在设备输入点测量到的随机振动往往同时来自于多个输入源（声学和结构）。

（2）环境中的振动通过结构传播和过滤,因此它们类似于正弦[CRE 56]。

（3）声能是由几个对应于该结构激励的模态响应的离散频率构成的,因此,一个正弦试验比它初看的振动更接近真实情况。

（4）在导弹以外的其他一些场合,声波能量具有更重要的意义（这些说法可追溯至 1960 年）。

（5）没有哪种结构在随机振动下破坏,而在正弦振动却保持完好（除了导管或继电器对随机振动的耐受性不是很好）。

（6）准备一个随机试验比正弦试验需要更多的时间。

（7）设备（试验安装）更加昂贵。

（8）维护成本较高（更复杂的手段,因此降低了可靠性）。

许多类似的论点大部分始于 1960 年,现在已经不再被接受。然而,当关心随机振动时,也有很多观点支持实际随机现象的模拟:

（1）试验的一个重要特征是使设备的机械元件在它们的谐振频率上振动。对于正弦扫频振动,共振频率被连续地激发,而随机振动,它们都是同时被激发,量值以时间的函数随机变化[CRE 56]。使用定频正弦振动意味着无法复现真实的环境中几个同时激发相互耦合的模态[HIM 57]。没有等效正弦试验可用于研究多自由度系统的响应[KLE 61]。

（2）在正弦条件下共振时,响应均方根加速度等于 Q 倍的激励;在随机条件下,响应与 $\sqrt{Q}$ 成正比。

（3）设备可以有几个共振频率,每一个共振频率有不同的 Q 值。因此,很难为一个单项试验选择一个振幅来使其对于所有的 Q 值产生如随机振动试验相同的响应。如果实际的激励是随机的,定频正弦试验往往就会对那些阻尼相对弱的结构不利。这是因为正弦振动中响应会随着 Q 变化,阻尼越小,响应的幅值越大（这个观点不一定正确,因为选择等效方法时会考虑这一情况,设 Q 的确切值是已知的）。

（4）有许多断裂机理（拉伸或脆性）由接触方式、设备类型决定,因此该设备在随机和正弦应力下表现是不同的[BRO 64]。

（5）比较随机和正弦试验结果之前,必须确定一种等效方法。这是一个很有争议的问题,因为等效准则往往建立在单自由度系统的响应上。

接下来需要选中构成噪声的频谱,往往选择白噪声。当然,有时一个连接结构的响应会产生"谱线"型的噪声。

实践中如何产生这种类型的振动也存在这种问题,当时由于功率的原因导致可用的手段有限。出于这种考虑,M. W. Olson[OLS 57]在 1957 年建议,由于经济原因,在所选择的频带上采用等效扫频正弦替代宽带随机振动,这时共振会依次出现。本试验需要更长的时间,但需要较小的功率并且能维持统计学特性。

其他作者建议依次进行几个窄带频谱的试验[HIM 57]。

7.4.2.2 主要标准

现在有许多可用的标准。在 1975 年由弹道和空气动力研究实验室(LRBA)进行的一项调查[REP 75]表明,世界上大约有 80 个标准(美、英、法、德和国际)定义了机械冲击和振动试验。不过这些标准中许多是来自于以前的文件,仅进行了一些修改,并非所有这些标准有同样的重要性。

说起在法国广泛使用的标准,可能会提到下面的标准[CHE 81,79 COQ,GAM 76,NOR 72]:

(1) AIR 7304"航空设备环境试验条件:电气、电子和机载仪表"。

(2) 标准 GAM-T13 军用规范中的"电子和通信设备通用试验"。目标如下:

① 尽最大可能地统一法国陆军将军部技术局各部门对于武器的要求,并且集中在一个单一的文件中;

② 使合同文件足够精确;

③ 便于负责设计产品的工程师开展制定试验的任务;

④ 确保试验方法及严酷度尽可能与国际标准兼容。

此文件被 GAMEG 13[GAM 86]替换,且将 MIL-STD 作为技术附件,以便于用户使用。

(3) MIL-STD 标准。

MIL-STD-810 是著名的机械和气候环境试验标准。它是在美国空军主持下编写的,主要是用于合作和出口计划。

标准(MIL-STD-810C,AIR 7304 等)由真实环境数据计算出任意振动量级。一般来说,这些量值相对较好地覆盖了给定车辆可能会遇到的条件。

在某些情况下采用这样的标准是合适的,如下面的情况:在不熟悉的条件下使用;没有可用的真实环境测量值,并且这样的测量值不能通过相同类别的车辆上的测量值来估计;理想情况是为设备提供一个能被广泛接受,最好是国际标准规定的强度要求。

7.4.2.3 优点和缺点

优点:

(1) 由于标准已经上市,不存在制定标准的成本。

(2) 由不同公司生产的设备强度可以直接比较(若采用相同的标准)。

(3) 设备通过了这些标准后,可以装配在指定名录的运输器上,无需额外的试验。

缺点：

（1）由于它们的任意性质和对实际量值的全面覆盖,这些标准可能会导致设备(可能会导致设计成本增加)。通常所采用的环境规范很少能代表实际的使用环境条件。因为是强制选取的以满足再现性和标准化要求试验量值通常会非常高[REL 63,HAR 64,SIL 65]。由于这些特点,依据这些标准规范研制设备,在很多情况下不是为了适应真正的环境,而是为了适应一个试图模拟环境建立的保守试验[HAR 64]。

（2）非典型的失效机理。

（3）过度的开发成本。某些采用最先进设计技术而产量很小的设备其成本相对较高。要求它来满足过度广泛的环境规范,会导致不可接受的高昂成本。其他装载在运载火箭或卫星上的设备必须尽可能降低重量,禁止任何过尺寸设计。

（4）交货时间的增加。建立裕度时过于保守可导致重新设计产品,增加多余的成本[FAC 72]。

7.4.3 目前的趋势

在 20 世纪 80 年代之前,标准严格规定试验过程和试验量值。严酷度的选择权留给了用户。尽管大多数试验量值来源于现实环境中的数据,但使用者并不了解原始数据背景,也不知道分析并将其转换成标准的方法。为了覆盖尽可能多的情况,规定的量值往往远高于真实使用环境中遇到的量值,并可能因此导致过度试验。

1980 年至 1985 年,这一趋势在国际上发生了重要的逆转,使得规范的作者越来越多地使用真实的环境[LAL 85]。

目前,某些标准如 MIL-STD-810C 已经逐渐允许使用真实环境条件:"如果确定设备预计经受的环境条件与标准规定的不同"[COQ 81],但这仅作为指南。重点仍然放在仲裁量值上。

转折出现在 MIL-STD-810D 的颁布(被 NATO 采用为 STANAG)和 GAMEG 13 的工作。这些新版本不再根据要模拟仿真的环境类型直接规定振动或温度量值水平,而是建议优先选择真实环境的数据。如果缺乏真实数据,使用类似的条件下获得的、估计具有代表性的数据,或者使用默认值,显然后者强制的意味更大。这称为试验剪裁。

今天,我们更多地讨论如何根据环境剪裁产品,以确保从项目的一开始就将环境条件考虑进来,并且根据其用途进行产品尺寸的设计。这个步骤可以纳入项目管理规定中,如 RG Aéro 00040 建议书中的情况。这一点将稍后提及。

7.4.4 基于真实环境数据的规范

7.4.4.1 意义

早在 1957 年 R. Plunkett[PLU 57]就提出使用真实环境的测量值,这也被其他学者(如 W. Dubois[DUB 59]、W. R. Forlifer[FOR 65]、J. T. Foley[FOL 62]和 E. F. Small[SMA 56]所支持。

环境试验应基于设备的寿命周期。如果对所研制设备的使用条件有很好的了解,并且其寿命周期可以划分为多个确定的阶段,如能确定车辆类型、存储条件和每个阶段的持续时间等,就推荐制定特殊的环境规范,使之非常接近实际环境,并使用某些不确定性因子[DEL 69,SMA 56]。

考虑真实的测量环境所给出的试验量值不再那么严酷,使得构建真实的模拟、最大限度地减少过度试验的风险成为可能[TRO 72]。H. W. Allen[ALL 85]给出了一个规范的例子,该规范建立在对 1839 次飞行测量的统计分析基础上,给出了较低的规范量值,降低了原来的 1.23(耐久性试验)~3.2(鉴定试验)。

7.4.4.2 优点与缺点

优点:

(1)规范非常接近真实水平(不包括不确定性因子)使得装备在更接近现场环境的条件下运行,因此设备可以用更加实际的裕度来进行设计。

(2)安全裕度可以通过试验到极限量值来进行评估。

缺点:

(1)所确定的材料是针对所选定的寿命剖面的;在一定程度上,任何使用条件的修改,都将导致对新环境进行检查,重新调整规范,可能还需要附加试验。

(2)规范制定的成本较高(但这个费用在设备的研制阶段得到充分补偿)。对于使用条件的早期分析,能避免后面很多的会令人失望的情况。

(3)不同种类设备的机械强度的比较(设计成不同规格)是比较困难的。

(4)由于其目的是尽可能地模拟实际环境,因此必须确保试验设备正确地遵循规范。对于较重的样件,由于机械阻抗的问题可能会很困难。

7.4.4.3 对实际或综合环境的精确模拟

规范可根据以下两个概念中的一个进行编制[BLA 67,GER 66,KLE 65,PIE 66]:

（1）真实环境的精确模拟。

（2）环境的损伤效应的模拟。

第一种观点好像能如实地再现实测环境,例如采用磁带上记录的实际信号作为试验设施的控制信号[TUS 73]。如果模拟是真实可靠的,那么试验显然与真实环境有着相同的严酷度。通过这种方法,不需要装备环境的损伤特性的先验信息。从这个意义上说,这种方法可能被认为是理想的方法。

不幸的是,有许多原因使得这种方法并非切实可行[BLA 62,BLA 67,GER 66,KLE 65,PIE 66,SMA 56,TUS 67,TUS 73]:

（1）真实地复现需要实际使用环境持续时间与试验时间之间的比例因子为 1。对实际使用环境持续时间很长的情况,该方法可能是不现实的。

（2）如果设备的寿命周期剖面规定了几个不同的振动环境,在实验室中按顺序的复现每一个环境是不便利的并且很昂贵。

（3）事实上,环境的严酷性具有统计特性。环境数据表现出相当大的统计分散性,其可以归因于试验条件的不同、人为因素和一些其他并不明显的原因的差异。已经证明,相同条件下制造的结构可以在高频率有不同的传递函数[PAR 61]。

（4）不能认为一个特定的记录(如一次飞行)就能代表最严酷的条件(最坏的情况下的飞行)。即使有一些记录可用,也要解决所使样本的选择问题。

（5）定义试验或者编制规范时,产生振动的车辆可能还没有,或刚生产出来,即使有测量数据也很少,还有一些特殊试验的目的要求在装备安装之前进行。因此,这些数据是在大致类似的车辆上在设备预期安装的大致位置上测得的。

（6）对设备进行鉴定时通常要求,这些设备可以安装在某一车辆或某种指定类型车辆的任意位置上。这个试验程序需要对车辆结构上可能安装设备的所有点进行测量和记录,并把这些信号全部复现。

（7）更一般地说,某些设备可能在不同类型的飞机(举例)上。复现每一个飞行器的使用环境是很困难的。

（8）对于设备有很多固定点的情况,振动的输入是有差异的,试验要复现哪个记录是一个问题。

（9）在实验室准确地再现需要试样和试验设备间的相互作用或阻抗匹配,与现实的条件下完全相同常常是难以实现的。因此,精确复现并不能保证是一个完美的代表性试验。

基于这些原因,尽管不是所有都具有同样的重要性,但这种方法并不经常在实验室中使用(在汽车行业除外)。对于一些持续时间很短,用其他手段又难以进行可靠的分析和模拟时,会采用这种方法。

第二种方法包括定义一个类似但综合的振动环境,这种振动环境来自于现有的数据,并可以产生与实际环境相同的损伤。期望通过试验能得出与真实环境中类似的结果。它试图复现环境的效应而不是环境本身。这种方法需要事先了解当设备受到动态应力时的故障机理。

第一种方法的主要优点是不需要任何关于故障模式和故障机理的假设。缺点也是很明显的,它要求模拟真实环境中的所有特性,特别是持续时间,以及将统计学因素考虑进来的困难程度。

寻找综合环境是一个更灵活的方法,假设可以确定一个可接受的损伤等效准则的条件下可以实现统计分析和时间缩减。

没有必要先入为主地认为必须要用振动试验来制定规范[KRO 62]。尽管不是经常这样做,也可以考虑进行静力试验,或规定设备的最低固有频率或耐久极限等。这些特性可以从真实环境对设备的效应分析中得到。通常会尝试定义一个缩减时间的"理想化"振动环境,其特性属性(随机、正弦等)与实测环境相同。实测环境数据的选取应可以代表设备在实际环境中的潜在损伤[BLA 69]。

7.5 规定试验剪裁的标准

旧标准文件,甚至一些目前仍在使用的,基于使用条件确定将应用于组件的环境量值(加速度、温度等)。一般推荐值是相当严酷的,有时不能很好地适应当前的需要。

更新的标准如美国的 MIL-STD-810、法国和北约的 GAMEG 13 要求进行"试验剪裁",基于一个四步的方法:

(1) 书写并分析的寿命剖面,指定材料所有的使用条件,标注所有情景(储存、运输等),对于每种场景以定性的方式为需要特殊表征的所有事件建立列表("事件"),持续时间和日历顺序(用于航空运输与滑行、起飞、降落、巡航等相关的振动)。

(2) 寻找代表每一个识别出的事件的实际环境数据,需要有足够的数据考虑这些现象内在的差异性。

(3) 对数据进行合成,推导出具有持续时间的规范。这个操作是至关重要的,因为重要数据的收集测量的一般措施是几个事件构成场景,每个事件用测量来描述,振动环境具有 3 个轴向。

(4) 编制试验大纲。

通过这个流程可以编制出适于产品使用的规范,具有合理且可控的裕度,并且设计材料尺寸不会过大。

当然必须有数据分析方法来保证得到的规范有一定的严酷度,至少等于但不过分超过现实环境,并且当环境时间很长的时候缩减试验时间。

这里将重点放在现场的振动和机械冲击上。

目前 3 个标准要求进行试验剪裁:GAMEG 13 标准、MIL-STD-810 标准和 NATO(STANAG 430)标准。

7.5.1　MIL-STD-810 标准

美国 MIL-STD-810(环境试验方法和工程指导)的前身是在 1945 年编辑的首个标准(空军规范 n41065"设备环境试验通用规范"),1950 年 8 月 16 日被 MIL-E-5272 标准(USAF)(航空和相关设备的环境试验)替代,并在 1962 年 6 月改名为 MIL-STD-810(军用标准)。

此后又颁布了多个版本,最新的版本是 G(2008 年 10 月)。D 版发表于 1983 年 7 月,首次提出需要根据组件的最终目的进行试验裁剪。

MIL-STD-810 标准描述了环境定义中的管理、技术、技术角色,以及试验剪裁的流程。它规定试验方法不能通过包络来确定,也不能僵硬地执行,而是必须经过选择和个性化以得到最适当的试验。

剪裁的定义是"选择设计指标/允差、试验环境、方法、程序、顺序和条件的过程,修改关键设计和试验值,故障条件环境等,要考虑到其寿命周期内所经历的特定环境对装备功能的影响。剪裁过程还包括在整个寿命周期内,编制或审查工程任务,规划,试验以及评估文件,以确保在整个采购周期内能够充分的考虑真实的天气、气候和其他物理环境条件。

这个标准具体涉及:

(1)寿命剖面的内容(接口,持续时间,装备技术状态,预期的环境,出现的次数,环境条件出现的概率等)。

(2)数据的代表性和它们统计值。

(3)受试装备的代表性。

(4)机械试验、热试验和混合试验方法。

(5)管理计划。

1994 年 6 月,威廉·佩里(国防部长)在报告中提出取消没有价值的纯粹的军事规范,以降低武器系统和其他装备的成本。

他认为,这些标准已经成为最新技术使用的障碍。

过去技术的发展优先用于国防,但现在不再是这种情况。1965 年,美国国防部和制造行业在研究中的总投资差不多。到 1990 年,制造业是国防经费的 2 倍。

也有需求促进了最初主要(有时是专职)为美国国防部制造产品的公司实现多元化,促使它们以有竞争力的成本进行生产。

他接下来要求:

(1) 废除三分之一的军用标准。

(2) 尽快废除另外三分之一的标准。

(3) 如有民用标准就应该使用。

MIL-STD-810 E 标准保留下来,并成为国家标准。

美国的这一决定在欧洲,特别是在英国和法国有很大的影响。GAMEG 13 标准已经被固化,仅对其技术附录进行研究。

7.5.2   GAM-EG-13 标准

GAMEG 13 标准由 DGA 赞助,在 DGA 的不同分支机构和工业代表的支持下,于 1986 年 11 月由标准化部部长实施。

它取代了 GAM-T13 标准。它要求试验剪裁,通常涉及准备用于军事用途的装备和这些装备的特定容器。

标准的技术附录中提供了用 ERS 和 FDS 制定规范的方法,后来转化为法国标准化协会(Association Française de Normalisation,AFNOR)的标准。

剪裁的定义是"根据可能遭受的实际环境来指导对装备的研究、开发、完成和试验的概念"。

它主要由以下部分组成:

(1) 第一部分综合了所有试验方法。它提出了剪裁方法的 4 个步骤,一般试验和测量条件,以保证试验在空间和时间上的良好复现性。

(2) 根据装备具体的使用特性选择指南(地面部队、空军、海军、导弹和卫星)。当没有其他数据时,可以在这些文件的相关指南中找到一些备用值来暂时描述情景中的某些事件。

(3) 3 个技术附录:

① 通用力学附录,提供了数学工具以便根据极限响应和疲劳损伤的等效来计算试验参数(极限响应谱和疲劳损伤谱、不确定性因子、试验因子等)。这种方法只是建议,不强制使用。

② 环境模型和数据附录,提供从一定数量载体上收集的测量值。剪裁中问题是需要必要的环境数据来给出所研究装备寿命剖面的信息。

③ 主要的信号处理方法的附录。

7.5.3　STANAG 4370

NATO 标准于 1986 年由北约成员国实施,其目标是"对功能或环境试验标准化,并声明国家验收方法(在北约国防装备研制和采购的国家或跨国项目中使用 AECTP)"。

STANAG 4370(标准化协议)是由多个 AECTP 文档(盟军的环境条件和试验刊物)组成的。

(1) AECTP 100:国防装备的环境准则:国防装备环境试验组织的说明。

(2) AECTP 200:环境条件−环境的定义。

(3) AECTP 300:气候试验。

(4) AECTP 400:机械试验。

(5) AECTP 500:电气试验。

AECTP 100:

(1) 明确了项目主管的任务和责任,环境专家的责任和试验。

(2) 规定了对试验剪裁和四步方法的要求。

(3) 提供了一个典型的环境列表(定性)。

"环境项目剪裁"的定义是"保证装备根据预期的使用环境进行设计,研制和试验的过程。试验大纲应该正常反映整个寿命周期内预期的环境应力,试验应基于预期的环境场景。指定的试验及其严酷度应来自实际的环境中,无论是单一或综合环境。特别的,应采用受自然环境条件影响的实际平台上获得的数据来确定试验标准。"

AECTP 200 是一个指南,包括气候、机械和电 3 个主要部分。将这些部分分解成不同的情景(地面交通、飞机运输等)。对于每一个情景,有 4 个部分:

(1) 与情景有关环境的主要特征。

(2) 这些环境下装备的潜在损伤。

(3) 编制模拟环境的试验大纲的指南。

(4) 在相关情景下的具体的环境示例。

AECTP 300 和 AECTP 400 将气候和机械方法进行了分组。每一种方法都将国家军事和民用文档考虑进来。

机械的方法提供了许多典型的严酷度的实例(相对于气候的方法)。

提出了比国家基础文档更多的试验方法。

7.5.4　AFNOR X50-410 标准

尽管它只是少量的涉及环境试验,但标准 AFNOR X50-410 是很有用的。

此文件涉及项目管理,它特别描述了在项目中的主要阶段,每个阶段采取的行动以及应提供的文件。

在装备规范中,规定装备必须耐受的环境条件。相应地,必须对所研制的装备能否符合规范进行验证,常用的方法就是通过试验。

AFNOR X50-410 标准规定了在项目的每个阶段所必需的操作。与前面标准讨论所描述的四步方法相关的活动分散在项目管理过程的每一个阶段并有详细说明。这些活动的规范在标准 GAMEG 13[GUI 08]中有详细说明。

第8章
不确定因子

8.1 需求-定义

只有结构强度高于其承受的载荷时,才能安全地工作。若涉及产品的安全事故时,强度与应力的比值 k 可定义为安全因子[ARY 09];而涉及正常使用条件下材料的失效时,则将比值 k 定义为不确定因子,k 值应大于 1。材料承受的载荷与材料强度如图 8.1 所示。

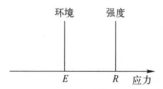

图 8.1 材料承受的载荷与材料强度

在制定试验规范时,要考虑到所有可能的不确定性(8.2 节),通常将严酷度乘以一个因子[HOW 56],该因子称为保证因子、风险系数或保守因子等。安全因子既可以表达上述含义,也可以定量表征产品在规定环境条件下的强度裕量,但多数情况下更倾向于用在容易造成人或产品安全事故的特殊环境。

此因子表示了材料的某一特定强度值与某一施加应力的比值。尽管规范编制者具有丰富的经验,在选择因子的数值时通常仍然是武断的,往往经过产品设计人员(倾向于选择尽可能低的值)和规范制定者(深知所用数据的局限性)的反复磋商,或者就遵从标准[BEA 11]。

非关键部件的安全因子约为 1.2,涉及人员安全的部件安全因子约为 4。

安全因子的取值要考虑以下准则。

(1)对应力的认识(如拉力、压力、剪切力、弯曲度、循环负载、冲击负载等);

（2）使用材料的性能；

（3）制造过程中的未知应力（如焊接、铸件的安全因子为 10~14）；

（4）组件的关键度；

（5）故障是否会导致严重伤亡（如压力容器的安全因子为 8~10）；

（6）材料费用,制造等；

（7）环境状况（湿度、腐蚀环境等）；

（8）是否有严格的质量控制和维修。

也可以根据对应力特征参数以及产品结构参数的了解程度确定安全因子的取值。

引用文献[AND 01]中的一个例子：

（1）J. P. Visodic[VIS 48]根据经验,基于对应力、材料可承受的应力、所使用的材料的属性和使用环境的认识水平,给出了各安全因子建议值,见表8.1。

表 8.1　由 J. P. Visodic[SHI 01]给出的安全因子

安全因子	载荷	允许的应力	材料特性	环境
1.2~1.5	准确	准确	熟知	可控制
1.5~2.0	好	好	熟知	稳定
2.0~2.5	好	好	平均	普通
2.5~3.0	平均	平均	较少试验的	普通
3.0~3.5	平均	平均	未经试验的	普通
3.5~4.0	不确定	不确定	—	不确定

在表8.1中的推荐值主要针对韧性材料,以循环应力的弹性或耐久极限作为参考。而对于脆性材料,Visodic 建议参考极限强度值是韧性材料值的2倍。

Visodic 建议安全因子至少为2,针对冲击的情况还要再乘 1.1~2 的冲击因子。

（2）R. L. Norton 给出的安全因子[NOR 96]（表8.2）也考虑了相似的准则（材料的认知度、应力强度模型的精度以及周围环境条件）。

表 8.2　R. L. Norton 给出的安全因子[NOR 96]

安全因子	k_1（由试验对材料的认知情况）	k_2（应力强度模型的精度）	k_3（周围环境条件）
1~2	熟知的特性	由试验确认	与材料试验条件相同
3	良好预计	良好预计	可控的室内温度
3	一般预计	一般预计	轻度恶劣
>5	粗糙预计	粗糙预计	极端恶劣

R. L. Norton 建议对韧性材料采用 k_1、k_2、k_3 三者中的最大值,而脆性材料可用所有这些值中的最大值的 2 倍(第一种情况下为屈服应力,第二种情况下为强度极限)。

(3) A. G. Pugsley 定义的安全因子[PUG 66]则考虑了两者之积:

$$k = k_1 \times k_2$$

式中:k_1 和 k_2 由表 8.3 和表 8.4 分别给出。

表 8.3　由参数 A、B、C 确定的 k_1 值

A	C	B			
		VG	G	F	P
A=VG	C=VG	1.10	1.30	1.50	1.70
	C=G	1.20	1.45	1.70	1.95
	C=F	1.30	1.60	1.90	2.20
	C=P	1.40	1.75	2.10	2.45
A=G	C=VG	1.30	1.55	1.80	2.05
	C=G	1.45	1.75	2.05	2.35
	C=F	1.60	1.95	2.30	2.65
	C=P	1.75	2.15	2.55	2.95
A=F	C=VG	1.50	1.80	2.10	2.40
	C=G	1.70	2.05	2.40	2.75
	C=F	1.90	2.30	2.70	3.10
	C=P	2.10	2.55	3.00	3.45
A=P	C=VG	1.70	2.15	2.40	2.75
	C=G	1.95	2.35	2.75	3.15
	C=F	2.20	2.65	3.10	3.55
	C=P	2.45	2.95	3.45	3.95

注:VG 表示非常好,G 表示好,F 表示一般,P 表示很差

表 8.4　由参数 D、E 确定的 k_2 值

D（危险）	经济影响		
	E=NS	E=S	E=VS
D=NS	1.0	1.0	1.2
D=S	1.2	1.3	1.4
D=VS	1.4	1.5	1.6

注:NS 表示不严重,S 表示严重,VS 表示非常严重

参数 A、B、C、D 和 E 分别表示如下含义：

A——材料、工艺、维护和工作检查的质量；

B——对施加应力的控制；

C——应力分析的准确性、试验数据的认识或者由相似部件获得的经验；

D——部件发生故障时对人的威胁程度；

E——部件发生故障时造成的经济损失。

当可以比较容易评估出最大应力量值和材料极限强度，且假定应力和强度不会特别分散，需要使用较大的安全因子(如用来支持电梯轿厢的电缆)时，可采用这些方法。

事实上，在实际环境中，不论是正弦、随机振动还是瞬态冲击都不具备严格的复现性。对于同一现象进行连续几组测量在统计意义上结果必然是分散的。因此，必须用随机变量的概率密度、均值$\overline{E}$、标准差 S_E 等特性表征寿命剖面中的某一状态下真实的环境参数。大多数学者认为对数正态分布最优，也有一些学者则倾向于高斯分布或威布尔分布。

类似地，产品上各部件的静态、动态和疲劳强度并不完全相同，其强度在统计学上以均值$\overline{R}$和标准差 S_R 的曲线形式分布。同样，可以优先选取为对数正态分布，有时候也可选取正态分布；也可选用威布尔分布[PIE 92]等其他分布[KEC 72]。

由于使用概率密度(图 8.2)代表应力和强度值，因此应力和强度的比值不再是单一量值。

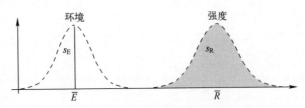

图 8.2　应力和强度的概率分布

注：此处应力应理解为广义应力，即任何会导致故障的应力或响应(如应力、加速度、外力、温度等)。类似地，则认为强度是材料部件能抵抗所施加应力的能力(如屈服应力、极限应力、允许变形、疲劳载荷等)[ELI 04,SUN 95]。

8.2　不确定性的来源

可能导致不确定性和近似的原因如下。

(1) 测量误差。

（2）实际环境中应力量值的相对分散,当进行航天系统的振动环境预测时,需要考虑许多不确定性的来源[PIE 66,PIE 74],其中一个主要因素是复杂结构中,尤其是在高频段,振动量值的特性会随着位置不同而发生变化。

假设在某一特定阶段,通过对短时间测量的单一样本来确定实际环境条件时,需要用不确定因子覆盖所有可能的分散值。根据前面所述,因子值在 1.15～1.5 之间[KAT 65]。对于道路上的车辆,为了补偿车辆性能、地形、速度、季节、驾驶员和测量点等不确定因素变化造成的影响,G. R. Holmgren[HOL 84]建议对均方根值取值为 1.15 的不确定因子。针对导弹飞行的环境,他选取了一个更高的系数 1.4。如果采用统计的方法(由均值和标准差来表示频谱),那么相关的因素如下:

（1）产品强度的分散性。为节约成本,通常进行单个试验,选定样品的强度通常用统计分布来表示。很可能正好抽动强度最大的产品进行试验。因此,需要对试验数据加上不确定因子(如 1.15),以确保最薄弱的受试产品能够经受住环境的考核。

（2）产品的老化(强度随时间的退化,不考虑疲劳和磨损)。某些产品需要先经过长时间的贮存后才得以使用。考虑到这种老化的情况,产品需要更高的初始机械强度,所以将试验应力水平量值乘特定因子(如 1.5)。如果受试产品已经历过老化,则将该特定因子的量值定为 1。

（3）试验方法。通常要求在每个轴向上依次进行试验,而真实的振动环境是由 3 个方向测量分量组合的向量。在某些情况下,考虑到每一分量必定小于或等于该向量的模,所以因子取值为 1.3[KAT 65]。

（4）如果实际频谱分布与规范的平滑后的频谱分布不同,那么规范的频谱可能会在局部上超出实际的频谱[STE 81]。

（5）飞行阶段的峰值与均方根值之比可能高于鉴定试验中的值,因为试验人员可人为地将试验设备能力限制在 4.5 倍均方根值或更低的量值下[STE 81]。

注意:如果存在非耦合共振,即使依次单方向试验都已经成功,在实际环境中当同时沿两个不同方向激励时,产品还是会发生断裂。因此,即便在设计试验时考虑到了不确定因子,也无法完全保证能解决这一问题[CAR 65]。

因此,诸多理由都告诉我们必须要考虑不确定因子。但是,直接将各因子求和可能会得出一个较大的且不合实际的因子。此外,这些因子也不能同时施加。

在确定试验规范时,谨慎是应该的,但不能过于保守。H. D. Lawrence[LAW 61]在研究隔振系统(悬挂系统)时,认为对于结构件,当取不确定因子为 2 时,往往以尺寸和重量上增加 20% 左右作为代价。而在随机振动的情况下,当取不确定因子为 2 时,代价则是 100% 的增量。

下面因子在以前的工作中已经得到应用[CAR 74]:

(1) 对于验收试验,根据数据的置信度对真实环境选取 1 或 2 的不确定因子,而试验时间不变甚至增加,以确保试验时能够完成功能测试。

(2) 对于鉴定试验,在验收试验量值的基础上增加 3~6dB,试验时间增加 3~5 倍,从而总的来说与实际工作相比,严酷度增加 4 倍,试验时间增加 5 倍。

如果能更全面客观地了解真实环境,那么这些具有随机特性的不可知因素可得以消除,有利于获取更具代表性的试验规范。可行的做法是用老化过的产品进行试验(必要时),如果某一轴向上的激励量值不明显超过其他轴量值,就在三轴的设备上进行试验。本书 8.4 节提供了一种根据给定的最大允许失效概率,并考虑环境的分散性和设备的耐受力计算不确定因子的方法。

8.3 实际环境和材料强度的统计因素

8.3.1 实际环境

经验表明,实际环境中测得的载荷本质上是随机的[BLA 69,JOH 53]。在相关研究中,频谱分析(PSD,ERS)方法通常给出了 50%、95% 等统计曲线。某些学者[SCH 66]认为包络谱大约为 95% 的谱。

W. B. Keegan[KEE 74]指出,振幅均值加上 2 倍标准差后,通常位于 93%~96% 概率水平之间,其结论是振幅在 95% 置信水平下的最佳估计值是均值加 2 倍标准差。

8.3.1.1 分布函数

大多数载荷统计分布的数学表达式是未知的。现有数据表明,中位数的变化范围近似服从正态分布、对数正态分布或极值分布,但高应力的概率分布不是很清楚[BLA 62]。表 8.5 总结了不同作者所选择的最适合的分布。许多作者选择正态分布,是因为它作为初始近似值是最常见的,而且使用更容易[SUC 75]。不少作者倾向于选用对数正态分布,他们认为正态分布模型不好,原因是会出现负值[KLE 65,PIE 70]。

表 8.5　谱分布法则

事件	分析	准则	作者参考文献	现象
冲击	SRS	对数正态	W. B. Keegan[kee 74] J. M. Medaglia[MED 76,LIP 60] W. O. Hugues[HUG 98]	爆破冲击

（续）

事件	分析	准则	作者参考文献	现象
声学噪声	PSD	对数正态	W. B. Keegan[KEE 74]	运载火箭
随机振动	PSD	对数正态	A. G. Piersol[PIE 74]	飞机 运载火箭
	PSD	对数正态	W. B. Keegan[KEE 74]	运载火箭
	PSD	对数正态	H. N. McGREGOR[GRE 61]	运载火箭
	PSD	对数正态	C. V. Stahle[STA 67]	运载火箭
	PSD ERS	对数正态	J. M. Medaglia[MED 76]	—
	PSD	对数正态	F. Condos[CON 62]	运载火箭
	PSD	对数正态	R. E. Barret[BAR 64]	—
	ERS	对数正态	C. V. Stahle H. G. Gongloff 和 W. B. Keegan[STA 75]	极限响应
		正态	J. W. Schlue[SCH 66]	

正态分布和对数正态分布之间主要的差别是：在大量值区域对数正态分布曲线的尾部表示与中位值偏差较大的部分发生的概率较高[BAN 74]。

当数据量较小，且不确定性很大时，采用正态分布效果就好许多。尽管对数正态分布往往得到保守的概率估计，但相对来说也可以接受[KLE 65]。

A. G. Piersol[PIE 74]选择图 8.3 所示曲线说明了试验数据和对数正态分布之间的良好吻合程度：

（1）以 50Hz 频宽在 Titan Ⅲ 型罐顶上不同位置测量的试验振动量级。

（2）经过动压和表面密度差异修正后，在位于飞机下方的不同外挂位置以 1/3 倍频程带宽测量的量级。

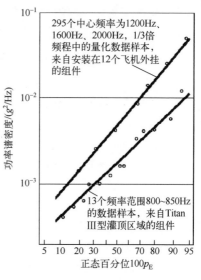

图 8.3　具有对数正态分布规律的例子[PTE 74]

8.3.1.2　实际中观察到变异系数分散性一些值

由 A. G. Piersol[PIE 74]收集的数据进行分析后表明，对于常规的航空航天结构，用分贝（dB）表示的窄带中振动均方根量级的幅值分散程度（用随机变量

s_y 的标准差（$y=20\lg x$ 来表征）一般在 5~8dB 范围内。对应于均方根值的变异系数[①]为

$$V_E=\sqrt{e^{s_y^2/75.44}-1} \tag{8.1}$$

并在 0.63~1.16 之间。

B58 着陆：　　　　　　$V_E=0.87\sim1.16(6.5\sim8\mathrm{dB})$

　　　　　　　　以倍频程单位进行分析

SaturnV-发射：　　　$V_E=0.63\sim1.16(5\sim8\mathrm{dB})$

TitanⅢ-外挂：　　　$V_E=0.63\sim0.78(5\sim6\mathrm{dB})$

注：这些标准差对应的量值分布范围非常宽。

例8.1　6dB 标准差：50%~97.5%之间的振动量级差异以 RMS 值表征为 4∶1（用 PSD 是 16∶1）。

图 8.4 为 $s_y=6\mathrm{dB}$ 时的分布函数曲线，对于 m 的两个值（0 和 1），在 P 为 97.5%和 50%处 RMS 读数之间的比值约为 4。

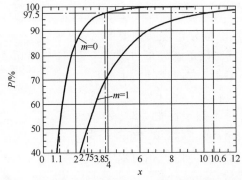

图 8.4　标准差为 6dB 时对数正态分布均值的两个值

在相关文献中可以查到其他值，如运载火箭升空时冲击和振动的振幅从 50%变化到 100%的情况下，变异系数从 5%增加至 30%[BRA 64，LUN 56]。在飞行过程中这些应力的上限均未检测到[BLA 69]。

由测量结果计算到的变异系数的例子

参考书目中给出的数据似乎表明，变异系数可能高于 1。在后文中给出了一些计算值的示例，来自于不同运载平台（导弹、战斗机、卡车）测量谱。

---

① 实际上，如果 x 服从对数正态分布，当 $y=\ln x$，$V=[e^{s_y^2}-1]^{1/2}$。当 $y=20\lg x$，y 的比例为 $\dfrac{20}{\ln 10}$，而 s_y^2 的比例为 $\left(\dfrac{20}{\ln 10}\right)^2=75.4447$。得 $V=\sqrt{e^{s_y^2/(20/\ln 10)^2}-1}$。

导弹上测到的冲击和振动

通过数据分析,可以发现一些特性:

(1) 在冲击情况下,由冲击谱计算得到的系数 $V_E = \dfrac{s_E}{E}$:

① 随着谱计算中使用的阻尼而显著变化。

② 随测量的现象而不同。

③ 随频率发生变化。在冲击谱峰值的频率处显现最大值。

④ 即使是高重复度的现象,如某阶段的分离冲击,对一个很实际的阻尼 0.07,V_E 还是相对比较大,在 0.1~0.5 之间。

(2) 对若干其他冲击,均假设 $\xi = 0.07$,而 V_E 在 0.2~1 之间变化。

(3) 在随机振动的情况下,从功率谱密度计算系数 V_E:可达到接近 2 的较高值;随频率发生巨大变化。

在上面例子中,尽管这些数值很大,但从谱密度的均方根值计算的 V_E 值不超过 0.9。

战斗机下部外挂的振动

外挂相对变异系数 V_E 与频率关系的计算可基于以下几点进行分析:

(1) 信号的功率谱密度;

(2) 对应的极限响应谱取 $Q = 10$。

(3) 参数 b 分别取值在 4~10 时的疲劳损伤谱。

可以看出:

(1) 从 PSD 计算得到的变异系数为 0.6~1.2(而通过均方根计算的变异系数 V_E 为 0.33)。

(2) 从极限响应谱计算所得的变异系数在 0.3~0.4 之间变化,在高频处的极限值,也在 0.33 左右,这与此范围内的极限响应谱的属性是一致的。

(3) 通过疲劳损伤谱计算出的变异系数 V_E 根据所选择的参数 b 而有所不同。b 值越大,变异系数也越大。尽管存在一些问题,事实上这种现象也不会产生太大困难,因为计算得到的规范对于参数 b 的选取不敏感。

卡车运输振动

PSD 上的离散度要比上述情况低。在相关的频率范围内位于 0.2~0.4 之间。

以上观测结果清楚地表明,针对实际环境的所有变异系数事先选择一个包络值并不太现实。鉴于不同现象之间的差别以及在频域内的变化,此种包络值的代价将很高。若有可能最好是:

(1) 对每种不同环境的变异系数区别对待。

(2) 使用实际 $V_E(f)$ 的曲线,而非包络值。

例如,图 8.5 至图 8.8 所示卡车试验平台所测的 10 次振动中变异因子随频率变化的情况。变异因子的计算是基于:

(1) 功率谱密度(图 8.5)。通过均方根值计算得到的变异因子为 0.04。

(2) 绘制极限响应谱得到 $\xi = 0.05$(图 8.6)。

(3) 疲劳损伤谱(当 $\xi = 0.05$ 时,图 8.7 中 $b=10$,图 8.8 中 $b=4$)。

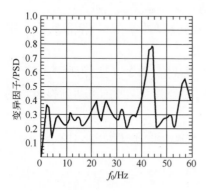

图 8.5 卡车随机振动 PSD 的变异因子

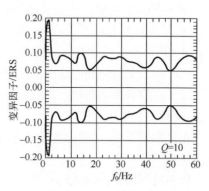

图 8.6 卡车随机振动 ERS 的变异因子

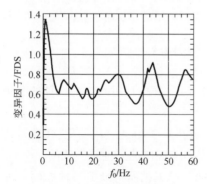

图 8.7 卡车随机振动 FDS 的
变异因子($b=10$)

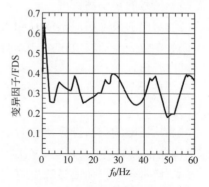

图 8.8 卡车随机振动 FDS 的
变异因子($b=4$)

(4) 其他造成应力变化的因素来自于产品:

① 所关注结构的几何构型。由于加工公差,在每个点上的应力是有分散性的,当然这种分散性对变异系数的影响通常小于载荷分散性的影响。

② 确定应力集中系数时的不确定性。

③ 用于评估应力的计算模型的精度以及模型是否能够合理地代表可能的失效模式。总变异系数等于所有这些变异系数分量的均方根。

8.3.1.3 变异系数的估计值——其最大值的计算

在上述例子中,通过 10 组样品已计算出变异系数。尽管从统计角度来说样本数量很低,但是在实际工作中已经很难实现。在给定置信水平下,应确定变异系数所处的置信区间。根据测量数据,确定给定的概率下变异系数可取的最大值。

1. 非中心学生氏分布

假设一个随机变量 x 服从正态分布,另一个随机变量 y 服从自由度为 f 的 χ^2 分布。

δ 为常数,它可以证明变量

$$t = \frac{x+\delta}{\sqrt{\dfrac{y}{f}}} \tag{8.2}$$

服从非中心学生氏分布[MCK 32]。当非中心参数 δ 等于零时,就得到学生氏分布。

正态随机变量 n 次测量结果后,估计其均值和标准差的概率密度分别服从正态分布 $\dfrac{1}{\sqrt{2\pi}} e^{-\frac{x^2}{2}}$ 和 χ^2 分布 $\dfrac{1}{2^{f/2}\Gamma\left(\dfrac{f}{2}\right)} y^{\frac{f-2}{2}} e^{-\frac{y}{2}}$。

两个随机变量的标准差和均值的比率的概率密度,可由变量的概率密度乘积积分得到 $\dfrac{1}{\sqrt{2\pi}} e^{-\frac{x^2}{2}} \dfrac{1}{2^{\frac{f}{2}}\Gamma(\frac{f}{2})} y^{\frac{f-2}{2}} e^{-\frac{y}{2}}$,也可以写成[LAL 05]

$$\frac{\sqrt{2\pi}}{2^{\frac{f}{2}}\Gamma\left(\dfrac{f}{2}\right)} \left(\frac{1}{\sqrt{2\pi}} e^{-\frac{x^2}{2}}\right) y^{\frac{f-2}{2}} \left(\frac{1}{\sqrt{2\pi}} e^{-\frac{y}{2}}\right)$$

若令 $y=u^2$,考虑 $p(y)\mathrm{d}y = p(u)\mathrm{d}u$,该乘积可写为

$$\frac{\sqrt{2\pi}}{2^{\frac{f-2}{2}}\Gamma\left(\dfrac{f}{2}\right)} \left(\frac{1}{\sqrt{2\pi}} e^{-\frac{x^2}{2}}\right) u^{f-1} \left(\frac{1}{\sqrt{2\pi}} e^{-\frac{u^2}{2}}\right) \tag{8.3}$$

通过对式(8.3)中所有标准差进行积分,u 从零到无穷大,就能得到密度

$$p(x) = \frac{\sqrt{2\pi}}{2^{\frac{f-2}{2}}\Gamma\left(\dfrac{f}{2}\right)} \int_0^\infty \left(\frac{1}{\sqrt{2\pi}} e^{-\frac{x^2}{2}}\right) u^{f-1} \left(\frac{1}{2\pi} e^{-\frac{u^2}{2}}\right) \mathrm{d}u \tag{8.4}$$

即

$$p(x) = \frac{\sqrt{2\pi}}{2^{\frac{f-2}{2}}\Gamma\left(\frac{f}{2}\right)} \int_0^\infty \left(\frac{1}{\sqrt{2\pi}} e^{-\frac{x^2}{2}}\right) u^{f-1} G'(u) \, \mathrm{d}u \qquad (8.5)$$

式中

$$G'(u) = \frac{1}{\sqrt{2\pi}} e^{-\frac{u^2}{2}} \qquad (8.6)$$

已知 $x = \dfrac{tu}{\sqrt{f}} - \delta$，通过将概率密度写为变量 t 的函数，又有 $p(x)\mathrm{d}x = p(t)\mathrm{d}t$：

$$p(t) = \frac{\sqrt{2\pi}}{2^{\frac{f-2}{2}}\Gamma\left(\frac{f}{2}\right)\sqrt{f}} \int_0^\infty \frac{1}{\sqrt{2\pi}} e^{-\frac{\left(\frac{ut}{\sqrt{f}}-\delta\right)^2}{2}} u^f G'(u) \, \mathrm{d}u \qquad (8.7)$$

通过对的密度函数 $p(t)$ 从 $-\infty \sim t_0$ 进行积分，可得到变量 t 的分布函数：

$$P(t \leqslant t_0) = \frac{\sqrt{2\pi}}{2^{\frac{f-2}{2}}\Gamma\left(\frac{f}{2}\right)\sqrt{f}} \int_0^\infty \left[\int_{-\infty}^{t_0} \frac{1}{\sqrt{2\pi}} e^{-\frac{\left(\frac{tu}{\sqrt{f}}-\delta\right)^2}{2}} \mathrm{d}t\right] u^f G'(u) \, \mathrm{d}u \qquad (8.8)$$

然而

$$\int_{-\infty}^{t_0} \frac{1}{\sqrt{2\pi}} e^{-\frac{\left(\frac{tu}{\sqrt{f}}-\delta\right)^2}{2}} \mathrm{d}t = \frac{1}{\sqrt{2\pi}} \int_{-\infty}^{X_0} e^{-\frac{x^2}{2}} \frac{\sqrt{f}}{u} \mathrm{d}x = \frac{\sqrt{f}}{u} G\left(\frac{t_0 u}{\sqrt{f}} - \delta\right) \qquad (8.9)$$

则由文献 [OWE 63] 可得

$$P(t \leqslant t_0) = \frac{\sqrt{2\pi}}{2^{\frac{f-2}{2}}\Gamma\left(\frac{f}{2}\right)} \int_0^\infty G\left(\frac{t_0 u}{\sqrt{f}} - \delta\right) u^{f-1} G'(u) \, \mathrm{d}u \qquad (8.10)$$

$$G(u) = \int_{-\infty}^{U} G'(\mu) \, \mathrm{d}\mu \qquad (8.11)$$

图 8.9 和图 8.10 分别给出在 $n = 10$，δ 为 0、2、4 和 6 时 s 分布的概率密度和分布函数。

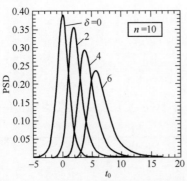

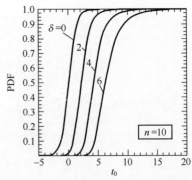

图 8.9　非中心学生氏分布的概率密度　　　图 8.10　非中心学生氏分布的概率分布

如果分布函数由各部分经过几次积分得到,则可以得到一个更简单的数值计算形式。

f 为奇数时,

$$P(t \leqslant t_0) = G(-\delta\sqrt{B}) + 2T(\delta\sqrt{B}, A) + 2(M_1 + M_3 + \cdots + M_{f-2}) \qquad (8.12)$$

f 为偶数时,

$$P(t \leqslant t_0) = G(-\delta) + \sqrt{2\pi}(M_0 + M_2 + \cdots + M_{f-2}) \qquad (8.13)$$

其中

$$A = \frac{t}{\sqrt{f}} \qquad (8.14)$$

$$B = \frac{f}{f + t^2} \qquad (8.15)$$

$$T(h, a) = \frac{1}{2\pi} \int_0^a \frac{e^{\left[-\frac{h^2}{2}(1+x^2)\right]}}{1 + x^2} dx \qquad (8.16)$$

$$\begin{cases} M_{-1} = 0 \\ M_0 = A\sqrt{B}\, G'(\delta\sqrt{B})\, G(\delta A\sqrt{B}) \\ M_1 = B\left[\delta A M_0 + \frac{A}{\sqrt{2\pi}} G'(\delta)\right] \\ M_2 = \frac{1}{2} B(\delta A M_1 + M_0) \\ M_3 = \frac{2}{3} B(\delta A M_2 + M_1) \\ M_4 = \frac{3}{4} B\left(\frac{1}{2}\delta A M_3 + M_2\right) \\ \qquad \cdots \\ M_k = \frac{k-1}{k} B(a_k \delta A M_{k-1} + M_{k-2}) \end{cases} \qquad (8.17)$$

其中

$$a_k = \frac{1}{(k-2)a_{k-1}} \qquad (8.18)$$

当 $k \geqslant 3$ 且 $a_2 = 1$ 时。

2. 变异因子分布的应用

假定有一个均值 m、标准差 s 的正态随机变量 x,根据定义,变异系数 $V = \frac{s}{m}$。

设定由 n 次测量值估计得到的均值为 μ 和标准差为 δ,则变异因子的估计为

$$V_{测量} = \frac{\delta}{\mu}$$

可改写成

$$
\begin{cases}
\dfrac{\sqrt{n}}{V_{测量}} = \dfrac{\sqrt{n}\mu}{\sigma} = \dfrac{\dfrac{\sqrt{n}(\mu-m)}{s} + \dfrac{\sqrt{n}\,m}{s}}{\dfrac{\sigma}{s}} \\[3em]
\dfrac{\sqrt{n}}{V_{测量}} = \dfrac{U + \dfrac{\sqrt{n}}{V}}{\sqrt{\dfrac{V_{测量}}{n-1}}}
\end{cases}
\tag{8.19}
$$

式中:U 为正态变量(把分布规律 $N(\delta,1)$ 作为分数的分子)。

通过与式(8.2)进行比较,可以看到 $\dfrac{\sqrt{n}}{V_{测量}}$ 服从于 $f = n-1$,以及 $\delta = \dfrac{\sqrt{n}}{v}$ 的非中心 t 分布[DES 83,JOH 40,KAY 32,OWE 63,PEA 32]。

此规律在文献[HAH 70,LIE 58,NAT 63,OWE 62,OWE 63,RES 57]中列表给出。

如图 8.11 所示,变异系数按下列方法进行估计:

(1) 可获得的表中,不过求得这些表不容易(早期的出版物),并且很难使用(需要插值)。

(2) 服从正态分布的随机选择值构建成的表格(蒙特卡罗法)[COE 92,

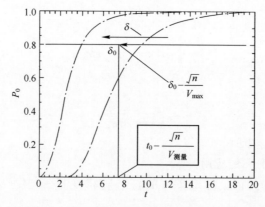

图 8.11 根据非中心学生氏分布的分布函数计算最大变异因子的原则

GIR 97]。

（3）由式（8.12）~式（8.18）进行数值计算。对于给定的 n 和 $t_0 = \dfrac{\sqrt{n}}{V_{测量}}$，寻找变量 δ 的某个值 δ_0，使概率等于某个事先给定概率 $P_1 = P(t \leqslant t_0)$（变异系数的真值低于用此方法确定的最大值的概率）。然后根据 δ 值得到 $V_{max} = \dfrac{\sqrt{n}}{\delta_0}$。

此步骤的优点在于，有一个相对简单的半解析计算（可以从误差评估函数和级数展开的方法来评估 $G(x)$ 函数）。表 8.6 和表 8.7 中置信水平为 90% 和 80% 时变异系数的最大值与测量次数 n 有关，且 n 次试验中变异因子有不同值。

表 8.6　根据 n 次测量变异系数最大值与变异系数的关系（置信水平 90%）

n	估算的变异因子									
	0.05	0.10	0.20	0.30	0.40	0.50	0.60	0.70	0.80	0.90
2	0.3977	0.8009	1.8394	3.9758	13.043	—	—	—	—	—
3	0.1545	0.3120	0.6500	1.0519	1.5772	2.3303	3.5369	5.8287	11.962	84.088
4	0.1135	0.2287	0.4703	0.7401	1.0580	1.4511	1.9611	2.6588	3.6812	5.3339
5	0.0971	0.1953	0.3994	0.6217	0.8735	1.1686	1.5256	1.9716	2.5488	3.3292
6	0.0882	0.1773	0.3612	0.5589	0.7779	1.0276	1.3189	1.6669	2.0927	2.6280
7	0.0826	0.1659	0.3372	0.5196	0.7190	0.9422	1.1969	1.4930	1.8437	2.2671
8	0.0787	0.1580	0.3205	0.4925	0.6787	0.8845	1.1157	1.3797	1.6856	2.0453
9	0.0758	0.1521	0.3082	0.4725	0.6492	0.8426	1.0575	1.2995	1.5755	1.8943
10	0.0735	0.1476	0.2987	0.4572	0.6266	0.8107	1.0135	1.2395	1.4942	1.7842
11	0.0718	0.1439	0.2912	0.4450	0.6087	0.7855	0.9789	1.1927	1.4313	1.7002
12	0.0703	0.1409	0.2849	0.4350	0.5940	0.7650	0.9509	1.1550	1.3811	1.6336
13	0.0690	0.1384	0.2797	0.4266	0.5818	0.7479	0.9277	1.1239	1.3400	1.5795
14	0.0680	0.1363	0.2753	0.4195	0.5714	0.7335	0.9081	1.0978	1.3056	1.5345
15	0.0671	0.1345	0.2715	0.4133	0.5625	0.7210	0.8913	1.0756	1.2763	1.4965
16	0.0663	0.1329	0.2681	0.4080	0.5547	0.7102	0.8767	1.0563	1.2511	1.4638
17	0.0656	0.1315	0.2651	0.4032	0.5478	0.7007	0.8640	1.0394	1.2291	1.4353
18	0.0650	0.1302	0.2625	0.3990	0.5417	0.6923	0.8526	1.0245	1.2097	1.4104
19	0.0644	0.1291	0.2602	0.3953	0.5362	0.6848	0.8425	1.0112	1.1925	1.3882
20	0.0639	0.1280	0.2580	0.3919	0.5313	0.6780	0.8335	0.9993	1.1770	1.3685
25	0.0619	0.1241	0.2498	0.3788	0.5124	0.6520	0.7988	0.9539	1.1187	1.2941
30	0.0606	0.1214	0.2442	0.3698	0.4994	0.6343	0.7753	0.9234	1.0796	1.2447

表 8.7 根据 n 次测量变异系数最大值与变异系数的关系(置信水平80%)

n	估算的变异值									
	0.05	0.10	0.20	0.30	0.40	0.50	0.60	0.70	0.80	0.90
2	0.1972	0.3937	0.7882	1.2225	1.7553	2.4634	3.4826	5.1065	8.1408	15.913
3	0.1060	0.2126	0.4307	0.6615	0.9142	1.2006	1.5344	1.9340	2.4251	3.0466
4	0.0865	0.1734	0.3508	0.5364	0.7353	0.9530	1.1958	1.4711	1.7878	2.1578
5	0.0779	0.1563	0.3156	0.4814	0.6570	0.8461	1.0528	1.2813	1.5368	1.8253
6	0.0731	0.1465	0.2957	0.4501	0.6125	0.7857	0.9726	1.1763	1.4003	1.6483
7	0.0699	0.1402	0.2826	0.4296	0.5834	0.7464	0.9208	1.1089	1.3134	1.5370
8	0.0677	0.1357	0.2734	0.4151	0.5628	0.7185	0.8841	1.0615	1.2527	1.4599
9	0.0660	0.1323	0.2664	0.4042	0.5473	0.6977	0.8567	1.0261	1.2076	1.4029
10	0.0647	0.1296	0.2609	0.3956	0.5352	0.6813	0.8353	0.9986	1.1726	1.3589
11	0.0636	0.1275	0.2565	0.3887	0.5254	0.6681	0.8180	0.9764	1.1446	1.3237
12	0.0628	0.1257	0.2529	0.3830	0.5173	0.6872	0.8038	0.9582	1.1215	1.2948
13	0.0620	0.1242	0.2498	0.3782	0.5105	0.6480	0.7918	0.9428	1.1021	1.2706
14	0.0614	0.1229	0.2472	0.3740	0.5047	0.6402	0.7815	0.9297	1.0855	1.2500
15	0.0608	0.1218	0.2449	0.3704	0.4996	0.6333	0.7726	0.9183	0.0712	1.2322
16	0.0603	0.1208	0.2429	0.3673	0.4951	0.6273	0.7648	0.9083	1.0587	1.2166
17	0.0599	0.1200	0.2411	0.3645	0.4912	0.6220	0.7579	0.8995	1.0476	1.2029
18	0.0595	0.1192	0.2395	0.3620	0.4876	0.6173	0.7517	0.8916	1.0377	1.1906
19	0.0592	0.1185	0.2381	0.3597	0.4844	0.6130	0.7461	0.8845	1.0288	1.1796
20	0.0589	0.1179	0.2368	0.3577	0.4815	0.6091	0.7411	0.8781	1.0208	1.1697
25	0.0577	0.1154	0.2317	0.3498	0.4704	0.5941	0.7216	0.8533	0.9898	1.1314
30	0.0568	0.1137	0.2283	0.3443	0.4626	0.5837	0.7081	0.8362	0.9685	1.1052

例 8.2 如果对 5 次测量结果进行评估,变异系数为 0.10,可因表 8.6 可知置信水平为 90%时的最大变异系数值为 0.19。

例 8.3

图 8.12 给出了由式(8.12)~式(8.18)计算得到的最大变异系数,在置信水平为 90%,测量次数分别为 5、10、20 和 50 时,变异系数的估计值。这种类型的计算也可以用来估计 n 次试验中的材料强度的变异系数。

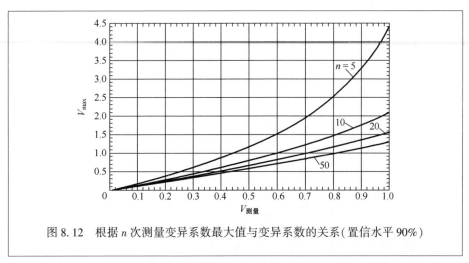

图 8.12　根据 n 次测量变异系数最大值与变异系数的关系（置信水平 90%）

表 8.8 强调了置信水平的影响。作为 n 的函数，它给出了变异系数估计值等于 10% 时，最大变异系数随 n 的变化特性。

表 8.8　变异因子估计值为 0.10 时，变异因子最大值与变异因子的关系

n	$P_1/\%$				
	50	60	70	80	90
2	0.1479	0.1902	0.2509	0.3937	0.8009
3	0.1200	0.1399	0.1677	0.2126	0.3120
4	0.1125	0.1267	0.1454	0.1734	0.2287
5	0.1091	0.1206	0.1352	0.1563	0.1953
6	0.1072	0.1170	0.1293	0.1465	0.1773
7	0.1059	0.1146	0.1254	0.1402	0.1659
8	0.1050	0.1129	0.1226	0.1357	0.1580
9	0.1043	0.1117	0.1204	0.1323	0.1521
10	0.1038	0.1106	0.1188	0.1296	0.1476
11	0.1034	0.1098	0.1174	0.1275	0.1439
12	0.1031	0.1092	0.1163	0.1257	0.1409
13	0.1029	0.1086	0.1154	0.1242	0.1384
14	0.1026	0.1081	0.1146	0.1229	0.1365
15	0.1024	0.1077	0.1138	0.1218	0.1345
16	0.1023	0.1073	0.1132	0.1208	0.1329
17	0.1021	0.1070	0.1127	0.1200	0.1315

（续）

n	$P_1/\%$				
	50	60	70	80	90
18	0.1020	0.1067	0.1122	0.1192	0.1302
19	0.1019	0.1065	0.1117	0.1185	0.1291
20	0.1018	0.1062	0.1113	0.1179	0.1280
25	0.1014	0.1053	0.1098	0.1154	0.1241
30	0.1012	0.1047	0.1087	0.1137	0.1214

3. 不同计算方法的比较

由非中心 t 分布推导出的最大变异系数值与选择推导出的值十分接近,为 n 值高于 2 时(根据 P_1 值)。表 8.9 为变异系数估计值为 0.10 时的例子。

表 8.9　变异因子估计值为 0.10 时,基于蒙特卡罗和
分析方法的变异因子最大值比较

n	$P_1/\%$					
	50		80		90	
	变异因子（蒙特卡罗方法）	变异因子（分析方法）	变异因子（蒙特卡罗方法）	变异因子（分析方法）	变异因子（蒙特卡罗方法）	变异因子（分析方法）
2	0.1533	0.1478	0.4487	0.3937	0.9927	0.8009
3	0.1222	0.1200	0.2159	0.2126	0.3131	0.3120
4	0.1131	0.1125	0.1741	0.1734	0.2280	0.2287
5	0.1094	0.1091	0.1566	0.1563	0.1947	0.1953
6	0.1074	0.1072	0.1467	0.1465	0.1769	0.1773
7	0.1061	0.1059	0.1403	0.1402	0.1656	0.1659
8	0.1052	0.1050	0.1358	0.1357	0.1577	0.1521
9	0.1045	0.1043	0.1323	0.1323	0.1518	0.1549
10	0.1040	0.1038	0.1297	0.1296	0.1474	0.1476
15	0.1025	0.1024	0.1218	0.1218	0.1344	0.1345
20	0.1018	0.1018	0.1179	0.1179	0.1280	0.1280
25	0.1014	0.1014	0.1154	0.1154	0.1240	0.1241
30	0.1012	0.1012	0.1137	0.1137	0.1213	0.1214

当没有足够的测量时,变异系数可以通过对载荷的 3 种估计值的近似计算获得:"乐观估计" $C_{乐观}$,最大可能负载估计 $C_{概率}$(分配模型)和"悲观估计" $C_{悲观}$

[ULL 97]。该方法最初是为研究项目管理,主要由以下计算组成[MAL 59]:

均值为

$$m = \frac{C_{\mathrm{opt}} + C_{\mathrm{prob}} + C_{\mathrm{pess}}}{6}$$

标准偏差为

$$s = \frac{C_{\mathrm{pess}} - C_{\mathrm{opt}}}{6}$$

可得变异因子为

$$\mathrm{CV} = \frac{s}{m} = \frac{C_{\mathrm{pess}} - C_{\mathrm{opt}}}{C_{\mathrm{opt}} + 4C_{\mathrm{prob}} + C_{\mathrm{pess}}}$$

对于统计服从 beta 分布,这些计算是适用的。当然,如果分布是对称的 $(C_{概率} = m)$,则 $C_{乐观}$ 和 $C_{悲观}$ 是±3 倍标准差对应的值 $\left(m = \frac{C_{乐观} + C_{悲观}}{2}\right)$。

8.3.2 材料强度

8.3.2.1 分散性来源

静力试验和动力试验表明,对于给定批量的零件,其材料特性如弹性极限、极限强度和疲劳极限等具有随机性,并且只能用统计学方法进行评估[BAR 77a]。强度不能为负数、零或无穷大,但无法精确确定其极限值。因此,在计算时它的值介于零到无穷大之间。

同一套装置的各部件之间的差异可以有不同的原因[GOE 60]:

(1) 试验棒在铸锭中的位置。

(2) 试验轴向(在铸锭轴施加的应力)。

(3) 环境温度下的特性(根据热处理方法,暴露在与周围环境温度不同的温度下,作用效果不同)。

(4) 随金属板材厚度而变化。

然而,W. P. Goepfert [GOE 60]指出,对于同种产品,不同批次产品的性能变化是相同的数量级。E. B. Haugen [HAU 65]引用了如下结果(铝合金):

(1) 对于非常薄或非常小(尺寸效应)的样品来说,屈服应力往往更重要;

(2) 挤压型材与轧制钢筋往往比同一合金和相同热处理的板材具有更大的分散性;

(3) 拉伸屈服和压缩屈服的强度倾向于具有大致相同的分散程度;

(4) 薄样品的镀层会显著改变分散性;

(5) 分散性在一定程度上受到热处理的影响;

(6) 在确定分散性时合金(正常的合金)似乎是较小的影响因子。

当然,用这些材料制造的产品的耐受力具有随机性[BLA 69,FEL 59,JOH 53,STA 67],不仅与材料特征分散性相关,而且与结构分散性相关(制造容差、制造过程、残余应力等)。但是有关最后一种分散性来源的资料很少。

8.3.2.2 分布规律

经验表明,高斯分布、对数正态分布、极值分布[JUL 57]或威布尔分布[CHE 77]等,在大多数情况下可以用来表示某种材料的静态强度[FEN 86,STA 65]。某些学者认为,强度大多数都是服从高斯分布[CES 77,STA 65];另外一些人则认为可能服从对数正态分布,原因是高斯分布会出现负值[LAM 80,OSG 82]。高斯分布结果往往是一个可接受的近似值[HAY 65]。然而,对数正态分布,在所有例子中给出更为现实的结果 [ALB 62,JUL 57,LAL 94,PIE 92]。

图 8.13 所示的强度分布的左侧是一般说来最有用(8.4 节)。用正态分布来近似对数正态分布,在较低值区段通常都是比较保守的。

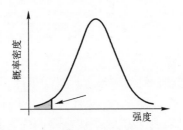

图 8.13   概率密度的低值段区间

A. M. Freudenthal 和 P. Y. Wang[FRE 70]在分析了 262 个试验结果之后,建立了一个经验关系,该关系给出了航空结构基于威布尔分布的极限应力分布(假定所有的结构属于同一母体,而不考虑结构和失效模式):

$$F = 1 - \exp\left[-\left(\frac{\lambda}{0.96}\right)^{19}\right] \tag{8.20}$$

$$\lambda = \frac{极限应力}{极限应力均值} \tag{8.21}$$

其他学者针对不同结构类型也进行了更详细的分析[CHE 70]。

对于疲劳引发断裂的最大循环数这一问题,通常认为预期寿命服从对数正态分布,与试验数据一致,特别是预期寿命不同的情况,并且使用相对简单[MAR 83,WIR 80,WIR 83a](第 4 卷,1.4.4 节)。在某些提出 $S-N$ 曲线的领域出现了比其他分布更接近的试验结果[LIE 78]。威布尔分布有时更适用于考虑物理和数学方面的问题。

8.3.2.3 变异系数的一些取值

一般来说,静态强度的测量的离散性小于载荷中观测到的离散性(这些值代表了实际环境的值)[CHO 66,PIE 74]。表 8.10 给出了一些材料的强度变异系数(标准差和均值之比)的取值。

表 8.10 强度变异因子取值的例子

Author	航天金属材料	$V_R/\%$	Test type
W. Barrois[BAR 77a,b]	Aerospace metallic materials	1~19	拉伸
T. Yokobori[YOK 65]	铸铁软铜	8.8 5.1	极限强度极限拉伸强度
R. Cestier J. P. Garde[CES 77]	金属手册中数据库 (3500 次试验)	≤8(正态)	静态强度
C. V. Stahle[STA 67]	—	21 (对数正态)	—
A. G. Piersol[PIE 74]	—	5 (正态)	—
Laparlier Liberge[LAP 84]	复合材料	随温度1.8~5.6变化	Interlaminar shear
G. Pluvinage V. T. Sapauov[PLU 01]	—	<0.4	—
P. H. Wirsching[WIR 83b]	—	<10	Traction
E. B. Haugen[HAU 65]	—	0.05~0.07	极限强度 屈服应力
R. E. Blake[BLA 62]	金属结构 轻合金结构	3~30 3	静强度
N. I. Bullen[BUL 56]	木模轻合金部件 玻璃(盘)	7 10 20(正态)	
P. Albrechat[ALB 83]	梁	6~22	
D. G. Ullman[ULL 97]	大多数材料	5~15	—

应该指出的是,这些测量结果通常来自小尺寸的试验棒。C. O. Albrecht[ALB 62]指出,只有少量数据表明大尺寸样本具有更大的变异系数。

当达到出现疲劳断裂时的循环次数,其变异系数可达到更高值,超过 100%(第 4 卷,1.4.4 节给出了部分案例)。

8.4 统计方法的不确定因子

8.4.1 定义

8.4.1.1 最小强度与最大应力之比来定义不确定因子

与本书 8.1 节原理类似,不确定因子可定义为在给定概率下,单元最低强度和最大应力之间的关系:强度均值减去 α 倍强度标准差,应力均值加上 α 倍应力标准差(图 8.14)。

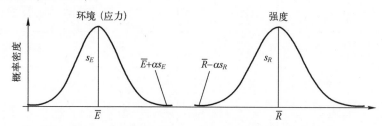

图 8.14　在给定概率下,最小强度与最大应力之间的比较

至少应满足

$$\overline{R} - \alpha s_R = k_1 (\overline{E} + \alpha s_E) \tag{8.22}$$

或

$$\overline{R}(1 - \alpha V_R) = k_1 \overline{E}(1 + \alpha V_E) \tag{8.23}$$

式中:$V_E = \dfrac{S_E}{\overline{E}}$ 为应力的变异系数;$V_R = \dfrac{S_R}{\overline{R}}$ 为强度的变异系数。

因此,不确定因子或安全因子为

$$k_1 = \frac{\overline{R}(1 - \alpha V_R)}{\overline{E}(1 + \alpha V_E)} \tag{8.24}$$

表 8.11 根据参数 α 的值给出了允许的失效率。

表 8.11　不同标准差系数下的置信水平

α	0.50	1.64	2.33	3
置信水平	69.15	95	99	99.87

8.4.1.2 出于可靠性考虑的定义

如果分布是已知的(类型、均值、标准差、变异系数或标准差与均值之比),则可以计算出样品在该环境下失效的概率[LAL 87, LAL 89],即

$$P_0 = po(\text{Environment} > \text{Strengh}) \tag{8.25}$$

两种分布的概率密度曲线图形下的相交的区域就是失效区(图 8.15)。

$$P_0 = P(应力 > 强度)$$

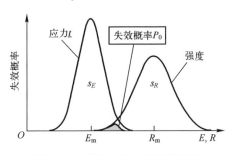

图 8.15　强度和应力的概率密度

对于给定的标准差的正态分布和对数正态分布,可发现 P_0 仅仅取决于比率:

$$K = \frac{\text{产品平均强度}(\overline{R})}{\text{产品真实应力或规定应力}(\overline{E})} \tag{8.26}$$

$\dfrac{\overline{R}}{\overline{E}}$ 称为不确定因子,取决于:表征寿命剖面的环境特征的变化;与考虑状态相关的产品极限强度的变化。

因此,不确定因子由给定的产品和给定的环境决定。只有在设计阶段,对于给定激励,通过提高产品的强度均值(或减少其分布的标准差),才能提高不确定因子。k 也是最大的允许失效概率的函数。

不确定因子能在直接代表环境的量值(如产品在运载火箭发射时产生的静态加速度)或其分析结果的基础上计算出来,对于振动,此系数可以从极限响应谱或疲劳损伤谱的各个频率中计算得到。

注:"环境"事实上对应于由环境产生的应力(振动、冲击等)。当采用保障因子时,默认应力—环境关系是线性的。在振动中也确实如此:系统中均方根值或者幅值乘以 k 值会导致应力也变成 k 倍(当响应为线性时)。这种方法也可用于非线性情况,条件是关系已知,可以根据表征环境的参数来确定试验的严酷度。

8.4.2　不确定因子的计算

8.4.2.1　正态分布情况

在力学中,可靠性是指某部件在规定任务的持续时间内最大强度 R 大于应力 E 的概率。假设表征环境和强度分布的曲线特征可近似成正态分布,即

$$p(x) = \frac{1}{s\sqrt{2\pi}} e^{-\frac{(x-m)^2}{2s^2}} \tag{8.27}$$

环境产生的应力低于产品的极限强度的概率（可靠度）为

$$F = P(E<R) = P(R-E>0) \tag{8.28}$$

因此，失效概率为

$$P_0 = 1 - F = P(E>R) \tag{8.29}$$

通过最大的指定失效概率计算不确定因子的取值：

$$k = \frac{\overline{R}}{\overline{E}} \tag{8.30}$$

如果变量 R 和 E 均服从正态分布，变量 $R-E$ 也服从正态分布，则可靠性为

$$F = \int_0^\infty \frac{1}{s_{R-E}\sqrt{2\pi}} e^{-\frac{[x-(\overline{R-E})]^2}{2s_{R-E}^2}} dx \tag{8.31}$$

用中心变量 $t = \dfrac{x-(\overline{R-E})}{s_{R-E}}$ 进行简化，可得

$$F = \int_{-\overline{R-E}/s_{R-E}}^\infty \frac{1}{\sqrt{2\pi}} e^{-\frac{t^2}{2}} dt \tag{8.32}$$

由于正态分布是对称的，则有

$$F = \int_{-\infty}^{\overline{R-E}/s_{R-E}} \frac{1}{\sqrt{2\pi}} e^{-\frac{t^2}{2}} dt \tag{8.33}$$

利用误差函数可改写为

$$\mathrm{erf}(x) = \int_0^X \frac{1}{\sqrt{2\pi}} e^{-\frac{t^2}{2}} dt \tag{8.34}$$

由此得到

$$F = \frac{1}{2} + \mathrm{erf}\left(\frac{\overline{R-E}}{s_{R-E}}\right) \tag{8.35}$$

而且，有

$$\overline{R-E} = \overline{R} - \overline{E} \tag{8.36}$$

$$s_{R-E} = \sqrt{s_E^2 + s_R^2} \tag{8.37}$$

推导可得

$$\mathrm{erf}^{-1}\left(F - \frac{1}{2}\right) = \frac{k-1}{\sqrt{V_E + k^2 V_R^2}} \tag{8.38}$$

其中，V_E、V_R 分别是环境和强度的变异系数 $\dfrac{S_E}{E}$ 以及 $\dfrac{S_R}{R}$ [BRE 70，BUD 08，LIP 60，RAV 69，ROT 06，WIR 76]，因此，若下式成立：

$$\mathrm{aerf} = \mathrm{erf}^{-1}\left(F - \frac{1}{2}\right) = \mathrm{erf}^{-1}\left(\frac{1}{2} - p_0\right)$$

那么当 $1-V_R^2 \mathrm{aerf}^2 \neq 0$ 时,有

$$k=\frac{1+\sqrt{1-(1-V_E^2\mathrm{aerf}^2)(1-V_R^2\mathrm{aerf}^2)}}{1-V_R^2\mathrm{aerf}^2} \text{ 或 } k=\frac{1+\mathrm{aerf}\sqrt{V_E^2+V_R^2-V_E^2V_R^2\mathrm{aerf}^2}}{(1-V_R^2\mathrm{aerf}^2)}$$

$$(8.39)$$

应注意到,当 $V_k \rightarrow \dfrac{1}{\mathrm{aerf}}$ 时 $k \rightarrow \infty$。

　　因此在制定规范时,不能出现可接受失效率对应的 aerf 使得 $V_R \geqslant \dfrac{1}{\mathrm{aerf}}$ 的情况。这个问题实际上与整体分布的概率密度存在负值有关。因此 V_R 的值必须足够小,不能使用 V_R 接近 $\dfrac{1}{\mathrm{aerf}}$ 取值,并且推荐当 $V_R<0.15$ 左右时,才使用正态法则[DIT 96](见第 8.4.2.4 节)。

　　由于两个正态分布仅由变异系数 V_E 和 V_R 决定,因此得到了 k 和 P_0 的一一对应关系。P_0 已知,即可确定 k;反之亦然。表 8.12、表 8.13 和图 8.16、图 8.17分别给出了 P_0 为 10^{-6}、10^{-3} 时,k 作为 V_E 和 V_R 的函数的情形。

表 8.12　正态分布 ($P_0 = 10^{-6}$)

V_E ＼ V_R	0.00	0.02	0.04	0.06	0.08	0.10	0.12	0.14	0.16	0.18	0.20
0.00	1.00	1.105	1.235	1.399	1.614	1.906	2.328	2.990	4.177	6.930	20.31
0.05	1.238	1.266	1.35	1.486	1.683	1.963	2.376	3.032	4.214	6.963	20.34
0.10	1.475	1.396	1.560	1.674	1.849	2.110	2.507	3.149	4.320	7.059	20.43
0.15	1.713	1.732	1.790	1.895	2.059	2.309	2.694	3.325	4.485	7.214	20.58
0.20	1.951	1.969	2.826	2.128	2.289	2.535	2.916	3.542	4.697	7.420	20.78
0.25	2.188	2.207	2.264	2.367	2.529	2.776	3.158	3.786	4.943	7.669	21.03
0.30	2.426	2.445	2.504	2.609	2.774	3.025	3.414	4.049	5.216	7.954	21.33
0.35	2.664	2.683	2.744	2.852	3.022	3.280	3.678	4.324	5.507	8.267	21.68
0.40	2.902	2.922	2.984	3.097	3.273	3.539	3.947	4.609	5.813	8.604	22.06

表 8.13　正态分布 ($P_0 = 10^{-6}$)

V_E ＼ V_R	0.00	0.02	0.04	0.06	0.08	0.10	0.12	0.14	0.16	0.18	0.20
0.00	1.00	1.006	1.141	1.228	1.328	1.447	1.589	1.762	1.978	2.253	2.618
0.05	1.154	1.171	1.215	1.284	1.373	1.484	1.620	1.789	2.002	2.274	2.637
0.10	1.309	1.320	1.351	1.404	1.479	1.577	1.703	1.863	2.068	2.335	2.692
0.15	1.463	1.472	1.499	1.545	1.611	1.701	1.818	1.970	2.168	2.427	2.779
0.20	1.618	1.626	1.651	1.693	1.755	1.840	1.952	2.098	2.290	2.544	2.890

（续）

V_E \ V_R	0.00	0.02	0.04	0.06	0.08	0.10	0.12	0.14	0.16	0.18	0.20
0.25	1.772	1.780	1.804	1.845	1.905	1.987	2.096	2.239	2.427	2.678	3.020
0.30	1.927	1.935	1.958	1.998	2.057	2.138	2.246	2.388	2.575	2.824	3.164
0.35	2.081	2.089	2.113	2.153	2.212	2.293	2.401	2.543	2.729	2.978	3.318
0.40	2.236	2.244	2.267	2.308	2.368	2.449	2.558	2.701	2.889	3.139	3.481

注：当用于计算 V_E 和 V_R 的测量次数比较小时，对于给定置信水平，通过第 8.3.1.3 节中描述的方法能够计算出此参数的最大值。

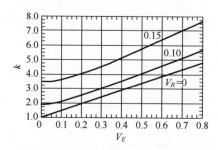

图 8.16　正态分布不确定因子（$P_0 = 10^{-6}$）

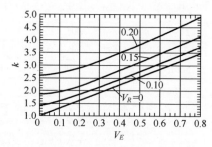

图 8.17　正态分布不确定因子（$P_0 = 10^{-3}$）

8.4.2.2　对数正态分布情况

可靠度表达式为［KEC 68,MAR 74,RAV 78］

$$F = p(E<R) = p(R-E>0) \tag{8.40}$$

失效率为

$$P_0 = 1-F = p(E>R) \tag{8.41}$$

变量 E 和 R 在此情形下服从对数正态分布。这就意味着 $\ln E$ 以及 $\ln R$ 服从正态分布。类似地，$\ln E - \ln R$ 也服从正态分布。$F = p(E<R)$ 与 $F = p[\ln E < \ln R]$ 等价，或者有

$$F = p[(\ln R - \ln E) > 0] \tag{8.42}$$

$$F = p\left(\ln \frac{R}{E} > 0\right) \tag{8.43}$$

设 $t_0 = \dfrac{\overline{\ln R - \ln E}}{s_{\ln R - \ln E}}$，则有

$$F = \int_{-\infty}^{t_0} \frac{1}{\sqrt{2\pi}} e^{-\frac{t^2}{2}} dt \tag{8.44}$$

式中：t 为简化中心变量，$t = \dfrac{x - (\overline{\ln R - \ln E})}{s_{\ln R - \ln E}}$。

$$F = \frac{1}{2} + \mathrm{erf}\left(\overline{\ln \frac{R}{E}} \bigg/ s_{\ln \frac{R}{E}}\right) \tag{8.45}$$

容易证明

$$\overline{\ln R - \ln E} = \overline{\ln R} - \overline{\ln E} \tag{8.46}$$

$$s_{\ln R - \ln E} = \sqrt{s_{\ln E}^2 + s_{\ln R}^2} \tag{8.47}$$

而且，变量 x 的对数正态分布的均值 m 和标准差 s 与相应的正态分布的均值 $m_{\ln}$ 和标准差 $S_{\ln}$ 有如下关系：

$$\overline{x} = e^{\overline{\ln x} + s_{\ln x}^2/2} \tag{8.48}$$

$$s_x^2 = e^{(2\overline{\ln x} + s_{\ln x}^2)}(e^{s_{\ln x}^2} - 1) \tag{8.49}$$

或者

$$s_{\ln x} = \sqrt{\ln(1 + s_x^2/\overline{x}^2)} \tag{8.50}$$

$$\overline{\ln x} = \ln \overline{x}^2 - \frac{1}{2}\ln(\overline{x}^2 + s_x^2) \tag{8.51}$$

得到

$$\overline{\ln R - \ln E} = \ln k + \ln \sqrt{\frac{1 + V_E^2}{1 + V_R^2}} \tag{8.52}$$

$$S_{\ln R - \ln E} = \sqrt{\ln[(1 + V_E^2)(1 + V_R^2)]} \tag{8.53}$$

以及

$$\mathrm{erf}^{-1}\left(F - \frac{1}{2}\right) = \mathrm{erf}^{-1}\left(\frac{1}{2} - P_0\right) = \frac{\ln k + \ln \sqrt{\dfrac{1 + V_E^2}{1 + V_R^2}}}{\sqrt{\ln[(1 + V_E^2)(1 + V_R^2)]}} \tag{8.54}$$

设 $\mathrm{aerf} = \mathrm{erf}^{-1}\left(F - \frac{1}{2}\right)$，则

$$k = \exp\left\{ \operatorname{aerf} \sqrt{\ln\left[(1+V_E^2)(1+V_R^2) \right]} - \ln\sqrt{\frac{1+V_E^2}{1+V_R^2}} \right\} \qquad (8.55)$$

注:在式(8-55)中,k 因子仅依赖于 V_E 和 V_R,由于其与 aerf 的关系,因此失效概率为 P_0。

当所考虑的失效模式是疲劳断裂时,E 是由环境产生的疲劳损伤(给定固有频率的疲劳损伤谱),而 R 是极值损伤。

当失效模式涉及超过某种应力极限(如强度极限)时,R 为该极限值,而 E 则依情况而定,是施加在产品的静态加速度,或是给定频率下的 ERS 值或 SRS 值。对数正态分布 F 的不同 p_0 时,不确定因子如图 8.18 和图 8.19、表 8.14 和表 8.15 所示。

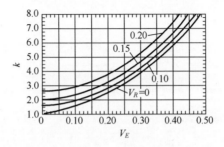

图 8.18　对数正态分布不确定因子($P_0 = 10^{-6}$)

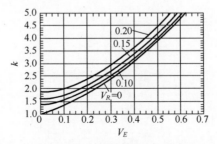

图 8.19　对数正态分布不确定因子($P_0 = 10^{-3}$)

表 8.14　对数正态分布($P_0 = 10^{-6}$)

V_E \ V_R	0.00	0.05	0.08	0.10	0.15	0.20	0.25	0.30	0.35	0.40
0.00	1.00	1.270	1.467	1.615	2.055	2.615	3.323	4.215	5.332	6.724
0.05	1.267	1.399	1.568	1.706	2.133	2.689	3.399	4.295	5.419	6.819
0.10	1.599	1.693	1.833	1.955	2.361	2.912	3.626	4.536	5.680	7.107
0.15	2.010	2.092	2.218	2.332	2.726	3.278	4.006	4.940	6.119	7.591

（续）

V_E \ V_R	0.00	0.05	0.08	0.10	0.15	0.20	0.25	0.30	0.35	0.40
0.20	2.514	2.592	2.715	2.828	3.222	3.786	4.540	5.512	6.742	8.280
0.25	3.127	3.207	3.331	3.447	3.855	4.443	5.235	6.260	7.560	9.184
0.30	3.867	3.950	4.081	4.203	4.634	5.259	6.102	7.196	8.584	10.32
0.35	4.75	4.840	4.980	5.111	5.574	6.247	7.156	8.335	9.830	11.69
0.40	5.796	5.893	6.046	6.188	6.692	7.423	8.412	9.693	11.31	13.33

表8.15 对数正态分布（$P_0 = 10^{-3}$）

V_E \ V_R	0.00	0.05	0.08	0.10	0.15	0.20	0.25	0.30	0.35	0.40
0.00	1.000	1.168	1.284	1.368	1.603	1.881	2.206	2.586	3.029	3.542
0.05	1.166	1.244	1.341	1.417	1.642	1.915	2.238	2.617	3.059	3.573
0.10	1.354	1.406	1.482	1.546	1.752	2.013	2.331	2.708	3.150	3.665
0.15	1.568	1.610	1.673	1.730	1.919	2.170	2.481	2.856	3.299	3.818
0.20	1.808	1.846	1.903	1.955	2.133	2.376	2.683	3.058	3.504	4.027
0.25	2.076	2.111	2.166	2.216	2.388	2.627	2.933	3.309	3.760	4.292
0.30	2.373	2.407	2.460	2.509	2.679	2.917	3.226	3.607	4.066	4.608
0.35	2.698	2.732	2.785	2.835	3.005	3.246	3.559	3.948	4.417	4.973
0.40	3.053	3.088	3.142	3.191	3.365	3.611	3.931	4.330	4.812	5.384

注：如果变异系数仅由少量的测量数据估计得到，那么在本书8.3.1.3节中提到的公式可用于测量值的对数计算中（基于正态分布），而在给定的置信水平下，可以推断出 V_{max}。然而，还是无法进行向量的计算式（8.55）中变异系数的简化。采用式（8.50）能避免这一难题，将标准差 $s_{\ln x}$ 与 V_x^2 联系起来。当给定测量次数 n 和置信水平 P_0 时，置信区间的最大范围包括 $\sigma_{\ln x}$ 或 $s_{\ln x\,max}$ 可以使用下面的公式计算：

$$s_{\ln x\,max} = s_{\ln x} \sqrt{\frac{n-1}{\chi^2_{\frac{1-P_0}{2},\,n-1}}} \qquad (8.56)$$

V_x 的最大值也可由下式推出：

$$V_{x\,max} = \sqrt{e^{s^2_{\ln x\,max}} - 1} \qquad (8.57)$$

如果仅由少量测量结果来估计这两个变异系数，则可计算出其对数值，并且正态分布既可用于评估的变异系数的最大值，又可以评估不确定因子。

8.4.2.3 一般情况

环境应力落在给定的 E_0 值区间 $\left(E_0 - \dfrac{dE}{2}, E_0 + \dfrac{dE}{2}\right)$ 的概率等于 $p_E(E_0)\,dE$（图 8.20）。

强度小于所施加的应力的概率（失效率）为[KEC 68, LIG 79]

$$P(R < E_0) = \int_{R_{\text{Inf}}}^{E_0} p_R(R)\,dR$$

设 $(E_{\text{Inf}}, E_{\text{Sup}})$ 和 $(R_{\text{Inf}}, R_{\text{Sup}})$ 分别是正态分布在实数集上，以及对数正态分布在正数集上对应的应力强度概率密度的区间定义范围。因此，由 E_0 为中心，dE 为区间的应力所导致的失效概率为

$$dP_0 = p_E(E_0)\,dE \int_{R_{\text{Inf}}}^{E_0} p_R(R)\,dR$$

由此对于所有 E 值产生的失效概率为

$$P_0 = \int_{E_{\text{Inf}}}^{E_{\text{Sup}}} p_E(E) \left[\int_{R_{\text{Inf}}}^{E} p_R(R)\,dR\right] dE$$

估算给定强度值 R_0 小于应力 E 的概率所采用的方法类似，对应的表达式为（图 8.21）：

$$P_0 = \int_{R_{\text{Inf}}}^{R_{\text{Sup}}} p_R(R) \left[\int_{R}^{E_{\text{Sup}}} p_E(E)\,dE\right] dR$$

一般情况下，理论失效概率 P_0 的计算，或者给定 P_0 时的不确定因子计算，只能通过数值计算的方法进行。

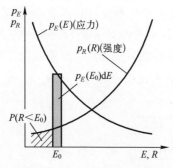

图 8.20　第一种概率失效理论

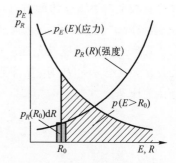

图 8.21　第二种概率失效理论

表 8.16~表 8.23 给出了正态分布、对数正态分布以及威布尔分布相配对时的不确定因子（适用于环境应力的均值），并分别就 P_0 为 10^{-6} 和 10^{-3}，变异系数 V_E 和 V_R 的不同值进行了讨论。

表 8.16　正态(环境)和对数正态(强度)分布($P_0 = 10^{-6}$)

V_E \ V_R	0.00	0.02	0.04	0.06	0.08	0.10	0.12	0.14	0.16	0.18	0.20
0.00	1.000	1.100	1.210	1.332	1.466	1.615	1.778	1.958	2.156	2.374	2.614
0.05	1.238	1.265	1.337	1.437	1.558	1.698	1.856	2.033	2.229	2.446	2.686
0.10	1.475	1.496	1.553	1.640	1.751	1.884	2.038	2.213	2.408	2.626	2.868
0.15	1.713	1.731	1.784	1.867	1.976	2.109	2.264	2.441	2.641	2.864	3.113
0.20	1.951	1.969	2.021	2.104	2.214	2.350	2.709	2.692	2.900	3.132	3.391
0.25	2.188	2.206	2.259	2.344	2.458	2.598	2.764	2.956	3.172	3.416	3.687
0.30	2.426	2.445	2.499	2.587	2.705	2.852	3.025	3.226	3.454	3.709	3.995
0.35	2.664	2.683	2.739	2.831	2.954	3.107	3.290	3.500	3.740	4.009	4.310
0.40	2.901	2.921	2.980	3.075	3.204	3.365	3.556	3.778	4.030	4.313	4.629

表 8.17　正态(环境)和对数正态(强度)分布($P_0 = 10^{-3}$)

V_E \ V_R	0.00	0.02	0.04	0.06	0.08	0.10	0.12	0.14	0.16	0.18	0.20
0.00	1.000	1.064	1.132	1.206	1.284	1.368	1.457	1.553	1.655	1.764	1.881
0.05	1.155	1.170	1.211	1.269	1.337	1.414	1.499	1.592	1.692	1.799	1.914
0.10	1.309	1.319	1.349	1.395	1.453	1.522	1.601	1.689	1.785	1.889	2.002
0.15	1.464	1.472	1.498	1.538	1.592	1.656	1.731	1.816	1.910	2.012	2.124
0.20	1.618	1.626	1.650	1.688	1.739	1.802	1.875	1.959	2.052	2.154	2.267
0.25	1.773	1.780	1.803	1.840	1.890	1.952	2.026	2.110	2.203	2.307	2.421
0.30	1.927	1.935	1.957	1.994	2.044	2.107	2.181	2.265	2.361	2.467	2.583
0.35	2.082	2.089	2.112	2.149	2.199	2.263	2.338	2.425	2.522	2.631	2.750
0.40	2.236	2.244	2.267	2.304	2.356	2.420	2.497	2.586	2.686	2.797	2.920

表 8.18　对数正态(环境)和正态(强度)分布($P_0 = 10^{-6}$)

V_E \ V_R	0.00	0.02	0.04	0.06	0.08	0.10	0.12	0.14	0.16	0.18	0.20
0.00	1.000	1.105	1.235	1.399	1.614	1.906	2.328	2.989	4.176	6.927	20.281
0.05	1.267	1.291	1.366	1.495	1.688	1.966	2.378	3.032	4.214	6.958	20.314
0.10	1.599	1.614	1.664	1.758	1.911	2.153	2.535	3.166	4.329	7.061	20.412
0.15	2.010	2.023	2.065	2.143	2.270	2.475	2.815	3.404	4.532	7.234	20.543
0.20	2.514	2.526	2.566	2.638	2.754	2.937	3.237	3.772	4.841	7.490	20.773
0.25	3.127	3.140	3.180	3.251	3.363	3.536	3.812	4.296	5.283	7.845	21.032
0.30	3.866	3.880	3.921	3.995	4.109	4.281	4.545	4.992	5.894	8.323	21.387
0.35	4.750	4.764	4.808	4.886	5.006	5.182	5.446	5.873	6.703	8.960	21.846
0.40	5.795	5.811	5.859	5.943	6.070	6.256	6.527	6.950	7.729	9.806	22.370

表 8.19　对数正态(环境)和正态(强度)分布($P_0 = 10^{-3}$)

V_E \ V_R	0.00	0.02	0.04	0.06	0.08	0.10	0.12	0.14	0.16	0.18	0.20
0.00	1.000	1.066	1.141	1.228	1.328	1.447	1.589	1.763	1.978	2.253	2.618
0.05	1.166	1.180	1.222	1.288	1.375	1.486	1.622	1.790	2.002	2.275	2.638
0.10	1.354	1.363	1.390	1.436	1.503	1.596	1.717	1.873	2.076	2.341	2.696
0.15	1.568	1.575	1.596	1.633	1.688	1.765	1.871	2.012	2.200	2.452	2.797
0.20	1.808	1.814	1.833	1.865	1.914	1.982	2.075	2.203	2.376	2.613	2.943
0.25	2.076	2.082	2.099	2.129	2.174	2.237	2.323	2.440	2.600	2.822	3.136
0.30	2.373	2.378	2.395	2.424	2.467	2.527	2.609	2.719	2.870	3.079	3.378
0.35	2.699	2.704	2.721	2.749	2.792	2.851	2.930	3.036	3.181	3.381	3.666
0.40	3.054	3.059	3.076	3.105	3.148	3.206	3.285	3.389	3.530	3.724	4.000

表 8.20　威布尔(环境)和威布尔(强度)分布($P_0 = 10^{-6}$)

V_E \ V_R	0.00	0.02	0.04	0.06	0.08	0.10	0.12	0.14	0.16	0.18	0.20
0.00	1.000	1.233	1.527	1.900	2.377	2.988	3.773	4.787	6.101	7.808	10.034
0.05	1.136	1.285	1.567	1.936	2.412	3.024	3.811	4.826	6.146	7.909	10.090
0.10	1.295	1.395	1.659	2.024	2.501	3.117	3.911	4.938	6.267	8.000	10.249
0.15	1.481	1.549	1.792	2.153	2.633	3.257	4.064	5.107	6.458	8.213	10.500
0.20	1.699	1.747	1.965	2.321	2.806	3.442	4.266	5.333	6.714	8.506	10.837
0.25	1.952	1.991	2.181	2.531	3.022	3.672	4.517	5.613	7.030	8.869	11.260
0.30	2.247	2.280	2.445	2.785	3.282	3.949	4.821	5.950	7.413	9.307	11.767
0.35	2.587	2.617	2.763	3.089	3.592	4.277	5.177	6.346	7.859	9.820	12.359
0.40	2.979	3.007	3.139	3.450	3.955	4.659	5.590	6.805	8.376	10.406	13.036

表 8.21　威布尔(环境)和威布尔(强度)分布($P_0 = 10^{-3}$)

V_E \ V_R	0.00	0.02	0.04	0.06	0.08	0.10	0.12	0.14	0.16	0.18	0.20
0.00	1.000	1.105	1.225	1.361	1.516	1.692	1.895	2.126	2.392	2.697	3.048
0.05	1.104	1.152	1.257	1.387	1.538	1.713	1.914	2.144	2.410	2.714	3.066
0.10	1.223	1.248	1.331	1.449	1.594	1.765	1.964	2.193	2.458	2.752	3.114
0.15	1.357	1.374	1.436	1.541	1.678	1.844	2.040	2.268	2.532	2.837	3.189
0.20	1.507	1.521	1.570	1.661	1.789	1.949	2.141	2.368	2.632	2.938	3.291
0.25	1.676	1.687	1.728	1.807	1.925	2.079	2.268	2.496	2.756	3.063	3.419
0.30	1.864	1.874	1.910	1.980	2.088	2.234	2.419	2.642	2.906	3.213	3.573
0.35	2.073	2.082	2.115	2.178	2.278	2.417	2.596	2.816	3.080	3.390	3.752
0.40	2.303	2.312	2.342	2.401	2.495	2.627	2.801	3.018	3.280	3.592	3.958

表 8.22 对数正态(环境)和威布尔(强度)分布($P_0 = 10^{-6}$)

V_E \ V_R	0.00	0.02	0.04	0.06	0.08	0.10	0.12	0.14	0.16	0.18	0.20
0.00	1.000	1.233	1.527	1.900	2.377	2.988	3.773	4.787	6.101	7.808	10.035
0.05	1.267	1.332	1.586	1.958	2.420	3.030	3.816	4.832	6.154	7.880	10.059
0.10	1.599	1.624	1.775	2.096	2.553	3.158	3.947	4.970	6.298	8.024	10.280
0.15	2.010	2.027	2.118	2.365	2.788	3.383	4.172	5.205	6.549	8.300	10.586
0.20	2.514	2.529	2.598	2.782	3.149	3.718	4.504	5.547	6.914	8.697	11.024
0.25	3.127	3.142	3.203	3.353	3.662	4.189	4.961	6.011	7.402	9.224	11.608
0.30	3.866	3.882	3.940	4.075	4.344	4.822	5.566	6.618	8.030	9.895	12.340
0.35	4.749	4.766	4.825	4.954	5.202	5.641	6.349	7.387	8.819	10.729	13.241
0.40	5.795	5.813	5.874	6.005	6.244	6.658	7.333	8.352	9.792	11.744	14.325

表 8.23 对数正态(环境)和威布尔(强度)分布($P_0 = 10^{-3}$)

V_E \ V_R	0.00	0.02	0.04	0.06	0.08	0.10	0.12	0.14	0.16	0.18	0.20
0.00	1.000	1.105	1.225	1.361	1.516	1.692	1.895	2.126	2.392	0.180	3.048
0.05	1.166	1.188	1.272	1.394	1.543	1.716	1.916	2.146	2.411	2.716	3.066
0.10	1.354	1.365	1.410	1.499	1.627	1.789	1.981	2.207	2.469	2.772	3.122
0.15	1.568	1.576	1.607	1.670	1.773	1.914	2.094	2.311	2.567	2.867	3.214
0.20	1.808	1.815	1.840	1.890	1.973	2.095	2.257	2.416	2.709	3.003	3.318
0.25	2.076	2.083	2.104	2.148	2.219	2.325	2.471	2.661	2.898	3.183	3.523
0.30	2.373	2.379	2.399	2.439	2.504	2.600	2.733	2.909	3.133	3.410	3.742
0.35	2.699	2.704	2.724	2.762	2.823	2.913	3.037	3.204	3.418	3.683	4.008
0.40	3.053	3.059	3.079	3.116	3.175	3.261	3.381	3.539	3.744	4.003	4.320

8.4.2.4 选择不同分布带来的影响

图 8.22 和图 8.23 给出了多个 V_R 取值情况下,不确定因子 k 作为 V_E 的函数,分别服从正态分布:

$$k = \frac{1}{1-\text{aerf}^2 V_R^2} + \sqrt{\frac{1}{(1-\text{aerf}^2 V_R^2)^2} - \frac{1-\text{aerf}^2 V_E^2}{1-\text{aerf}^2 V_R^2}}$$

和对数正态分布:

$$k = \sqrt{\frac{1-V_R^2}{1-V_E^2}} \exp\left\{ \text{aerf}\sqrt{\ln\left[(1+V_E^2)(1+V_R^2) \right]} \right\}$$

计算结果之间的比较(aerf 对应给定的失效概率 P_0)。这些曲线表明:

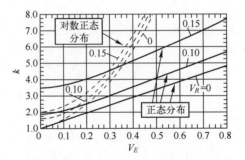

图 8.22　不确定因子作为环境变异系数的函数，分别服从正态和
对数正态分布计算结果之间的比较（$P_0 = 10^{-6}$）

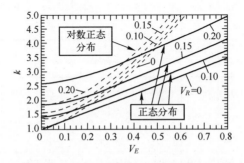

图 8.23　不确定因子作为环境变异系数的函数，分别服从正态和
对数正态分布计算结果之间的比较（$P_0 = 10^{-3}$）

（1）当 V_E 和 V_R 非常小时，结果是十分相似的。

（2）随着 V_E 和 V_R 的增大，曲线偏离得非常迅速。

（3）当 V_E 很小时，对数正态分布得到的不确定因子比正态分布小；当 V_E 很大时，对数正态分布得到的不确定因子比正态分布大（给定 V_R 不为零）。

图 8.24 和图 8.25 给出了多个 V_E 取值情况下，不确定因子 k 作为 V_R 函数在两种分布之间的差异。

可以看出：

（1）与上述曲线有关的结论得以证实。

（2）在正态分布的情况下，出现了一条垂直的渐近线。

可以证明，出现该渐近线时须满足

$$1 - \mathrm{aerf}^2 V_R^2 = 0$$

$$V_R = \left| \frac{1}{\mathrm{aerf}} \right| \tag{8.58}$$

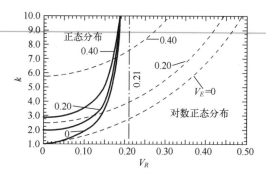

图 8.24　不确定因子作为强度变异系数的函数,分别服从正态和
对数正态分布计算结果之间的比较($P_0 = 10^{-6}$)

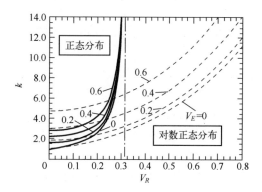

图 8.25　不确定因子作为强度变异系数的函数,分别服从正态和
对数正态分布计算结果之间的比较($P_0 = 10^{-3}$)

因此,对于各概率水平 P_0,都有相应的极限值 V_R。图 8.26 显示了与 P_0 相
关的极限值的变化情况。表 8.24 给出了一些独立的取值。

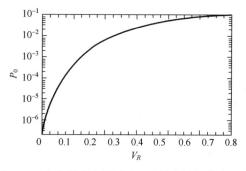

图 8.26　作为强度变异因子函数的失效概率渐近线

表 8.24　作为强度变异因子函数的失效概率渐近值

P_0	V_R
10^{-6}	0.21036
10^{-5}	0.23443
10^{-4}	0.26885
10^{-3}	0.32363
10^{-2}	0.42988
10^{-1}	0.78015

　　呈现出这种差异的原因是两种分布在数值较大时的差别以及正态分布存在负值[JUL 57]。

　　这些观测值表明,在 V_E 和 V_R 的实际取值范围内,选定的分布形式没有影响。

　　当应力和强度的分布不具备比较性质时,不确定因子取决于:

　　(1) 随着 V_E 增大,对应力分布的依赖性减小(图 8.27)。对于 V_E 和 V_R 的值(分别为 0.3 和 0.1),该系数对这种分布性质不是十分敏感。

　　(2) 随着 V_R 增大,对应力分布的依赖性增加(图 8.28)。

　　(3) 随着 V_E 增大,对环境分布的依赖性增加(图 8.29)。

　　(4) 随着 V_R 增大,对环境分布的依赖性减小(图 8.30)。

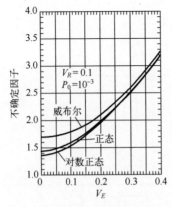

图 8.27　环境应力服从对数正态
　　分布时强度分布的影响

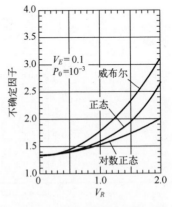

图 8.28　环境应力服从对数正态
　　分布时强度分布的影响

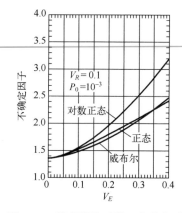
图 8.29 强度服从对数正态分布时
环境应力分布的影响

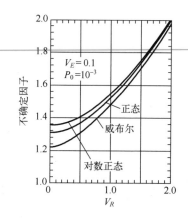
图 8.30 强度服从对数正态分布时
环境应力分布的影响

8.4.3 当实际环境用单值表征时不确定因子的计算

有时产品的结构设计必须能耐受一个极限载荷值,比如物料在运输过程中突然跌落或卫星发射时"静态"推进加速度。

在这种情况下,将所给定的值视为分布的均值,而标准差是零。唯一的考量参数是强度变量。

> **例 8.4**　假设某材料从 9m 高度意外跌落,该材料的强度由对数正态分布情形下变异系数约为 0.08 的强度变量来表征(对数正态分布)。
>
> 如果要进行跌落试验验证该材料能够承受此跌落概率为 10^{-6},需要采用不确定因子 $k = 1.467$,试验的跌落高度 $H = 13.2m$。
>
> 注:在第 10 章中将会发现,如果试验只进行一次跌落,想要在同样的概率下验证产品的性能,必须对试验高度用第 2 个因子即试验因子加以修正。在本例中,当置信水平取 90%(表 10.4)时,该因子为
>
> $$T_F = 1.111$$
>
> 因而规范中的高度应取
>
> $$H = 14.67m$$

第 9 章
老化因子

9.1 提出老化因子的目的

当产品顺利地通过了鉴定试验,说明其能够经受住全寿命周期内振动的考核。但是如果该产品通过鉴定试验后几年内未使用,其强度由于老化可能已经退化到不再能够承受其所处振动环境的程度。

为解决这一问题,需对新产品提出更高的强度要求,即便是产品发生老化和退化现象,其剩余强度也足以承受寿命周期内的振动及冲击环境。制定规范时将这种强度的裕度表示为老化因子,计算老化因子的前提是假设产品会随时间推移而出现老化[LAL 89]。

9.2 可靠性中的老化函数

假设 P_v 为与老化紧密相关的产品正常工作概率,P_v 为时间的函数,可近似表示为以下两种函数形式[BON 71]。

威布尔分布函数,即

$$p_v = \exp\left[-\frac{(t-\lambda)^\beta}{\eta}\right] \tag{9.1}$$

式中:β、λ、η 为常量。

正态分布函数,即

$$P_v = \frac{1}{s\sqrt{2\pi}} \int_t^\infty \exp\left[-\frac{(t-m)^2}{2s^2}\right] dt \tag{9.2}$$

式中:m 为平均值;s 为标准差。

相比而言,正态函数更容易处理,并且待定参数更少,因此后面的计算将以正态函数为例。当然,这并不是说只能采用正态函数,任何方法只要有足够多的必要数据,就能得到函数的参数,作分析用。

将式(9.2)进行变换,以利于简化数值计算。令

$$u = \frac{t-m}{s} \tag{9.3}$$

$$P_v = \frac{1}{2\pi} \int_u^\infty e^{-\frac{u^2}{2}} du \tag{9.4}$$

若 $u>0$,则有

$$P_v = \frac{1}{2} - \frac{1}{\sqrt{2\pi}} \int_0^u e^{-\frac{u^2}{2}} du \tag{9.5}$$

若 $u<0$,则有

$$P_v = \frac{1}{2} + \frac{1}{2\pi} \int_0^{|u|} e^{-\frac{u^2}{2}} du \tag{9.6}$$

综合上述式,可得通式①

$$P_v = \frac{1}{2} - sgn(u) = \frac{1}{\sqrt{2\pi}} \int_0^{|u|} e^{-\frac{u^2}{2}} du \tag{9.7}$$

由于误差函数可以定义为

$$erf(x) = \frac{2}{\sqrt{\pi}} \int_0^x e^{-t^2} dt \tag{9.8}$$

及

$$erf\left(\frac{x}{\sqrt{2}}\right) = \sqrt{\frac{2}{\pi}} \int_0^x e^{-\frac{t^2}{2}} dt \tag{9.9}$$

那么 P_v 也能写成

$$P_v = \frac{1}{2}\left[1 - sgn(u)\, erf\left(\frac{|u|}{\sqrt{2}}\right)\right] \tag{9.10}$$

例 9.1 假设 $\frac{s}{m}=0.1$,经过时间 $t=10$ 年后,概率 $P_v=0.999$。在 $t=0$ 以及 $u=-\frac{m}{s}$ 时,可得

$$P_v = \frac{1}{\sqrt{2\pi}} \int_{-\frac{m}{s}}^\infty e^{-\frac{u^2}{2}} du \tag{9.11}$$

$$P_v = \frac{1}{2} + \frac{1}{\sqrt{2\pi}} \int_0^{\frac{m}{s}} e^{-\frac{u^2}{2}} du \tag{9.12}$$

① sgn( )是括号内数值的符号。

P_v 与单一数 $\left(\dfrac{m}{s}=10\right)$ 十分接近。若 $t=10$ 年,为了使 $P_v=0.999$,必须有 $m=14$ 年。因此 $s=1.4$ 年。

9.3 老化因子的计算方法

令 P_0 为时间 $t=0$ 时的产品正常工作概率,这可通过按照 8.4 节给出的方法得到的系数 k 制定的规范进行试验来验证([LAL 87])。

如果该产品是用于时间 $t>0$,则产品正常工作概率为

$$P_t = P_0 P_v \tag{9.13}$$

因为 $P_v<1$,所以 P_t 低于 P_0。如果产品在 t_u 时刻正常使用时的概率 P_t 需要等于在 $t=0$ 时刻正常使用的概率 P_0,因此,考虑老化过程,遵循 9.1 节中所述的基本思想,产品在初始时刻 $t=0$ 时必须有更高的强度,即正常工作的概率应满足 $P_0'>P_0$。

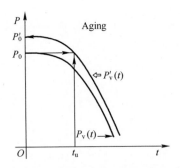

图 9.1　正常工作概率随时间变化的曲线

假设老化方程为 $P_v(t)$,因此计算老化因子 k_v 的方法转化为对 $P_0'(t=0)$ 的计算,该计算方式是通过作 $P_v(t)$ 的点 (t_u, P_0) 的垂直变换,产生曲线 $P_v'(t)$。

在式 (9.10) 的基础上,令 $t=t_u$ 以及 $u_u=t_u-m/s$,则有

$$P_v = \frac{1}{2}\left[1-\operatorname{sgn}(u_u)\operatorname{erf}\left(\frac{|u_u|}{\sqrt{2}}\right)\right] \tag{9.14}$$

$$P_0' = \frac{2P_0}{1-\operatorname{sgn}(u_u)\operatorname{erf}\left(\dfrac{|u_u|}{\sqrt{2}}\right)} \tag{9.15}$$

也可改写为

$$P_0' = \frac{2P_0}{1 - \mathrm{sgn}(u_u) \int_0^{|u_u|} \mathrm{e}^{-\frac{u^2}{2}} \mathrm{d}u} \tag{9.16}$$

根据 P_0' 值,即可知道因子 k' 的计算方法[LAL 87],该因子乘以应力幅值即可验证这一概率值,然后推导出与老化影响相关的唯一老化因子 k_v,即

$$k_v = \frac{k'}{k} \tag{9.17}$$

式中:k 为保证 P_0 值的不确定性因子。

注:这种计算方法显然是有一定限制的,由于 P_0' 会随 t_u 增加。当 t_u 足够大时,会导致 $P_0'>1$,毫无疑问这是不可能的(图 9.2 中 $P_0=0.9$)。

由于需要满足 $P_0' \leqslant 1$ 时,所以:

$$2P_0 \leqslant 1 - \mathrm{sgn}(u_u)\,\mathrm{erf}\!\left(\frac{|u_u|}{\sqrt{2}}\right) \tag{9.18}$$

或当 $u<0$(有用的情形)时,有

$$\mathrm{erf}\!\left(\frac{|U_u|}{\sqrt{2}}\right) \geqslant 2P_0 - 1 \tag{9.19}$$

可以得到 t_u 极限值的公式。

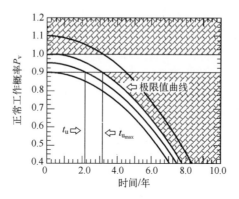

图 9.2 概率变换的极限值

例 9.2 再回到例 9.1(正态分布,$m=14$ 年,$s=1.4$ 年),$P_0=0.999$。图 9.3 显示 P_v 随时间的变化。可以看出,P_v 仍然接近于 1,一直到 $t=9$ 年开始骤然减小。

图 9.4 给出了与时间有关的老化因子 k_v 的变化情况(按 $V_E=0.20$,$V_R=0.08$ 的对数正态分布计算)。$t<9.671$ 年时,该因子在 1~1.3 之间变化。根据上

面已经提到的原因,在 $t>9.674$ 年时无解。

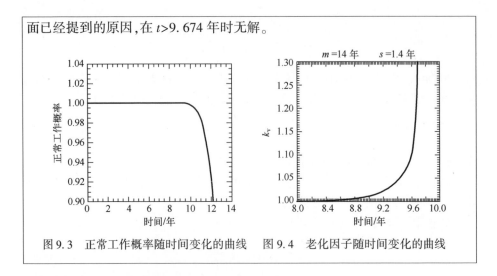

图 9.3　正常工作概率随时间变化的曲线　　图 9.4　老化因子随时间变化的曲线

9.4　老化规律的标准差的影响

图 9.5 显示了相同条件下 s 及其 s/m 变化时计算得到的 $k_v(t)$。

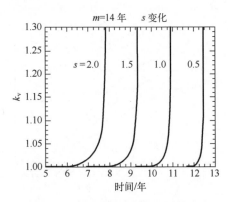

图 9.5　老化规律的标准差的影响

由图可以看出,对于给定值的 t_u,无论 s(或 s/m)多小,k_v 比它更小。

9.5　老化规律的平均值的影响

按照相同的假设,$\dfrac{s}{m}=0.1$,当 m 变化时,$k_v(t)$ 的变化情况如图 9.6 所示。当 m 越大时,k_v 越小。

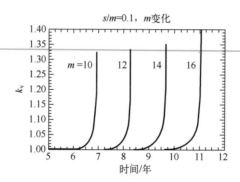

图 9.6　老化规律的均值影响

注:(1) 如果产品在试验前已经历了加速老化,就不能应用老化因子。

(2) k_v 值的计算方法还存在很多不足,因为随着时间变化,机械系统性能逐步下降,而此方法变化的范围太大,也没对实际老化机理中经常结合着化学过程进行分析。

第 10 章
试验因子

10.1 原理

鉴定试验的目的是证明产品至少具有其设计时规定的强度,即失效概率小于或等于 P_0。换句话说,强度分布的均值大于 k 倍的环境应力均值。

前述章节中表明,产品可靠性仅取决于不确定因子 k,即产品强度均值 $\overline{R}$ 与环境应力均值 $\overline{E}$ 的比值(假定变量服从正态分布或对数正态分布)。

环境应力的概率分布、均值和标准差已知,可以对产品强度分布、变异系数(8.3.2 节)进行假设,但均值仍然未知。

如果有可能进行大量的试验,所选择的试验严酷度 TS 可以取环境均值(严酷环境 E_W)的 k 倍。然而,考虑成本方面,在一般只对较少数量样品进行试验,并且经常只有一个试验样品。那些成功实施的试验(至少为环境均值)并不能确定真正的强度均值,该值在统计学意义上(对于给定的置信水平)位于以 E_W 为中心的一个区间内,该区间随着试验次数的增加会变窄。当试验次数无穷大时,区间将会趋近于零。实际情况是试验次数通常较少。真实平均强度处于这一间隔的下极限 $\overline{R}_L$ 和 E_W 之间,因而并没有真正验证材料在 $k\overline{E}$ 环境下的性能(图 10.1)。

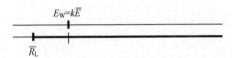

图 10.1　n 次试验下平均长度的严酷度 $k\overline{E}$ 小于实际 $k\overline{E}$

为了确保均值切实大于 $k\overline{E}$,增加一个附加因子——试验因子 T_F,可将严酷度变为 $T_F k\overline{E}$ 进行试验。新区间在给定概率 π_0 下的置信下限等于需求 $k\overline{E}$

（图 10.2）。

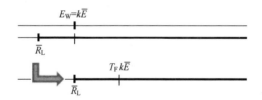

图 10.2　应用试验因子产生的新置信区间下限等于 $k\overline{E}$

通过进行 n 次试验,确保强度均值满足[LAL 87]

$$\overline{R} \geqslant k\overline{E} \tag{10.1}$$

10.2　正态分布

10.2.1　基于均值区间估计的试验因子计算方法

假设试验在严酷度为 $k\overline{E}$ 条件下进行,由于试验次数 n 十分有限,所以仅能得到强度均值的估计值。真值实际上处于置信区间上限 $\overline{R}_{\mathrm{H}}$ 和下限 $\overline{R}_{\mathrm{L}}$ 之间[ALB 62]对应的概率为 π_0（置信水平）[ALB 62]（图 10.3）。

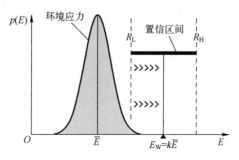

图 10.3　确定试验严酷度

对于正态分布,有[ALB 62,NOR 87]

$$\overline{R}_{\mathrm{L}} = \overline{R}_{\mathrm{C}} - \frac{a'}{\sqrt{n}} s_{\mathrm{R}} \tag{10.2}$$

式中:$\overline{R}_{\mathrm{L}}$ 为真值的估计值下限;$\overline{R}_{\mathrm{C}}$ 为由 n 次试验的估计值;s_{R} 为假定已知的分布的标准差;a' 为给定置信水平 π_0 下的概率因子,如果 V_{R} 已知,正态随机变量落在区间 $(-a', a')$ 的概率 $a' = N^{-1}\left(\dfrac{1+\pi_0}{2}\right)$（其中,$N(\ )$ 为正态分布）。

例 **10. 1**　　在置信水平 $\pi_0 = 90\%$ 时，$a' = 1.64$。这意味着实际的强度均值有 90% 的概率落在 $\overline{R}_L$ 和 $\overline{R}_H$ 之间，只有 5% 低于 $\overline{R}_L$ 以及 5% 高于 $\overline{R}_H$。

注：π_0 可以写成

$$\pi_0 = \frac{1}{\sqrt{2\pi}} \int_{-a'}^{a'} \mathrm{e}^{-\frac{u^2}{2}} \mathrm{d}u = 2\frac{1}{\sqrt{2\pi}} \int_0^{a'} \mathrm{e}^{-\frac{u^2}{2}} \mathrm{d}u$$

因此，可以通过第 3 卷 A4.1.1 节中所定义的误差函数 $E_1(x)$ 表示，即

$$\pi_0 = E_1\left(\frac{a'}{\sqrt{2}}\right)$$

变化形式得到

$$a' = \sqrt{2} E_1^{-1}(\pi_0)$$

因为只需简单验证 $\overline{R} \geqslant k\overline{E}$，可以不关心上限 R_H（图 10.4），取单边置信区间即可。

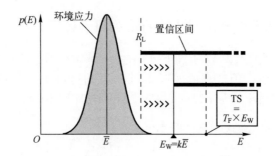

图 10.4　确定试验严酷度（单边置信区间）

在这种情况下，式（10.2）仍然适用，但 $a' = N^{-1}(\pi_0)$

例 **10. 2**　　选用 $a' \approx 1.28$ 就可以得到 $\pi_0 = 90\%$。意味着，有 90% 的可能性，强度均值的真值高于 $\overline{R}_L$。

表 10.1 中给出了在这些条件下 a' 的计算值。

强度均值的真值处于 $\overline{R}_L$ 与 $\overline{R}_C$ 之间，因此低于期望值 $\overline{R}_C$，显然这未能达到要求。为保守起见，当产品不出现断裂的情况时，可以认为试验验证的强度值等于 n 次试验得到强度 $\overline{E}$ 分布的区间下限 $\overline{R}_L$ 的均值。在这情况下，不确定因子为

$$k' = \frac{\overline{R}_L}{\overline{E}} \tag{10.3}$$

表 10.1　因子 a' 及对应置信水平的数值

a'	π_0	a'	π_0
0.00000	0.50000	2.32635	0.990000
0.25335	0.60000	2.50000	0.993790
0.50000	0.691463	2.575829	0.995000
1.0000	0.841345	3.00000	0.998650
0.52440	0.70000	3.090023	0.999000
0.67449	0.75000	3.5000	0.999767
0.84162	0.80000	3.71901	0.9999000
1.03643	0.85000	4.00000	0.999968
1.50000	0.933193	4.26489	0.9999900
1.28155	0.90000	4.50000	0.9999966
1.64485	0.95000	4.75342	0.999999
2.00000	0.977250	5.00000	0.99999971

由于 $\overline{R}_L < \overline{R}$,相应的不确定性系数低于期望值 k,因此所验证的可靠性低于规定值。

为保证有足够的可靠性,引入因子 T_F 加大试验的严酷度,使新的置信区间下限等于 $\overline{R}_L = k\overline{E}$,或

$$T_F = \frac{\overline{R}_C}{\overline{R}_L} \tag{10.4}$$

由式(10.2)可知

$$\overline{R}_L = \overline{R}_C\left(1 - \frac{a'}{\sqrt{n}} \frac{S_R}{\overline{R}_C}\right) \tag{10.5}$$

这样,通过设定变异系数 $V_R = \dfrac{s_R}{R_L}$(假定已知)

$$\overline{R}_C = \frac{\overline{R}_L}{1 - \dfrac{a'}{\sqrt{n}}V_R} \tag{10.6}$$

因此

$$T_F = 1 + \frac{a'}{\sqrt{n}}V_R \tag{10.7}$$

可以看出,对于给定置信水平,该系数由强度的变异系数以及预期的试验次数决定。

注:(1) 对于正态分布,标准差与其均值的比值可以接近于 3 或者更多。严格来说,如果变异系数过大,样本就不宜采用正态分布。当研究样的对象(冲

击响应谱、疲劳损伤谱等)通常为正值,因而为了大概率得到正值,均值 m 和标准差 s 需满足 $m-3s$ 为正值,这样变异系数约小于 0.33[JOH 40]。

(2) 建立式(10.7)时,假定 $1-\dfrac{a'}{\sqrt{n}}V_R \geq 0$,在不确定因子的计算中 $n=1$,这种情况已经确定(式(8.39))。如图 10.5 所示,V_R 的取值都低于图中曲线。需要知道的是,仅考虑 V_R 值低于 0.33,而这一条件也不是特殊的限定。

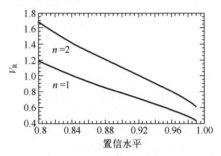

图 10.5 V_R 关于 π_0 的渐进关系

表 10.2 给出了置信水平 $\pi_0 = 90\%$ 时,T_F 作为 V_R 和 n 的函数的一些计算值。

表 10.2 置信水平为 90% 时的试验因子(正态分布)

n \ V_R	0	0.05	0.08	0.10	0.15	0.20	0.25	0.30	0.35
1	1	1.068	1.114	1.147	1.238	1.345	1.411	1.625	1.813
2	1	1.047	1.078	1.100	1.157	1.221	1.293	1.373	1.464
5	1	1.030	1.048	1.061	1.094	1.129	1.167	1.208	1.251
10	1	1.021	1.034	1.042	1.065	1.088	1.113	1.138	1.165
20	1	1.015	1.023	1.030	1.045	1.061	1.077	1.094	1.111

图 10.6 给出了式(10.7)中正态分布($n=1$)下置信水平的选择对试验因子的影响。

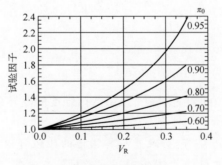

图 10.6 正态分布下试验因子($n=1$)

图 10.7 给出了 n 在 $1 \sim 20$ 之间, T_F 随 V_R 变化的情况。

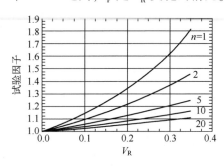

图 10.7 正态分布下试验因子(置信水平 90%)

例 10.3 设想一个用于保护仪器的包装箱,有可能从高度 H 为随机值的地方跌落,有 5 组测量数据。假定撞击产生的应力大小与冲击速度成正比,而该速度服从正态分布。

H/m	4.895	3.77	4.50	4.04	4.31
$v_i/(\mathrm{m/s})$	9.8	8.6	9.4	8.9	9.2

该分布的均值 $\overline{v_i} = 9.18\mathrm{m/s}$,标准差 $s_{v_i} = 0.46\mathrm{m/s}$,变异系数 $V_E = \dfrac{s_{v_i}}{\overline{v_i}} \approx 0.05$。

如果产品最敏感部分的强度变异系数 $V_R = 0.08$(服从正态分布),为了使失效概率低于 10^{-3},以冲击速度 $\overline{R}$ 表示的材料强度均值则必须大于或等于 $k\,\overline{v_i}$,其中, $k = 1.375$(来源于表 8.13)因此

$$\overline{R} = 1.375 \times 9.18 = 12.62\mathrm{m/s}$$

试验的目的是为了验证容器中的产品可以承受的平均冲击速度为 $12.62\mathrm{m/s}$(对应跌落高度为 8.1m)。

由于需要只通过一次试验来验证上述计算给出的要求,因此有必要引入试验因子。根据表 10.2 数据,置信水平为 90% 时,试验因子 $T_F = 1.114$。跌落试验的严酷度为

$$\mathrm{TS} = T_F k\,\overline{v_i} = 1.114 \times 1.373 \times 9.18 \approx 14.06\mathrm{m/s}$$

对应的跌落高度 $H = 10.08\mathrm{m}$。

注:(1) 撞击速度分布的变异系数($V_E \approx 0.05$)是根据 5 次测量得到的估计值,其真值以某个概率(例如 90% 置信水平)落在一个区间内,由于测量次数较少,所以最好选取置信上限 $V_{E\max} \approx 0.0971$(见表 8.6)而不是估计值 $V_E \approx 0.05$。

采用同样的方法($k = 1.47$),因此

$$\text{TS} = T_F k \bar{v}_i = 1.114 \times 1.472 \times 9.18 = 15.05 (\text{m/s})$$

并且 $H \approx 11.55\text{m}$。

在估计强度变异系数时也可以考虑测量次数较少带来的影响，以这种方式计算得到的最大变异系数 γ_{Rmax} 不仅会改变 k 值，还会改变 T_F 值。

(2) 在此例中，以诱发应力作为撞击效应的表征参数，并据此计算不确定因子。如果集装箱结构在冲击作用下发生变形，最好先测量变形材料的厚度，它与跌落高度成正比。如果以高度作为表征参数，则估算的跌落高度变异系数为 0.10，不确定因子 $k = 1.479$，给出的试验严酷度（用跌落高度表征）变为 7.09m(1.114m × 1.479m × 4.303m)，而此前的计算结果是 10.08m。该例子明确地表明，正确选用描述环境的参数十分重要，这与预期效应有关；否则，就会出现明显错误。

10.2.2 基于 n 个样本平均强度概率密度的试验因子计算方法

10.2.1 节中给出的计算试验因子方法是存在疑问的，因为它假设标准差已知，这样变异系数才可以事先得到。L. Pierrat 和 J. Vanxeem[PIE 07, PIE 09] 给出了一个更为准确的数学关系。

作者采用最大似然法在 n 个样本中寻找均值的分布估计：

(1) 分布的均值估计。

(2) 通过确定估计值方差下限变化，估计分布的标准差 σ_{μ}（克拉美罗极限）。

同时证明，如果在 $L = k\bar{E}$ 量值下进行 n 次试验，用于确定物体的平均强度，那么因而从统计意义上均值的真值估计服从正态分布，有均值 $\bar{\mu}(=L)$，变异系数

$$\text{cov}_m = \frac{\text{CV}_R}{\sqrt{n + (1 + 2\text{CV}_R^2)}} \tag{10.8}$$

均值的真值低于 $k\bar{E}$。因而，材料在环境 $k\bar{E}$ 下的特性并没有得到有效验证（图 10.8(a)）。

在给定概率 π_0 的条件下，为了确保均值大于 $k\bar{E}$，可以利用试验因子 T_F 确定试验的严酷度 $\text{TS} = T_F k\bar{E}$，用这种方法计算的严酷度进行试验，有可能做到均值的估计值 $\bar{\mu}_{\text{est}}$ 等于 TS。

为使得计算的下限以概率 π_0 等于要求值 $k\bar{E}$（图 10.8(b)，图 10.9），必须让该概率密度下分位数 $\bar{\mu}_{\text{est}}(1 - a'\text{cov}_m)$ 等于需要验证的强度 $k\bar{E}$（图 10.9），有

$$k\bar{E} = \bar{\mu}_{\text{est}}(1 - a'\text{cov}_m) \tag{10.9}$$

式中：a' 为给定概率 π_0 下均值分布的标准差，$a' = N^{-1}(\pi_0)$（其中 $N(\ )$ 为正态分布）。表 10.1 给出一组 a' 的取值。

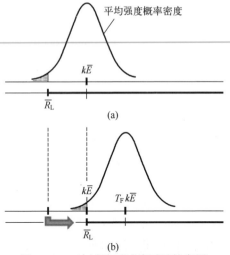

图 10.8　n 次试验下试验因子的应用

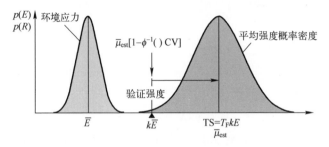

图 10.9　T_F 计算的基本原则

因此,试验因子为

$$T_F = \frac{\overline{\mu}_{est}}{k\ \overline{E}} = \frac{\overline{\mu}_{est}}{\overline{\mu}_{est}(1 - N^{-1}(\pi_0)\mathrm{cov}_m)}$$

$$= \frac{1}{1 - N^{-1}(\pi_0)\mathrm{cov}_m} \tag{10.10}$$

式中:cov_m 通过式(10.8)获得。

　　注:(1) 建立方程式(10.10)时假设 $1 - N^{-1}(\pi_0)\mathrm{cov}_m \neq 0$,当

$$N^{-1}(\pi_0)\frac{V_R}{\sqrt{n(1 + 2V_R^2)}} \rightarrow 1$$

试验因子趋于无穷大。

　　当 $V_R^2 = \dfrac{n}{[N^{-1}(\pi_0)]^2 - 2n}$ 时,分母 $1 - N^{-1}(\pi_0)\mathrm{cov}_m = 0$。

图 10.10 给出了 V_R 随 π_0 的变化。与之前章节一样，假如 $V_R < 0.33$，这种情况影响不大。

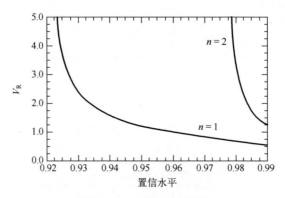

图 10.10　V_R 随 π_0 的变化

（2）如果 $V_R \ll 1$，那么 $2V_R^2$ 项可以忽略，有

$$\mathrm{cov_m} \approx \frac{V_R}{\sqrt{n}}$$

这样同样可以得到式（10.7）。

$$T_F \approx \frac{1}{1 - N^{-1}(\pi_0) V_R / \sqrt{n}} \tag{10.11}$$

验证产品以 π_0 置信水平能够承受概率为 P_0，不确定因子为 k 的环境（见第 8 章），试验所需的严酷度由乘积 $T_F k \overline{E}$ 给出。

需要注意，该因子取决于强度的变异系数和期望的试验次数（在给定置信水平下）。

注：10.2.1 节注释在这里也适用：如果认为母体服从正态分布，则变异系数必须小于 0.33。

表 10.3 给出了置信水平为 0.9 时 T_F 作为 V_R 和 n 的函数的一组取值。

表 10.3　置信水平为 0.9 时，T_F 作为 V_R 和 n 的函数的一组取值

n \ V_R	0	0.05	0.08	0.10	0.15	0.20	0.25	0.30	0.32
1	1	1.068	1.113	1.145	1.232	1.327	1.433	1.548	1.672
2	1	1.047	1.078	1.099	1.153	1.211	1.272	1.334	1.397
5	1	1.029	1.048	1.060	1.092	1.124	1.156	1.188	1.219
10	1	1.021	1.033	1.042	1.063	1.085	1.103	1.126	1.146
20	1	1.014	1.023	1.029	1.044	1.058	1.072	1.086	1.099

　　图 10.11 和图 10.12 分别给出了以不同置信水平 π_0(试验次数 $n=1$)和不同试验次数 n(置信水平 $\pi_0=0.9$)两种方式的几个典型值所对应的 T_F 随 V_R 变化的曲线。

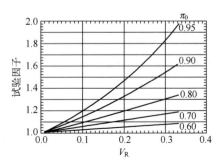

图 10.11　正态分布下不同置信水平 π_0 的试验因子(试验次数 $n=1$)

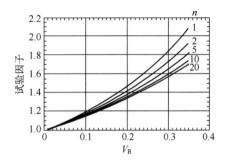

图 10.12　正态分布下不同试验次数 n 的试验因子(置信水平 $\pi_0=0.9$)

例 10.4　以例 10.3 中数据为例:

H/m	4.895	3.77	4.50	4.04	4.31
$v_i(m/s)$	9.8	8.6	9.4	8.9	9.2

(1) 冲击所产生的应力与冲击速度成正比。

速度分布服从高斯分布。

均值: $\bar{v_i}=9.18m/s$

标准差: $s_{v_i}=0.46m/s$

变异系数 $V_E=\dfrac{s_{v_i}}{\bar{v_i}}\approx0.05$

$V_R=0.08$(服从正态分布下)

$$P_0 = 10^{-3}$$

$$k = 1.375$$

$$\overline{R} = 1.375 \times 9.18 = 12.62 \mathrm{m/s}$$

在 90% 置信水平下，$T_F = 1.113$（表 10.3）。

$$\mathrm{TS} = T_F k \overline{v_i} = 1.113 \times 1.375 \times 9.18 \approx 14.05 \mathrm{m/s}$$

对应的跌落高度 $H \approx 10.06 \mathrm{m}$。

（2）如果应力与跌落高度成正比，这一高度下变异系数为 0.10，$k = 1.479$，试验因子为 1.113，则试验严酷度为 7.08m（1.113m × 1.479m × 4.303m）。

10.3 对数正态分布情况

10.3.1 由均值的置信区间估计计算试验因子

因为对数正态分布更接近观察到的分布情况（尤其是针对疲劳试验），所以对数正态分布相比于正态分布的使用更加频繁。如果强度是服从对数正态分布的一个变量，那么该变量的对数服从正态分布，并且可以通过式(8.51)和式(8.50)计算其均值和标准差：

$$s_{\ln R} = \sqrt{\ln(1 + V_R^2)}$$

$$m_{\ln R} = \ln \frac{\overline{R}_C}{\sqrt{1 + V_R^2}}$$

就可确定平均强度估值区间的下限。类似地，有

$$\ln \overline{R}_L = m_{\ln R} - \frac{a'}{\sqrt{n}} s_{\ln R} \tag{10.12}$$

式中：$a' = N^{-1}(\pi_0)$；$S_{\ln R}$ 为对数正态分布的标准差。

$$\ln \overline{R}_L = \ln \frac{\overline{R}_C}{\sqrt{1 + V_R^2}} - \frac{a'}{\sqrt{n}} \sqrt{\ln(1 + V_R^2)} \tag{10.13}$$

$$\overline{R}_L = \frac{\overline{R}_C}{\sqrt{1 + V_R^2}} \exp\left(-\frac{a'}{\sqrt{n}} \sqrt{\ln(1 + V_R^2)}\right) \tag{10.14}$$

可得

$$\overline{R}_{C} = \overline{R}_{L}\sqrt{1+V_{R}^{2}}\exp\left(-a'\sqrt{\frac{\ln(1+V_{R}^{2})}{n}}\right) \qquad (10.15)$$

因此试验因子 $T_{F} = \dfrac{\overline{R}_{C}}{\overline{R}_{L}}$，即

$$T_{F} = \sqrt{1+V_{R}^{2}}\exp\left(a'\sqrt{\frac{\ln(1+V_{R}^{2})}{n}}\right) \qquad (10.16)$$

表 10.4 给出了对数正态分布下置信水平 $\pi_0 = 0.9$，不同试验次数 n 和不同变异因子 V_R 对应的试验因子值。

表 10.4　对数正态分布下置信水平为 90% 的试验因子

n ＼ V_R	0	0.05	0.08	0.10	0.15	0.20	0.25	0.30	0.35	0.40
1	1	1.067	1.111	1.142	1.224	1.314	1.413	1.521	1.638	1.765
2	1	1.048	1.078	1.100	1.158	1.220	1.288	1.362	1.442	1.527
5	1	1.030	1.050	1.064	1.101	1.142	1.187	1.235	1.287	1.343
10	1	1.022	1.036	1.046	1.074	1.105	1.139	1.176	1.216	1.259
20	1	1.016	1.026	1.034	1.055	1.079	1.106	1.136	1.168	1.203

图 10.13 和图 10.14 分别给出了试验次数 $n=1$ 和置信水平 $\pi_0 = 0.90$ 时，对数正态分布下试验因子。

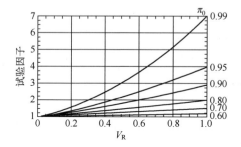

图 10.13　对数正态分布下不同置信水平 π_0 的试验因子(试验次数 $n=1$)

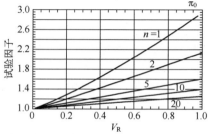

图 10.14　对数正态分布下不同试验次数 n 的试验因子(置信水平 $\pi_0 = 0.9$)

10.3.2 由 n 个样本强度均值的概率密度估值计算试验因子

如果强度服从对数正态分布,变异系数为 V_R,则 n 个强度值的均值也服从对数正态分布,变异系数 $CV = V_R / \sqrt{n}$ [GUI 08]。将对数正态分布的标准差与均值和正态分布的变异系数联系起来(式(8.51)和式(8.52)):

$$\sigma_{\mu est} = \sqrt{\log(1+V_R^2/n)} \tag{10.17}$$

$$\mu_{est} = \log\left(\frac{\overline{R}}{\sqrt{1+V_R^2/n}}\right) \tag{10.18}$$

与正态分布一样,假定

$$T_F(\mu_{est} - N^{-1}(\pi_0)\sigma_{\mu est}) = \overline{R} \tag{10.19}$$

估计值的期望值与分布 $\overline{R}$ 的期望相等。

试验因子为

$$T_F = \frac{\overline{R}}{\exp\left[\ln\left(\frac{\overline{R}}{\sqrt{1+V_R^2/n}}\right)\right]\exp(-N^{-1}(\pi_0)\sqrt{1+V_R^2/n})} \tag{10.20}$$

所以

$$T_F = \sqrt{1+\frac{VR^2}{n}}\exp\left(a'\sqrt{\ln\left(1+\frac{V_R^2}{n}\right)}\right) \tag{10.21}$$

表 10.5 给出了对数正态分布下置信水平 $\pi_0 = 0.9$,不同试验次数 n 和不同变异因子 V_R 对应的试验因子值。

表 10.5 对数正态分布下 $\pi_0 = 0.9$ 时的试验因子(pierrat 公式)

n \ V_R	0	0.05	0.08	0.10	0.15	0.20	0.25	0.30	0.35	0.40
1	1	1.067	1.111	1.142	1.224	1.314	1.413	1.521	1.638	1.768
2	1	1.047	1.077	1.097	1.152	1.210	1.271	1.338	1.408	1.483
5	1	1.029	1.048	1.060	1.092	1.126	1.161	1.197	1.236	1.275
10	1	1.021	1.033	1.042	1.064	1.087	1.110	1.134	1.159	1.185
20	1	1.014	1.023	1.029	1.044	1.060	1.076	1.092	1.109	1.126

图 10.15 和图 10.16 分别给出了试验次数 $n=1$ 和置信水平 $\pi_0 = 0.9$ 时,对数正态分布下的试验因子。

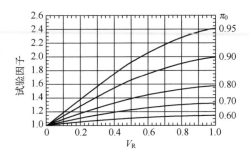

图 10.15 对数正态分布下试验因子(试验次数 $n=1$)

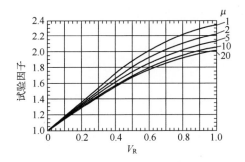

图 10.16 对数正态分布下试验因子(置信水平 $\pi_0 = 0.9$)

10.4 威布尔分布情况

可以通过产生大量服从威布尔分布的 n 个变量的数据(蒙特卡罗法)来进行计算,计算每组 n 个变量的均值 u,再得出这些均值的直方图。通过相应的分布函数,反复迭代找到变量 u_0 值,使超过的概率为 π_0。如果 μ 是分布的均值,则试验因子为

$$T_F = \mu/u_0$$

表 10.6 给出了威布尔分布下置信水平 $\pi_0 = 0.9$ 时,不同试验次数 n 和不同变异因子 V_R 对应的试验因子值。

表 10.6 威布尔分布下 $\pi_0 = 0.9$ 时的试验因子

n \\ V_R	0	0.05	0.08	0.10	0.15	0.20	0.25	0.30	0.35	0.40
1	1	1.065	1.104	1.130	1.196	1.263	1.330	1.398	1.466	1.533
2	1	1.046	1.073	1.092	1.138	1.185	1.232	1.279	1.327	1.375
5	1	1.029	1.046	1.058	1.087	1.116	1.146	1.175	1.205	1.235
10	1	1.020	1.033	1.041	1.061	1.082	1.103	1.123	1.144	1.165
20	1	1.014	1.023	1.029	1.043	1.058	1.072	1.087	1.102	1.116

图 10.17 和图 10.18 分别给出了在试验次数 $n = 1$ 和置信水平 $\pi_0 = 0.9$ 时，威布尔分布下的试验因子。

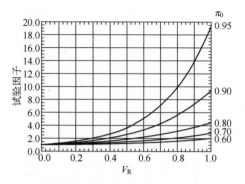

图 10.17　威布尔分布下试验因子(试验次数 $n = 1$)

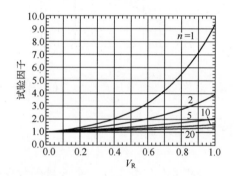

图 10.18　威布尔分布下试验因子(置信水平 $\pi_0 = 0.9$)

10.5　置信水平的选择

置信水平的选择关系到常数 a' 的选择。由图 10.11、图 10.15 和图 10.17 (或图 10.6 和图 10.13)，可得

(1) 对于给定 π_0 时，T_F 在正态分布情况下更小；

(2) 对于给定 V_R 时，T_F 随 π_0 增加而增加(先验明显)。

在计算中通常使用 $\pi_0 = 0.9$，作为较合理的值。

第 11 章
规范制定

目前,部分国家和国际标准需要进行试验剪裁,换句话说,可以根据研究产品的寿命剖面和实际环境测量结果制定规范。

本章的目的在于揭示试验剪裁的原理,以及 ERS 和 FDS 方法的运用流程。这两种方法无需新的假设,且无论振动信号是何种特性,都能合理地制定非常接近环境真实情形的规范,且边界裕度可控。

11.1 试验剪裁

用于制定试验规范的程序包括许多通用阶段[GEN 67, KLE 65, PAD 68, PIE 66],图 11.1 中得以总结。

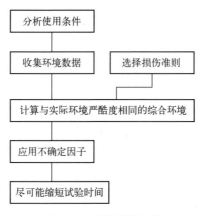

图 11.1 通用剪裁过程

这一流程称为剪裁,当前在 GAMEG13 和 MIL-STD-810G 标准下得以运用。确定规范的过程可分为 4 个主要阶段:分析寿命剖面;收集真实环境下数据;数据整合;建立试验程序。

11.2 第1步:分析寿命剖面及场景审查

假设能够将产品寿命剖面分解为各个基本阶段,称为场景,如储存、公路运输、直升机或固定翼飞机运输,指定可能影响相关环境的严酷程度的条件:公路运输的地貌特性和速度,持续时间,设备位置,运输车辆结构上的接口和装配等[HAH 63]。图11.2为以卫星为例的简化寿命剖面。

将能够造成设备退化的环境因素(振动、高温、低温、声振、机械冲击等)按照每种场景定性地列出,每一种场景对应寿命剖面的某一特定阶段。只要认为某一环境比较特殊,就可以将情形细分为子场景或事件。

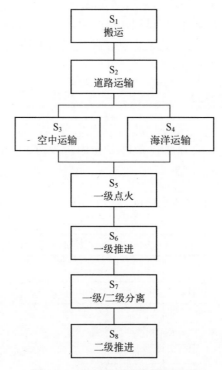

图11.2 卫星简化寿命剖面示例

航空运输情形下,有滑行、起飞,爬升、巡航、转弯、下降、着陆等子场景。每个子场景的持续时间已确定。表11.1为运输阶段飞机的寿命剖面分析[HAN 79]。

表 11.1　给定场景(战斗机外挂)的事件示例[HAN 79]

任 务 列 表		动 作 列 表		
任务号	时间	信号	数量	平均任务时间占比
1	100	1	起飞	6.80
2	117	2	放下襟翼和起落架	6.80
3	180	3	IG 失速抖振	0.16
4	85	4	着陆	6.80
5	125	5	360° 翻转	3.12
6	90	6	垂直和水平飞行	57.40
7	105	7	清扫气门	0.68
8	360	8	旋转上升	7.80
9	140	9	推回 $Nz = -1$	0.008
		10	滚动拉出	1.952
		11	侧滑	6.00
		12	拉出 $Nz = 6$	0.48
		13	减速板伸出	2.00

11.3　步骤 2:确定各场景有关的实际环境数据

步骤 2 包括寿命剖面下各子场景对应的环境因素的定量评价,可用数据有多个来源[PIE 74]。

(1) 根据设备在真实载体、典型路段或跑道等实际条件下直接测得的数据。这是最期望的情况,但是这种情况最难得。它的前提是设备或样件以典型方式安装在车辆上,并且已经进行了完整地测量。

(2) 根据有关车载平台测得的数据。如果设备不直接安装在此平台(如集装箱设备),那么有必要进行振动转换。此操作可能需要为中间结构建模或测量传递函数。

(3) 根据相同类型不同型号的载体获得的测量数据,作为真实值的估计也可以考虑。

许多项目可能已经采取了系统化的测量措施来描述每个阶段的寿命剖面[KAC 68,ROS 82,SCH 66]。从历史项目中获得测量数据可以作为制定新设备规范的基础。

(4) 对新系统的制造工艺进行研究时所得到的测量结果对于验证预测结

果很有用,可确定在特定点的水平,以及为更详细的故障分析提供数据。反过来,这些测量结果在今后的项目中得以使用。

为了满足这一需求,建立资料库,涵盖尽可能多的各种条件下载体记录测量结果[CAI 85,COQ 81,FOL 62,FOL 65,GEN 67]。数据可以各种形式储存在数据库中。基本的数据一般包括作为时间函数的信号。为了减少资料库中数据所占用的空间,这些信号通过处理,尽可能处理为频谱:冲击下的冲击响应谱,以及平稳随机振动的功率谱密度。

某些资料库(SANDIA[FOL 67])也包含表示为概率密度的数据。这些数据给出了信号中每个加速度量级在指定频段内峰值数量的百分比。这些数据能以简单的形式表示与频率或任何其他统计参数有关的最大或平均峰值加速度(如有99%概率不超出的范围):

(1) 类型合成,这是某一特定类型车辆所测得信号的频谱分析包络谱;

(2) 预估计算。

11. 4   步骤3:确定模拟环境

根据对寿命剖面各阶段各环境收集得来的数据定义试验:

(1) 它必须具有与真实环境相同的严酷度。

(2) 它必须能够在标准的试验设备上实施。

事实上,在这个阶段还没有必要提出此要求。不过,只要有可能,就尽早将此要求考虑在内,以便迅速识别任何后期需要进行调整的不兼容以及和试验设备能力不足。如果证明这种不兼容性不可接受,就必须提出另一种模拟方法。

与其在试验设备中再现实际环境中准确测量的数据,不如制定与真实环境具有相同严酷度的综合环境试验,再现真实环境的近似损伤程度,符合特定规范的要求(7.4.4.3节)。

11. 4. 1   需求

对等效方法的质量要求是多方面的。

(1) 等效准则能在潜在损伤层面代表真实物理现象[SMA 56]。尽早确定可能导致设备故障的应力性质是非常重要的。损伤模式可能是多方面的(蠕变、腐蚀、疲劳、超出应力极限、断裂等)[FEL 59]。两种常见的模式是超出应力极限(弹性极限、最大强度)和疲劳损伤[KLE 65,KRO 62,PIE 66,RAC 69]。确定不确定因子也是本阶段十分重要的任务[SCH 60]。

（2）计算所需要的数据都应可以获得。

（3）可以减少试验时间。

（4）不同情形和阶段可以组合成单一试验进行。

（5）对于具有同一结构的所有环境因素,等效准则是相同的(如随机振动、正弦振动、机械冲击)。

由环境科学与技术发展组织(ASTE)成立的一个工作组进行了一项研究,旨在确定法国现行的用于分析机械振动的等效方法,以及比较不同方法所得到的结果。这项研究提交至 1980 年 ASTE 研讨会[LAL 80],并且成为 BNAE(航空和航天标准化办公室)推荐的主题[MIS 81]。

11.4.2　合成方法

通过研究(对于振动)确定的主要方法如下:

（1）功率谱密度包络谱。

（2）定义一个试验,以标准化试验时间进行设计,验证设备工作应力低于其耐受极限。

（3）消除无约束值(两个变量)。

（4）极限响应谱和疲劳损伤谱的等效[LAL 84]。

11.4.3　可靠方法需求

测量数据的合成方法必须有:

（1）再现性。不同的规范制定者使用相同数据时所得到的结果必须非常接近,并对分析条件而言不敏感。

（2）可靠性。合成值必须与测量值相近似(如果没有附加因素系数)。

作为欧洲环境工程学会委员会(CEEES)主持进行的盲样传递系列比较研究的一部分[RIC 90],1991 年一盘模拟磁带送到欧洲一些实验室,其中 3 个在法国,该磁带测得的加速度数据来自 30min 车程内拥有三维坐标轴加速计的卡车平台。每个实验室根据各自惯用的方法来分析测量数据,并建立了涵盖30min 车程的试验规范。该段车程包括不同的道路和速度条件。测得的信号为随机振动和瞬态信号。

大多数实验室都以功率谱密度和冲击给出了规范。得到的 PSD 如图 11.3 所示,结果十分分散,PSD 值相差多达 100 倍,这也说明了方法可靠性的必要性。

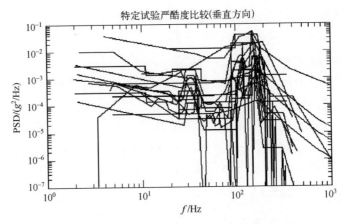

图 11.3　盲样传递比对研究结果的比较

11.4.4　采用功率谱密度包络的合成方法

平稳随机振动一般由 PSD 表示。用 PSD 描述了特定的事件,是由从多次测量计算获得的几个 PSD 包络而成,必要时进行第 8.4 节中定义的不确定因子应用。出于便捷的考虑,PSD 最大段点数一般限定在 10 左右,也是为了描述文件中得到的规范,并在试验过程中显示控制点的 PSD。在过去因为使用了模拟控制器,所以这是必要的。目前,可以通过计算机系统直接将数据传输到数字控制系统,因为它们可以管理大量 PSD 定义点。

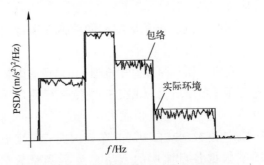

图 11.4　以 PSD 包络表征的规范

如图 11.4 所示,平稳随机振动试验由 PSD 包络表征。规范源自环境的 PSD,其模式由分段大致水平的直线段简化(尽管这不是必需的)。此操作具有至少有两个缺点。

(1) 结果的获得依赖于试验请求者。

(2) 由于倾向于广泛地包络参考频谱,因此包络谱推导出的规范的均方根值远大于初始 PSD,达 2 倍多。

可使用本书4.4 节中给出的指导意见,通过减少规范应用的时间的办法将这些影响降到最低限度。

如果$\ddot{x}_{rms}$是由参考 PSD(真实环境)所描述的振动均方根值,而T_E是对象事件的持续时间,$\ddot{X}_{rms}$是由包络谱获得的 PSD 均方根值,那么采用包络 PSD 的试验实施时,持续时间可使用下面的公式(4.4 节)计算:

$$T_R = T_E \left(\frac{\ddot{x}_{rms}}{\ddot{X}_{rms}} \right)^b$$

在这种方法中,设备的疲劳损伤得以准确地再现。最好检查放大系数$E = \frac{\ddot{x}_{rms}}{\ddot{X}_{rms}}$,以确保其值不会太大(如不大于 2)。如果不满足该条件,那么会导致与真实振动产生的应力相比,试验时间过度降低,瞬时应力变得过大。因此,需要更加紧密地遵循 PSD 来重塑包络谱。表 11.2 总结了这种方法。

当在这些条件下使用时,这种方法要求对所有事件都单独制定规范。因为一般有几种情形,每种情形对应几个事件,所以事件的数量将会翻倍。为了克服这一缺点,该方法可以通过以下方式进行改善(表 11.3):

(1)按上述方法表征每个事件。

(2)首先为考虑的每个事件用折线绘制各 PSD 所对应的包络谱,然后计算每个谱的均方根值,同时确保数 E_i 不会太高。

(3)将以这种方式获得的包络谱进行叠加,并绘制这些曲线的包络谱(折线段),最终的曲线就是规范所要的。

(4)根据实际持续时间 T_{E_i} 和放大系数 E_i 来确定每个事件缩短的持续时间。

(5)与规范(单个 PSD)对应的总持续时间是缩短的持续时间之和。

此方法优点:

(1)可以轻松实现,且计算量相对较少。

(2)允许使用疲劳损伤准则来减少持续时间。

(3)允许使用单一 PSD 来综合几个事件(或情形)。

此方法缺点:

(1)利用折线段来绘制包络谱的办法非常主观;不同的操作者得出的结果可能区别极大。

(2)缩短持续时间只取决于包络方式。绘制包络谱时没有先验的任何持续时间设置值,就要根据放大系数推导出缩短的持续时间。

表 11.2 用 PSD 包络制定试验规范的第一阶段

寿命剖面		实际环境		实际持续时间				缩短的持续时间			Spe.
事件	持续时间	PSD	均方根加速度	PSD 包络	均方根加速度	持续时间	放大系数	PSD	均方根加速度	持续时间	N°
E_1	T_{E_1}		$\ddot{x}_{rms1}$		$\ddot{X}_{rms1}$	T_{E_1}	$E_1 = \dfrac{\ddot{X}_{rms1}}{\ddot{x}_{rms1}}$		γ_{rms1}	T_{R_1}	1
E_2	T_{E_2}		$\ddot{x}_{rms2}$		$\ddot{X}_{rms2}$	T_{E_2}	$E_2 = \dfrac{\ddot{X}_{rms2}}{\ddot{x}_{rms2}}$		γ_{rms2}	T_{R_2}	2
...	...	...	...	...	...	...	...	...	...	...	...

表 11.3 用 PSD 包络制定试验规范的第二阶段

寿命剖面		实际环境		实际持续时间				缩短的持续时间			
事件	持续时间	PSD	均方根加速度	PSD	均方根加速度	持续时间	包络	放大系数	最大系数	基本时间	试验时间
E_1	T_{E_1}		$\ddot{x}_{\mathrm{rms1}}$		$\ddot{X}_{\mathrm{rms1}}$	T_{E_1}	rms value γ_{rms} Duration $T=\sum\limits_i T_{E_i}$	$E_1=\dfrac{\gamma_{\mathrm{rms}}}{\ddot{X}_{\mathrm{rms1}}}$	最大值 E_i	$T_{\mathrm{R1}}=\dfrac{T_{\mathrm{S1}}}{E_1^b}$	$T_E=\sum\limits_i T_{E_i}$
E_2	T_{E_2}		$\ddot{x}_{\mathrm{rms2}}$		$\ddot{X}_{\mathrm{rms2}}$	T_{E_2}		$E_2=\dfrac{\gamma_{\mathrm{rms}}}{\ddot{X}_{\mathrm{rms2}}}$	与允许值进行比较	$T_{\mathrm{R2}}=\dfrac{T_{\mathrm{S2}}}{E_2^b}$	

　　在欧洲最近进行的一项调查表明,功率谱密度包络法是常用的方法(经常以最简单的形式,即无时间减少)。目前英国正在开展研究,努力将测量信号瞬时值的分布考虑在内[CHA 92]。

　　注:有更为复杂的方法从真实环境的 PSD 中确定规范(如 ITOP 1.1.050 方法[ITO 06])。

11.4.5　极限响应和疲劳损伤等效方法

　　该规范的制定是通过寻求与实际环境中测得振动具有相同严酷度的振动。比较不是在真实结构上进行,而是基于一个简单力学模型。因为真实结构的动力学表现在进行研究时是未知的,而简单力学模型是线性自由度系统,它的自然频率在较宽的范围内变化,其宽度足以覆盖将来结构的谐振频率。

　　尽管它在第一次近似时通常给出响应初始值,使用模型系统的初衷并不在代表真实结构。这仅是一个参考系统,用以比较不同环境基于机械损伤准则对一个相对极简单系统造成的影响。选定的标准是模型中产生的最大应力和疲劳损伤,这有助于绘制极限响应谱和疲劳损伤谱。

　　根据研究,假设在此"标准体系"上产生同样效果的两次振动,在真实结构上将具有相同严酷度,真实结构一般既不是单自由系统也不是线性系统。各种研究表明,这种假设并非异想天开(第 2 卷,第 2 章冲击,振动的耐疲劳研究[DEW 86])。

　　极限响应谱和疲劳损伤谱在之前章节中已经定义。此前提到的 ASTE 研究强调以曲线为基础的方法,这些曲线可以对几个振动环境进行合成。

　　合成的过程包括以下主要阶段:

　　(1) 对各事件:

　　① 根据事件特征值的测量结果,计算冲击的 SRS 或振动的 ERS 和 FDS;

　　② 计算频谱的均值、标准差和变异系数,当线谱数量太少时,计算包络;

　　③ 不确定因子的计算和应用。

　　(2) 对各情形:

　　① 振动 FDS 的累加和 ERS 的包络;

　　② 冲击 SRS 的包络。

　　(3) 对寿命周期:

　　① SRS 包络谱;

　　② ERS 包络谱;

　　③ 串联时 FDS 的累加,并联时 FDS 的包络;

　　④ 寻找随机振动的特征参数,该随机振动在给定持续时间内,各自然频率

下，与寿命剖面累积环境产生相同的疲劳损伤；

⑤ 根据 SRS 包络谱制定冲击规范；

⑥ 根据要进行的试验次数进行试验因子计算；

⑦ 持续时间缩减的验证。

这些步骤在下面的章节都会详述。

11.4.6 某事件(或子场景)真实环境合成

11.4.6.1 冲击合成

机械冲击由与时间有关的信号或冲击响应谱表示。在第一种场景下，信号的冲击响应谱能计算出来(标准阻尼比 $\xi = 0.05$)。然后，对于每个冲击事件在每个频率上计算频谱均值为 $\bar{E}$、标准差为 s_E、变异系数 $V_E = \dfrac{\text{标准差}}{\text{均值}}$($V_E$ 为频率的函数)，然后计算均值$+\alpha$，α 可以取 3 倍标准差(图 11.5)。

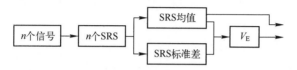

图 11.5 用 SRS 合成表征冲击事件

11.4.6.2 随机振动

随机振动最初由以时间为函数的信号描述。振动可能是非稳态的，因为信号的均方根值和/或它的频率范围随着时间变化。计算功率谱密度在数学意义上不那么正确，但仍然能直接从基于时间的信号来确定 ERS(在这种场景下的非概率频谱)和 FDS。图 11.6 为某个场景中的事件示例。

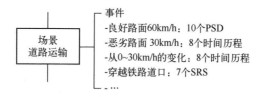

图 11.6 某个场景中的事件示例

非平稳信号

先计算出各信号的 ERS 和 FDS(图 11.7)。如果测量次数足够多，与冲击类似，在每个频率上分别确定 ERS 和 FDS 的均值、标准差、变异系数 V_E 和数值 $\bar{E}+3s_E$(或不同于 3 的值)。

如果测量数量太少($n<4$)无法进行统计计算，与冲击类似，分别绘制 ERS

和 FDS 的包络谱。

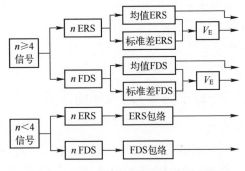

图 11.7　非平稳振动信号的合成表征

平稳信号

如果信号平稳,就可以使用其功率谱密度。

与非平稳信号类似,用 PSD 进行(图 11.8):如果测量次数足够进行统计计算,首先计算 ERS 和 FDS;然后在每个频率上分别确定 ERS 和 FDS 的均值、标准差、变异系数 V_E 和数值 $\overline{E}+3s_E$。否则,分别计算并绘制 ERS 和 FDS 的包络谱。

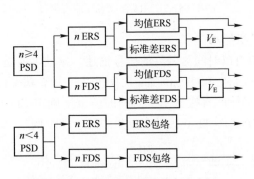

图 11.8　平稳振动信号的合成表征

11.4.6.3　计算参数

为了计算 SRS、ERS 和 FDS,必须要设置:

(1) 初始频率和最终频率。这些频率必须涵盖设备已知或假设的固有频率。在不确定的情形下,应考虑较大的频率范围,如 1~2000Hz 之间。

(2) 与 S-N 曲线斜率有关的参数 b(第 4 卷,第 1 章)。

参数 b 的影响

只要与真实环境相比试验时间不太短,那么 b 参数的选择对规范(PSD)

的制定影响不大。相同时间长度所得到的 PSD 的均方根值实际上独立于 b。当然，b 取较大值时可能有更为详细的频谱；当 b 取较小值时，获得的 PSD 更加圆滑。

（3）Q 因子，一般按照惯例选取 $10(\xi=0.05)$。

> **Q 因子的影响**
>
> Q 因子的影响和参数 b 的一样，Q 值越高，疲劳损伤谱越详细，PSD 也更具体。

（4）疲劳损伤谱的计算涉及常数 K 和 C。K 为单自由度系统$(\sigma=Kz)$中应力和张力之间的比例常数。C 为描述 S-N 曲线 Basquin 方程中的常量$(N\sigma^b=C)$。由于真实环境中的振动和从这样的环境中确定的规范应用于相同的设备（规范所规定的设备），所以这些参数的值不重要，而其目的仍然是比较频谱，而不是评估准确的损伤（或寿命期望）。因此，根据惯例，K 和 C 的值为 1。

注：如果真实环境只由少量频谱来描述（缺乏数据），那么子情形可表示为这些频谱的包络谱。

11.4.6.4 不确定因子的应用
来自一个频谱均值

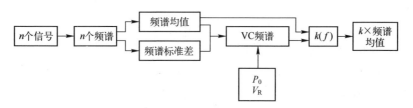

图 11.9 一个事件的特征谱的合成

确定系数 $k(f)$ 的过程基于环境变异系数 V_{E}，并且需要对如下参数进行选择。

（1）最大允许失效概率 P_0。

> **失效概率的确定**
>
> 由于各类环境的变异系数 V_{E} 会随频率发生变化，不可能同时为不确定因子 k 和失效概率 P_0 设置先验值。当设置 k 时，失效概率 P_0 变化；反过来，当设置 P_0 时，k 值也变化。应当优先设置失效概率而不是 k。
>
> 所列参考文献中只有极少地给出具体的值。如果前期工作仅考虑了强度的分散性，建议在确定应力大小时取 $\overline{R}-\alpha s_{\mathrm{R}}$，其中 $\alpha=2.3$，对应高斯分布下 1%

的风险[REP 55]。

R. E. Blake[BLA 67,BLA 69]认为,对导弹而言,高斯分布下的可靠性因子(根据应力强度模型计算得到)应在 99.9 %~99.995%之间选择。

选择失效概率时必须考虑:

(1) 失效的机械单元造成伤害或人员伤亡的概率;

(2) 失效导致很高修复费用的概率。

后面的例子中用到了两个失效概率取值:

(1) 在正常环境下规范制定时选择 10^{-3};

(2) 意外环境规范制定时选择 10^{-6}。

(2) 环境特性与设备强度分布的特性。

分布函数的选择

(1) 载荷。对于冲击谱和功率谱密度(及其均方根值),大多数学者认为对数正态分布才能最好地代表真实情形。高斯分布的缺点是有可能会出现负值(第 8 章)。因此,选用对数正态分布。

(2) 强度。所列参考文献还有研究表明,正态分布或对数正态分布都可以很好地描述强度分布曲线的中间部分(应力、弹性极限、极限应力、极限耐久性等)。

对于我们的问题而言,通常认为对数正态分布更好:

① 因为正态分布会出现负值;

② 对数正态分布更能代表分布曲线的两端,而曲线的两端正是计算不确定因子所关注的区域。

对数正态分布也能较好地对疲劳损伤(或失效循环数)进行近似。

(3) 根据受试产品的材料选择变异系数 V_R。

强度变异系数

(1) 极限响应。文献[CES 77]推荐的建议值($V_R = 0.08$)是对大量公开取值的包络。不过,应该指出的是(8.3.1 节):

① 有时能找到更大的值;

② 取值也与试验件本身有关。由大部件组成的结构,其变异系数无疑也更大[BAR 65]。

(2) 疲劳方面。造成断裂的循环次数或损伤 Δ 的变异因子可以大于 1。然而,该值通常低于 0.8(样件)。

然后基于这些数据以及 8.4 节中给出的方程计算不确定因子,并随后计算出需耐受环境 $k\overline{E}$ 的不确定因子。

对每个事件采取相同的方法(图 11.10)。按照这一分析思路对每个事件进行表征,冲击用 SRS,随机或正弦振动用 ERS 和 FDS。

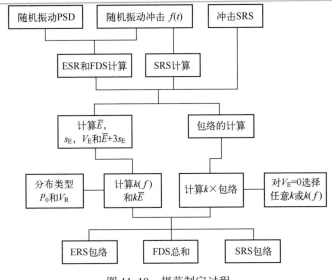

图 11.10 规范制定过程

如果环境由 $\bar{E}+3s_\mathrm{E}$ 频谱表征,则选定的耐受环境由下式给出:

$$E_\mathrm{W}=\frac{k}{1+3V_\mathrm{E}}(\bar{E}+3s_\mathrm{E})\tag{11.1}$$

来自包络的频谱

如果表征实际环境中事件的频谱是包络谱,那么有两种可能性。

(1) 根据前述方法计算不确定性系数,设变异系数 $V_\mathrm{E}=0$;

(2) 强制指定不确定性因子(如 1.3)。

11.4.6.5 老化因子可能的应用

储存了很久的设备在使用前由于承受环境作用会老化,强度减弱。应将这种现象考虑进来,从而对新设备提出更高要求,设备投入使用时应将失效概率 P_0 调整为一个更小的 P_0'。达到这一目的的老化因子计算方法见第 9 章。

11.4.7 场景合成

构成一种场景的子场景是顺序出现的。因此,一种场景由 3 条曲线表征(需耐受的振动环境):

(1) 一条包络了 ERS,表征场景中涉及的各事件的极限响应谱;

(2) 一条等于各事件有关的振动环境的所有 FDS 总和的疲劳损伤谱;

(3) 一条包络了各事件有关的冲击环境的所有 SRS 的冲击响应谱。

11.4.8 全寿命剖面场景合成

上述频谱按以下方式组合。

11.4.8.1 并联场景

在这种情况下,设备仅受一种或另一种环境因素作用。因而并联场景下 ERS、FDS 以及 SRS 的包络谱依次计算。将产生的曲线看成是一个新场景,与其他场景是串联关系,如图 11.11 所示。

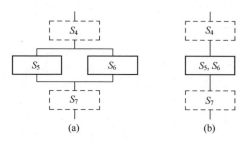

图 11.11 并联场景的合成

11.4.8.2 串联场景

设备将经受所有的场景作用,如图 11.12 所示,因此有必要:

(1) 将表征每种场景的 FDS 进行累加;

(2) 计算 ERS 的包络谱;

(3) 计算 SRS 的包络谱。

整个寿命剖面可以由 3 个等效频谱表示。

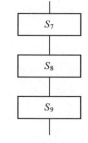

图 11.12 串联场景

11.4.9 寻找严酷度相等的随机振动

规范的制定包括寻找下列特征量:

(1) 对于由 PSD 定义的随机振动,在给定持续时间内,其 FDS 与参考谱的 FDS 十分相近(图 11.13)。该方法包括实际上缩短试验持续时间的可能性通过疲劳损伤等效进行时间缩短的方法可参见 4.6.1 节。

(2) 对于冲击,其 SRS 非常接近寿命剖面 SRS。如果能在振动台上使用 SRS 控制来模拟该 SRS,规范也可采用此 SRS。

11.4.9.1 矩阵求逆方法

可通过以下几种方法制定规范:

(1) 通过搜索由具有任意斜率的线段来定义 PSD。疲劳损伤(第 4 卷,式

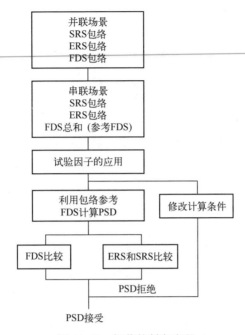

图 11.13　规范的制定流程

(4.43)) 为

$$\overline{D} = \frac{K^b}{C} \frac{T}{(4\xi)^{\frac{b}{2}}(2\pi)^{\frac{3b}{2}}} f_0^{1-\frac{3b}{2}} \left(\sum_j a_j G_j \right)^{\frac{b}{2}} \Gamma\left(1 + \frac{b}{2}\right)$$

这是可能的：

① 选取定义疲劳损伤谱的所有点(N)，会产生由 N 个点表征的规范 PSD；

② 简化规范，仅仅选择疲劳损伤谱的几个点($n<N$)，会产生由 n 个点表征的规范 PSD。在这种场景下，获得的 PSD 的 FDS 可能与环境 FDS 不太接近(它仍然可取，因为是一个包络谱)。

在 n 个点(f_{0_i}, D_i)的基础上，可获得下列形式的 n 个方程：

$$\overline{D}_i = \frac{K^b}{C} \frac{T}{(4\xi)^{b/2}(2\pi)^{3b/2}} f_{0i}^{1-\frac{3b}{2}} \left(\sum_j a_{i,j} G_j \right)^{\frac{b}{2}} \Gamma\left(1 + \frac{b}{2}\right) \tag{11.2}$$

式中(第 3 卷，式 (8.80))

$$a_{i,j} = \frac{^{j-1,j}\Delta I_1 - h_{j-1}{}^{j-1,j}\Delta I_0}{h_j - h_{j-1}} - \frac{^{j,j+1}\Delta I_1 - h_{j+1}{}^{j,j+1}\Delta I_0}{h_{j+1} - h_j} \tag{11.3}$$

$$^{j,j+1}\Delta I_p = I_p(h_{i,j+1}) - I_p(h_{i,j}) \tag{11.4}$$

$$\text{和 } h_{i,j} = \frac{f_j}{f_{0_i}} \tag{11.5}$$

关于 G_j 的 n 个线性方程组可表示为如下矩阵形式：

$$\overline{D} = AG_{b/2}$$

式中：$G_{b/2}$ 为列矩阵，它的每一项等于 $G_j^{b/2}$，且有

$$G_{b/2} = A^{-1}D \tag{11.6}$$

因此得到振幅 G_j。这样就得到一个用 n 个点 (f_{0_i}, G_j) 定义的 PSD，各点之间由直线连接。

（2）通过搜索由水平直线段（台阶形状）定义的 PSD。回顾第 4 卷中式（4.39）的简化式：

$$\overline{D}_i(f_{0_i}) = \frac{K^b}{C} \frac{f_{0_i} T (\sqrt{2})^b}{\left[(2\pi)^4 f_{0_i}^3 \right]^{\frac{b}{2}}} \Gamma\left(1 + \frac{b}{2}\right) \left\{ \frac{\pi}{4\xi} \sum_{j=1}^{n} G_j \left[I_0(h_{i,j+1}) - I_0(h_{i,j}) \right] \right\}^{\frac{b}{2}} \tag{11.7}$$

其中

$$I_0 = \frac{\xi}{\pi\alpha} \ln \frac{h^2 + \alpha h + 1}{h^2 - \alpha h + 1} + \frac{1}{\pi} \left(\arctan \frac{2h + \alpha}{2\xi} + \arctan \frac{2h - \alpha}{2\xi} \right)$$

同样的方式通过矩阵求逆得到 G_j 值。这种情形下，PSD 是由几个在选定频率区间上幅值为 G_j 的水平段组成，例如，位于区间 $(f_{0_{i-1}}, f_{0_i})$ 和 $(f_{0_i}, f_{0_{i+1}})$。

线性系统矩阵求逆方法有直接法（中心法：高斯法、高斯-若当法等）和迭代法（高斯-赛德尔法、雅可比法、松弛因子法等）。

直接法给出精确解。如果用于计算 PSD 振幅，这会导致在某些频率 PSD 值接近零而产生数字误差或在高频率时 PSD 出现混乱，特别是当 PSD 的取点数量很大时（如在 100~200 之间）。高斯-赛德尔等迭代方法提供了一种近似方法（事先设定误差限），可以得到更好的结果，但可能存在不收敛的情形。

注：（1）式（11.6）表明，FDS 的计算，或反过来说是 PSD 的计算，都是围绕矩阵 A 开始的，其系数是参数 b 以及各单自由度系统阻尼的函数。因此，仅由一个 PSD 表征的一种环境开始的所得到的规范，独立于：

① 为计算 FDS 选择的参数 b（如果时间没有减少）。

② 阻尼比 ξ。可想而知，为计算 FDS，ξ 按一定规律随振动固有频率变化，而这种变化不影响已得到的规范。

更有趣的是，把各情形对应的疲劳损伤谱累加后得到的规范中，这些特性在实际中仍然有效，即使它们不再严格真实。

（2）对等效 PSD 的幅值矩阵求逆时，在某些频率上可能会产生不切实际的负值。在这种情形下，应该将其设置为零或极小值（如 $10^{-3} (\text{m/s}^2)^2/\text{Hz}$，控制器上可显示的最低值）来予以纠正。这一修正会使某些频段造成过损伤。

（3）不同 FDS 间局部差异达到 10，对 PSD 值的影响也相对很小。

（4）绘制参考谱有助于点数 n 的选择，因为在 PSD 中出现波峰、波谷的重要频段将会凸显出来。为此，将频谱的纵坐标乘以一个因子，以消除损伤方程中 f_0 项。由下面关系式（第 4 卷，式（4.37））

$$\overline{D} = \frac{K^b}{C} n_0^+ T \left(\sqrt{2} z_{rms} \right)^b \Gamma \left(1 + \frac{b}{2} \right)$$

和第 3 卷中式（8.79）

$$z_{rms}^2 = \frac{1}{8\xi \ (2\pi f_0)^3} \left(\sum_j a_j G_{:j} \right)$$

可以更容易地估算该因子。

已知 $n_0^+ \approx f_0$，则有

$$\overline{D} = \frac{K^b}{C} \frac{T}{(4\xi)^{b/2} (2\pi)^{3b/2}} f_0^{1 - \frac{3b}{2}} \left(\sum_j a_j G_j \right)^{\frac{b}{2}} \Gamma \left(1 + \frac{b}{2} \right) \tag{11.8}$$

因而 D 的倍乘因子为

$$M = f_0^{\frac{3b}{2} - 1} \tag{11.9}$$

用下式得到 PSD 最接近的表示：

$$M^{b/2} D_{2/b} = f_0^{\left(3 - \frac{2}{b} \right)} D_{2/b} \tag{11.10}$$

式中：$\overline{D}_{2/b}$ 为列矩阵的每一项等于 $\overline{D}_j^{2/b}$。

例 11.1 测量直升机的振动环境，如图 11.14 所示。

计算 1h 的疲劳损伤谱（$b = 8, Q = 10$）。

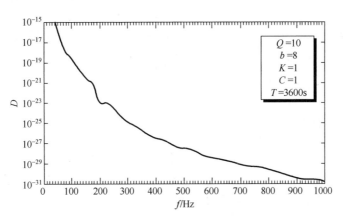

图 11.14 疲劳损伤谱示例（直升机）

修正图如图 11.15 所示。

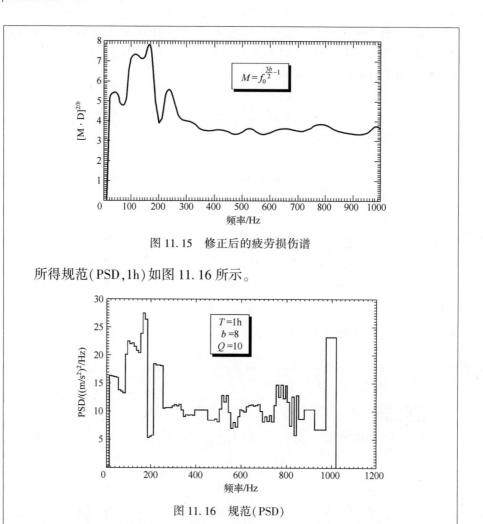

图 11.15　修正后的疲劳损伤谱

所得规范(PSD,1h)如图 11.16 所示。

图 11.16　规范(PSD)

11.4.9.2　迭代方法

为了避免陷入矩阵求逆的困境,也可以通过连续迭代进行等效损伤 PSD 评估。该方法需要有一个先验 PSD(基准)(所选择的频率与定义寿命剖面的 FDS 点频率完全相同,点数 n,或每倍频程的点数,FDS 中所选点对应的频率)。先将此 PSD 的振幅设为 $0.1(m/s^2)^2/Hz$ 的常量。将该 PSD 的 FDS 与寿命剖面 FDS 进行比较后,基于下式对 PSD 振幅进行第一次更新:

$$\mathrm{PSD}_{i+1}(f_i) = \mathrm{PSD}_i(f_i)\left(\frac{\mathrm{FDS}_{参考}(f_i)}{\mathrm{FDS}_i(f_i)}\right)^{\frac{2}{b}} \tag{11.11}$$

经过不断的迭代,PSD 的结果快速收敛,其 FDS 也与寿命剖面对应的 FDS 非常接近。所得的 PSD 不存在任何从逆矩阵观察到的缺陷。

11.4.10　确认持续时间减少

若以这种方法估计出的 PSD 为基础,就有必要重新计算其 ERS 和 FDS,以便评估所得规范的优劣水平。

然后将 FDS 与全寿命周期曲线的 FDS 进行比较。如果差异过大,则需要对定义 PSD 的点数或所选点的频率值进行调整(图 11.17)。

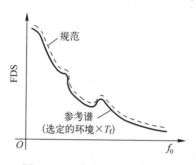

图 11.17　检验 FDS 是否相等

将 ERS 的计算结果与全寿命周期的进行比较,以评估试验时间缩减带来的影响。为了简洁起见,用符号 ERS_{SP} 代表此规范的极限响应谱,而 ERS_{LP} 代表源自寿命剖面环境(参考)的极限响应谱。可能有下列几种情形。

(1) $SRS > ERS_{SP} > ERS_{LP}$(图 11.18)。这是理想的情形。由于持续时间减少,$ERS_{SP} > ERS_{LP}$,但 $ERS_{SP} < SRS$(冲击响应谱):在此试验条件下,设备将不会承受高于真实环境的瞬时量级。该规范包括随机振动以及根据第 2 卷第 4 章中描述的基于寿命剖面 SRS(简单类型冲击或 SRS)的冲击。

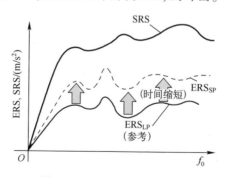

图 11.18　可接受的缩减时间

(2) $ERS_{SP} > SRS > ERS_{LP}$(图 11.19)。$ERS_{SP}$ 大于 SRS。随机振动试验中出现的应力峰值比冲击试验中的要大。对于这种情况有两种态度。

① 维持持续时间减少的规范,并承担试验中出现的问题,是由于不会在设

备使用期不会出现瞬时应力水平而造成的这一风险。当实际环境持续时间很长时,出于显著试验时间的考虑,这种选择还是合理的。但是,在试验过程中该设备发生故障,并不一定表明不符合要求。在试验开始之初,可以先进行一个ERS_{SP}包络谱的冲击,通过观察来检验该设备是否能承受预定的振动应力(不被损伤)。没有必要进行 SRS 所对应的冲击模拟。

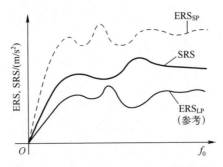

图 11.19　放大系数过大,应加长实验时间

　　② 选择更长的持续时间,使之成为第一种场景。

　　(3) $ERS_{SP}>ERS_{LP}>SRS$(图 11.20)。真实环境冲击的幅值与振动相比十分小,对缩短试验时间也起不了作用。在这种场景下最好不要减少太多持续时间。另外,出于前面提到的同样的原因,也可以先进行一个 ERS_{SP} 包络谱的冲击。没有必要执行覆盖真实环境的 SRS 的冲击。

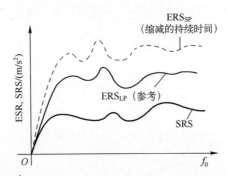

图 11.20　这种情况下试验时间的缩减总意味着风险

　　(4) $ERS_{LP}>ERS_{SP}$(图 11.21)。寿命期内某个事件的振动毫无疑问远远强于其他振动,且不会持续很长时间。该规范主要受这一事件影响。尽管规范给出的试验持续时间少于整个寿命期的持续时间,但是如果比最重要事件的持续时间长,就会导致(关键事件的)试验时间被延长,从而量值也会降低。这时,必

须接着降低试验时间,直到两个频谱非常接近,ERS$_{SP}$应稍微包络所有可能的 ERS$_{LP}$。

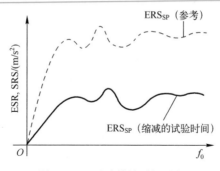

图 11. 21 试验持续时间过长

注:也可以比较规范的 URS 而不是规范的 ERS,尤其是当规范持续时间很短时[COL 07]。对于常见的持续时间,这两个频谱非常接近。

例 11.2 考虑两种情形的寿命剖面,持续 20h 的卡车运输(均方根值为 3m/s^2)和持续 5min 的导弹自由飞(均方根值为 27.6m/s^2)。这两者持续时间和幅值有很大差别。图 11. 22 和图 11. 23 为二者的 PSD 曲线。

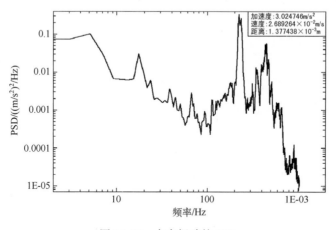

图 11. 22 卡车振动的 PSD

将两种振动的 FDS(取 $Q=10$ 和 $b=8$)进行累加,所得规范的持续时间为 5h,即与这两种情形下的总持续时间相比,时间缩减因子的先验约为 4(20h+5min)。

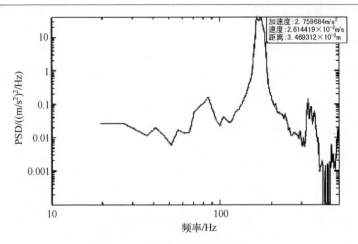

图 11.23　导弹自由飞振动的 PSD

可以看到规范的 FDS 与两种振动场景下的 FDS 非常接近(图 11.24)。令人惊讶的是,缩减持续时间的规范 ERS 要低于寿命剖面 ERS 的包络谱 ERS(图 11.25)。

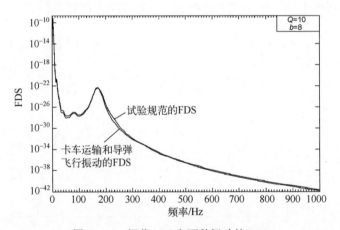

图 11.24　规范(5h)和两种振动的 FDS

两种振动 FDS 的比较研究显示,即使时间短得多,导弹飞行的严酷程度也远高于卡车运输持续 20h(图 11.26)。考虑到损伤的相对值,导弹飞行的 FDS 实际上基本等于两个 FDS 的总和。因而(看起来缩减持续时间的)规范实际上是将真实环境中占主导的 5min 导弹飞行时间增加到 5h,这会导致应力以及 ERS 的减少。

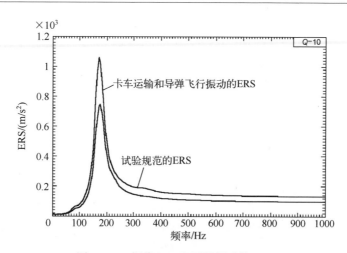

图 11.25　规范(5h)和两种振动的 ERS

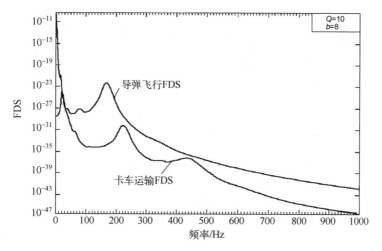

图 11.26　卡车运输和导弹飞行振动 FDS 的比较

如果建立一个持续时间为 5min 的规范,则可以看到 ERS 是非常接近的 (图 11.27)。

在此简单的例子中,通过振动均方根值的比较就可以预计出这样的结果。但在一般更复杂剖面的情形下,没有进行 ERS 分析,该问题往往会被忽视,而这本应是必须进行的。

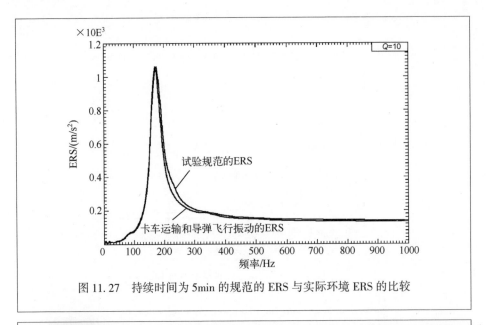

图 11.27 持续时间为 5min 的规范的 ERS 与实际环境 ERS 的比较

例 11.3　假设一个非常简单的寿命剖面曲线,由 2h 固定翼飞机时间和 3h 直升机时间组成。两种环境的 PSD 如图 11.28 所示,PSD 均方根值差不多,但在频域上相差很大。其目的是为了建立包括该寿命剖面的规范,而没有任何系数。

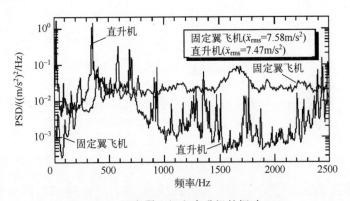

图 11.28　固定翼飞机和直升机的振动 PSD

　　如图 11.29 所示,规范的损伤谱等于各情形 FDS 的总和。规范是对计算频谱上的 31 个点计算所得,对应着 PSD(31 个量值)和缩减为 1h 的持续时间 (均方根值 10.1m/s²)。

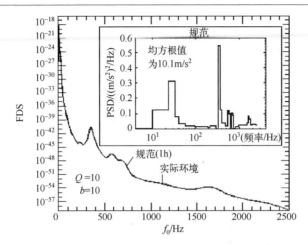

图 11.29 缩减持续时间的规范的 FDS 和实际环境的 FDS

ERS 的比较(图 11.30)表明瞬时水平的增加(减小)源于时间上从 5h ~ 1h 的减少。

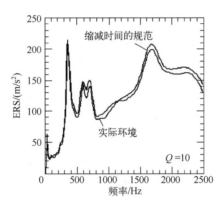

图 11.30 缩减持续时间的规范的 ERS 和实际环境的 ERS

11.5 第 4 步:编制试验大纲

11.5.1 试验因子的使用

出于成本的考虑,一般只做单个试验,但由于强度的差异性,这么做自身就无法验证各材料在指定概率下的特性。必须基于计划试验次数,根据强度变异系数估计值,额外乘以试验因子。

试验因子只是用来验证受试产品能否承受具有一定不确定度的真实环境,并且不会造成产品损伤。对于给定置信水平,该试验因子依赖于所进行的试验次数和产品强度的变异系数(第 10 章)。

已证明对于高斯分布(产品强度和环境应力),试验因子为

$$T_F = \cfrac{1}{1 - N^{-1}(\pi_0)\cfrac{V_R}{\sqrt{n(1+2V_R^2)}}}$$

对于对数正态分布,有

$$T_F = \sqrt{1 + V_R^2/n}\, e^{N^{-1}(\pi_0)\,\sqrt{\ln(1+V_R^2/n)}}$$

在具有代表性的环境中使用此因子推导出试验严酷度:

$$\text{TS} = T_F E_S = T_F k \overline{E} \tag{11.12}$$

(1) 静态加速度的幅值;

(2) 正弦振动的幅值;

(3) 冲击或冲击响应谱的幅值;

(4) 极限响应谱;

(5) 疲劳损伤谱(在这种情形下,变异系数由失效循环数计算)。

原则上,关系到鉴定策略,该操作原则上应该在步骤 4 完成。已经有了在步骤 3 中计算出的随机振动 PSD。用 T_F 乘以 FDS 和用 $T_F^{2/b}$ 乘以对应的 PSD,$T_F^{1/b}$ 乘以其均方根值是相同的。

为了简化流程,在实际操作中,试验因子往往在步骤 3 获得 PSD 之前就应确定。

11.5.2 选择试验进度安排

前面说过,有可能将整个寿命期内的振动缩减成一个试验(每个方向)。虽然借助于一些方法可以比较轻易完成这项工作,但这种极端情况并不总能出现。基于以下几点原因。

(1) 需要在特定场景的振动环境下操作被测设备。

(2) 需要重现某特定场景的热振综合环境。

(3) 最好将特性差别大的振动予以区分:低振幅/持续时间长,高振幅/持续时间短,例如道路驾驶(10h,均方根为 0.5m/s²)和自由飞行的导弹(1min,均方根为 60m/s²)。

这就是在实际工作中将寿命剖面被划分成几个阶段的原因。用前面所说的方法对每个阶段的振动和冲击规范分别进行计算。

因此,想要编制试验大纲就必须编制计划中各项试验的顺序进度安排(振

动、热、综合环境、静态加速度等），使其既满足试验条件的规定，又满足性能成本的考虑。为了这个目的，在进行试验进度安排时试验配置应尽可能减少的变化次数（试验设备的变化、试验轴向的变化）。改变试验配置的操作是耗时的，因为它们需要停止试验，断开测量设备，样件分解，然后重新在另一个设备上组装，在做出新的连接后检查测量设备等。

理论上，这种 4 步流程（包括计算不确定因子和试验因子）适用于所有类型的环境（机械、气候、电磁等）。为了在实践中全面落实，需要数据合成法，该方法和机械中使用的极限响应和损伤等效法差不多。

例 11.4 举例说明此规范制定流程，例中存在 4 种场景，包括两种并行场景（图 11.31）。假设第一种情形下（S_1），卡车运输包括 3 个必要的系列事件：穿越铁路，恒定速度的正常路况和恶劣路况的冲击。

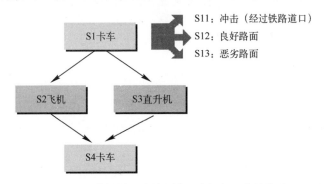

图 11.31 4 种场景下寿命周期示例（有两个是并联）

针对冲击进行了 10 次测量，在相似条件下对两种场景的随机振动进行了 10 次测量，得到了 10 个信号样本。显然这是一种理想的场景，因为在实践中可用的测量次数通常要低得多。

考虑第一种场景，数据综合原则如图 11.32 所示。

对于冲击

从 10 次冲击测量数据中计算出 10 个 SRS。在每个频率点上需要确定：

（1）10 个 SRS 值的均值 m_E 和标准差 σ_E。

（2）变异系数 V_E 和不确定性系数 k。此计算涉及可承受的最大故障概率，且需要如下假设：

① SRS 和产品强度的分布规律（常见的假设是对数正态分布）；

② 强度服从分布时的变异系数（0.08 可以包络大多数金属材料）。

（3）km_E。经过此计算得到每一频率上的 SRS，在统计学上代表所研究的

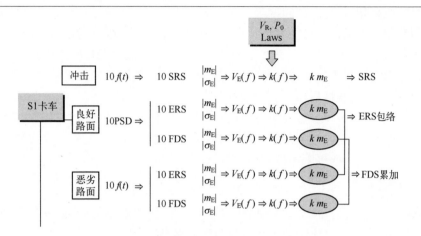

图 11.32   一种场景下每个事件特征参数的合成

冲击。

对于"良好路况"振动

假设在信号记录中挑取均方根值变化不大的部分作为该路况的信号样本,信号是平稳的。通过这种假设就有可能针对每个信号计算出一个 PSD,并据此得到该平稳阶段实际持续时间下的 SRS 和 FDS(信号采样的持续时间通常为几十秒,而实际持续时间会长得多)。

根据所选择的故障概率,在选定环境应力和强度分布类型(如对数正态分布)后,对 10 个 ERS 和 10 个 FDS 用与 SRS 类似的方法进行统计处理。ERS 和 SRS 具有相同的强度变异系数,但是 FDS 的强度变异系数就不同(大得多,超过 100%)。

对于"较差路况"的振动

方法与上述相同,唯一的区别需要采用直接从时域信号中得到 ERS 和 FDS 的计算方式,因为没法准确计算非平稳信号的 PSD。

这些操作结束时,此场景下(图 11.31)的每一事件可表征如下。

(1) 对于冲击:1 个 SRS,(假设在寿命剖面中,只出现一次,且没有疲劳效果)。

(2) 对于振动:1 个 ERS 和 1 个 FDS。

由于所有这些事件依次发生,所以疲劳损伤的影响是累积的。为了表征涉及的场景,必须对各事件所有频率范围进行损伤求和(由 km_E 定义的 FDS)。

对于冲击,在各频率上留取了最大的应力,可绘制不同类型冲击的 SRS

的包络谱 km_E(在所举例子中只有一个)。以类似的方法进行 ERS 包络(较好路况和较差路况)。

不管场景中事件的数量是多少,每个场景下的振动环境都有 3 条曲线概括:1 条 SRS,1 条 ERS 和 1 条 FDS。

对寿命剖面中的每一场景进行这些相同的计算。

场景合成

对于并联场景 S2 和 S3,每个场景都由 3 个频谱表征,可得到(图 11.33):

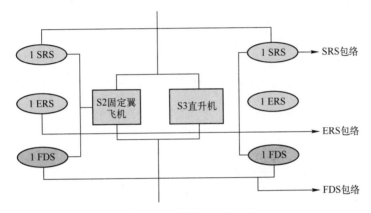

图 11.33　并联场景的合成

(1) SRS 包络谱(每种场景在每个频率的最大应力);

(2) ERS 包络谱(同理);

(3) FDS 包络谱:因为是并联场景,产品将只承受两种环境之一(飞机或直升机)。在每个频率只保留每种环境造成的最大损伤。

因而两种并行场景也是由 SRS、ERS 和 FDS 3 个频谱表示。

串联场景

在此阶段对场景 S1、"等效"场景 S2/S3 和场景 S3 进行总合成(图 11.34)。

由于这些场景都是串联的,产品依次经历了各种相应环境。应该求出各频率上每种场景 FDS 的总和。与场景中的事件处理方法类似,也要进行 SRS 和 ERS 包络。

寿命剖面由 1 SRS、1 ERS 和 1 FDS 表征。我们发现,经常出于各种原因,最好将寿命周期分成几段,例如,进行电试验,或在特定的振动环境中进行热振综合试验。

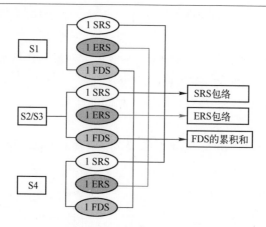

图 11.34　串联场景的合成

此步骤中,要对不同频谱加上试验因子,因为考虑到只用少量次数的试验(往往只有一次)进行产品鉴定这一现实情况(图 11.35)。

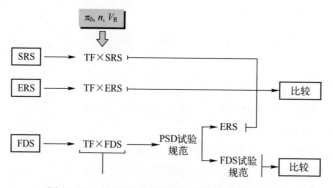

图 11.35　试验因子的应用-规范的编制与验证

此因子基于剩余抗性的分布、此分布的变异系数(为计算不确定性因子也已经进行了选择)以及进行试验的次数和证明产品特性随概率的置信水平。由于该强度的变异系数瞬时应力和疲劳损伤是不同的,因此试验因子也有两个不同的值,SRS 和 ERS 是一个值,FDS 为另一个值。

经试验因子相乘后所得的 3 个频谱是用于编制规范的"参考谱"。

SRS 用来确定冲击规范,它可以表示为:

(1) 如果能在振动台上进行,或者直接由此 SRS 中的数据;

(2) 在传统冲击设备上简单冲击的形式。

FDS 用于确定随机振动的特性(由 PSD 定义),使得其在所选定持续时间(等于或(通常)短于实际寿命剖面)内,在各固有频率上产生相同的疲劳损伤。

根据 11.4.10 节中所述的方法,用参考 ERS、规范 ERS 和 SRS 来检验持续时间缩减系数选择的合理性。

11.6 此方法在盲样传递比对研究中的应用

法国有 3 个实验室分别独立地使用上面所述方法完成了分析(不包括不确定因子和试验因子)。每个实验室各自从数据中挑选样本,并在各自条件下计算出 PSD。实验室 A 采用 $\Delta f = 0.5\text{Hz}$ 的频率间隔计算 PSD,而其他实验室选择了 5Hz 的频率间隔。同样的,每个实验室也都选择了不同的试验时间。

表 11.4 列出了几个样本沿 3 个轴的均方根值。

表 11.4 从盲样传递比对研究中选择的样本信号的 RMS 值

PSD	速度/(km/h)	均方根值/(m/s²)		
		OX	OY	OZ
1	96	4.5	1.24	1.84
2	90	3.0	0.84	1.40
3	68	1.6	0.7	0.84
4	92	3.3	1.1	1.7
5	79	1.62	0.65	0.84
6	50	2.0	0.5	0.84
7	102	4.64	1.8	1.6
8	60	1.9	0.6	0.8
9	40	1.7	0.5	0.8
10	30	1.1	0.4	0.5

表 11.5 给出了 3 个实验室根据各自相应的试验时间制定的规范中在每个轴向上的 RMS 值(不用不确定系数和试验因子进行处理)。

表 11.5 3 个实验室根据损伤理论(试验时间各不相同)制定的规范中的 RMS 值

		均方根值/(m/s²)		
		A 实验室	B 实验室	C 实验室
试验时间/s		600	180	360
坐标轴	OX	5.30	6.88	5.30
	OY	1.54	1.78	1.49
	OZ	2.00	2.54	2.06

为了能在这些结果之间进行有效的比较,将所有规范下调到 600s 的试验时间(只有真实环境时间的 1/3),修正了造成相同疲劳损伤的严酷度(使用本

书 4.4 节中给出的规则)。可观察到,这些结果:
  (1) 非常均匀,不论初始处理时的差距;
  (2) 与在实际环境中测得的振动非常相似(表 11.6)。

表 11.6　3 个实验室根据损伤理论制定的规范(基于相同试验时间)的 rms 值

		均方根值/(m/s²)		
		A 实验室	B 实验室	C 实验室
试验持续时间/s		600	600	600
坐标轴	OX	5.30	5.9	5.05
	OY	1.54	1.51	1.38
	OZ	2.00	2.11	1.94

图 11.36 和图 11.37 中对 3 个实验室获得的 ERS 和 FDS 进行了比较。可以看出,3 个实验室得出的结果基本一致,且与真实环境相近。频率间隔最小的谱线更为详细但不够光滑。

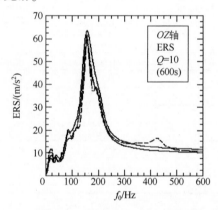

图 11.36　Z 向 600s 的试验时间,3 个实验室的 ERS 规范

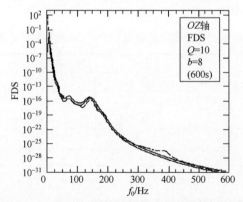

图 11.37　Z 向 600s 试验时间,3 个实验室的 FDS 规范

11.7　项目管理对环境的考虑

前述各节展示了如何运用从真实环境中得到的测量值来制定试验规范。这里提出的方法可用于编写试验规范(试验剪裁)和设计规范(根据环境调整产品)。很容易理解为什么有这种需要。

(1) 对于产品及其子组件,在项目早期就考虑环境应力。

(2) 项目过程中,随着产品设计开发的进展和对环境认知的提高,协调地将这些数据转换成组件、子组件和设备的设计规范。

(3) 后续去演示验证设备是否满足这些规范。

主要目的是为了保证设备既能完全承受其真实条件下的使用,又没有过多裕量,这一目的与 BNAE RG Aéro 00040 建议[REC 91]十分协调,其中一个条件是研制一个产品,能严格响应必要的最低限度需求。

BNAE RG Aéro 00040 建议中关于项目管理规范的部分,将成为一个 AFNOR 标准[REC 93],已经完成并集成到该程序中。它将项目分为可行性分析、需求定义、研制、生产、使用、报废 6 个阶段(图 11.38)。

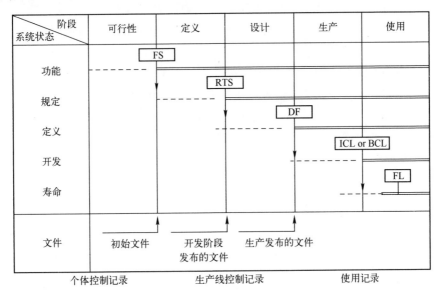

图 11.38　项目过程的阶段划分(BNAE R G Aéro 00040)

该建议认为①,在项目开始时进行功能分析,有助于在功能规范(FS)中说

① 工作功能(NF×50-150):为满足用户规定需求对产品进行操作(或产品自运行)。

明产品的服役功能要求。工作性能是指某一产品为满足用户需求条件所需的行为。不同的技术解决方案,需要再三思索和评估,从而才能在需求定义阶段做出关于技术规范(RTS)的选择。因此产品的技术性能在设计阶段得以详细确定①,这也直接导致了定义文档(DF)的提出。技术性能是指由设计生产商挑选的产品在方案解决大纲中为确保设备功能进行的内部行为。验证设计的不同行为,其结果都记录在定义备份文件(DBF)中,项目就进入生产阶段。在此过程中,所研究的系统在不同的时间将有不同的状态,如功能状态、指定状态、定义状态、发展状态和现场状态。

该产品的使用环境可能属于不同的场合,其定义如下:

(1)正常场合,考虑产品的功能必须符合指定的特性。

(2)受限场合,需要考虑产品的功能可能有向下分级的特性,但仍然服从安全要求。当环境返回到正常场合时,该退化必须是可逆的。

(3)极端场合,考虑其产品的功能可能是不可逆的向下分级,但还是服从安全要求。

将剪裁过程整合到上述四步,导致了以上所述情形被划分成所有不同的项目阶段。在每个阶段中要完成的任务总结在表 11.9(a)、(b)和(c)中。

在可行性分析阶段,与环境有关的工作意在通过设定一个值或一条谱线,只有极低的概率被超过(期望环境),来表征在寿命剖面中各情形下的每一事件。这个值是通过测量数据(真实环境或者数据库)或计算来确定。

在考虑环境参数的每一次测量应由某一数值表征的情形下,期望的环境 E_W 在 n 次测量中,通过评价给定置信水平 π_0 下的某一值所获得。该值在数量 $\overline{E} + \alpha s_E$($\alpha$ 是 π_0 与 P_0 的函数)的基础上,有 P_0 的概率不被超过。

如果环境参数由几个谱表征,期望环境所对应的谱是通过在每个频率上计算该频率的 $\overline{E} + \alpha s_E$ 值而得到。

当服从高斯分布时,使用下面的公式计算真值 $\overline{E}_V$ 的估计平均值 $\overline{E}$:

$$\overline{E} = \frac{1}{n} \sum_{i=1}^{n} E_i \tag{11.13}$$

真实标准差 s_V 的估计值 s_E 由下式得出:

$$s_E = \sqrt{\frac{\sum_{i=1}^{n} (E_i - \overline{E})}{n-1}} \tag{11.14}$$

根据定义,期望环境 $\overline{E}_W$ 的是[OWE 63,VES 72]

---

① 技术功能(NF×50-150):在解决方案中,设计方和厂家选择产品组件间的功能来保障使用功能。

$$p\left[\int_{-\infty}^{\bar{E}+\alpha s_E}\frac{1}{s_E\sqrt{2\pi}}e^{-\frac{(E-\bar{E})^2}{2s_E^2}}dE\leqslant P_0\right]=\pi_0 \tag{11.15}$$

如果 $N(\ )$ 是正态变量的分布函数,则这种关系可以写为

$$p\left[N\left(\frac{\bar{E}-\bar{E}_V+\alpha s_E}{s_V}\right)\leqslant P_0\right]=\pi_0 \tag{11.16}$$

或

$$p\left[N\left(\frac{\bar{E}-\bar{E}_V}{s_V}+\frac{\alpha s_E}{s_V}\right)\leqslant P_0\right]=\pi_0 \tag{11.17}$$

设 u 是正态变量和 $\chi^2(f)$ 是具有 $f=n-1$ 自由度的变量 χ^2:

$$p\left[N\left(\frac{u}{\sqrt{n}}+\alpha\frac{\sqrt{\chi^2(f)}}{\sqrt{f}}\right)\leqslant P_0\right]=\pi_0 \tag{11.18}$$

$$p\left[\frac{u}{\sqrt{n}}+\alpha\frac{\sqrt{\chi^2(f)}}{\sqrt{f}}\leqslant\mu_{P_0}\right]=\pi_0 \tag{11.19}$$

u_{P_0} 为 u 的 P_0 分位点

$$p\left[\frac{u-\sqrt{n}\,u_{P_0}}{\sqrt{\chi^2(f)}/\sqrt{f}}\leqslant-\alpha\sqrt{n}\right]=\pi_0 \tag{11.20}$$

变量 $t_{f,\pi_0}=\dfrac{u-\sqrt{n}\,u_{P_0}}{\sqrt{\chi^2(f)}/\sqrt{f}}$ 服从自由度为 f,中心偏差为 $-\sqrt{n}\,u_{P_0}$ 的非中心学生氏分布。因此,式(11.20)可写为

$$p\left[t_{f,\pi_0}\leqslant-\alpha\sqrt{n}\right]=\pi_0 \tag{11.21}$$

式中

$$\alpha=-\frac{1}{\sqrt{n}}t_{f,\pi_0} \tag{11.22}$$

此参数的值与 f 以及 π_0 有关,文献[LIE 58,NAT 63,OWE 63,PIE 96,VES 72] 已经给出。表 11.7 提供了部分取值案例。

表 11.7　给定置信水平 π_0 下标准差倍数与不超越概率 P_0 的关系

n/P_0	π_0											
	0.75				0.90				0.95			
	0.75	0.90	0.95	0.99	0.75	0.90	0.95	0.99	0.75	0.90	0.95	0.99
3	1.464	2.501	3.152	4.396	2.602	4.258	5.310	7.340	3.804	6.158	7.655	10.552
4	1.256	2.134	2.680	3.726	1.972	3.187	3.957	5.437	2.609	4.416	5.145	7.042

(续)

n/P_0	π_0											
	0.75				0.90				0.95			
	0.75	0.90	0.95	0.99	0.75	0.90	0.95	0.99	0.75	0.90	0.95	0.99
5	1.152	1.961	2.463	3.421	1.698	2.742	3.400	4.666	2.149	3.407	4.202	5.741
6	1.087	1.860	2.336	3.243	1.540	2.494	3.091	4.242	1.895	3.006	3.707	5.062
7	1.043	1.791	2.250	3.126	1.435	2.333	2.649	3.641	1.532	2.454	3.031	4.143
8	1.010	1.740	2.190	3.042	1.360	2.219	2.755	3.783	1.617	2.582	3.188	4.353
9	0.948	1.702	2.141	2.977	1.302	2.133	2.649	3.641	1.532	2.454	3.031	4.143
10	0.964	1.671	2.103	2.927	1.257	2.065	2.568	3.532	1.465	2.355	2.911	3.981
15	0.899	1.577	1.991	2.776	1.119	1.866	2.329	3.212	1.268	2.068	2.566	3.520
20	0.865	1.528	1.933	2.697	1.046	1.765	2.208	3.052	1.167	1.926	2.396	3.295
30	0.825	1.475	1.869	2.613	0.966	1.657	2.080	2.884	1.059	1.778	2.220	3.064
40	0.803	1.445	1.834	2.568	0.923	1.598	2.010	2.793	0.999	1.697	2.126	2.941
50	0.788	1.426	1.811	2.538	0.894	1.560	1.965	2.735	0.961	1.646	2.065	2.863

当为对数正态分布时,所有计算中把 E 替换为 $\ln E$,过程是相同的。所需的统计值,由量值 $e^{\overline{\ln E}+\alpha s_{\ln E}}$ 确定。

注:(1) 期望环境、真实环境的"包络谱"可通过使用其他方法来确定,例如[PIE 96]:

① 相同类型的统计曲线,通过评估整体频谱上点的实际分布进行计算得到。

② 曲线的包络谱,尽可能平滑。这条曲线的非超越概率为 P_0,通过式 $\pi_0=1-P_0^n$,置信水平与所选择的值 P_0 直接相关。

③ 曲线上每个频率的取值是给定置信水平下测量将会超过的 E 值。频谱分布规律可以是高斯分布,对数正态分布更好。

(2) 可使用 8.3.1.3 节中关系式近似计算 α。

在可行性分析阶段中,无法知道传递函数,也就无法用来评估子组件和设备的环境输入。因此,这里确定的预期环境仅适用于系统。

相反,在需求定义阶段,已经可以可到这些函数的初步评估,可用这些函数为每个组件级确定必须满足的环境参数值,并将这些环境值在技术要求的各种规范中明确(如对于事件的预期环境)。

在研制过程开始阶段进行第一次合成。通过不确定因子的使用来保证产品在已辨识的环境中能够以给定的概率正常工作后,进行将要承受环境的合成,采用前面章节中(系统、子组件和设备项目)提到的方法来确定。

这一过程在鉴定试验验证之前会不断重复,编写试验的严酷度时考虑有关环境的最新数据,并根据试验计划次数以及所选择的置信水平对试验因子进行计算和使用。表11.8总结了每个阶段中定义的环境,描述方式和适用的组件级别。

表 11.8　与项目各阶段相关的环境描述

阶段	表　征		合 成 等 级	组 件 级
可行性	预期的环境 (均值加上 α 倍标准差)		每个事件	系统
定义	特定环境 (均值加上 α 倍标准差)		每个事件	系统组件 设备项目
研制	设计	保持的环境条件 (k 倍环境条件均值)	情况合成	同上
	验证	试验条件 (T_F 倍保持的环境条件)	情况合成	

乘以常数 α 是为了确保实际环境在给定的置信水平 π_0 下以给定的概率 P_0 不高于预期环境曲线的值。

表 11.9 (a) 在可行性与定义阶段考虑环境

项目阶段	环 境 值		组件等级	涉及功能		可用的附加信息	备 注
	输 入	输 出		使 用	技 术		
FS 的可行性	—来自储备库、数据库的标准值 —备用水平 —模型中计算的值 —给定情况下一个事件的测量值	在特征分散参数（期望环境）下通过信号类型（瞬态值）表示的随机的值	系统	×		—系统寿命周期剖面 —服务功能描述 —行为模型的假设与自然频率范围（因子 Q 等） —变异系数 —置信区间的置信水平 V_E	对一个特定情况数据通过参数值（谱型等）来描述，数值与置信假设或根据估计的数据和测量规律有关
RTS 的定义	上面提到的数据更新： 1. 新测量值或估计值 2. 在选择设计方案时考虑到的影响 3. 表明数值是否包含正常领域或极端领域	同上 这些值是特定的环境值	所有水平	×		1. 所有系统水平的寿命剖面 2. 传递函数的估计 3. 其他的同上	与 FS 相同

表 11.9(b) 在研制阶段考虑环境

项目阶段	环境值		组件等级	涉及功能		可用的附加信息	备 注
	输 入	输 出		使 用	技 术		
DF 的设计	特定环境值	维度准则:用于计算和仿真的保留环境值	所有水平		×	1. 技术功能的描述 2. 用于提纲(b等)的行为模型的另外假设 3. 允许的失效概率 4. 内部传递函数 5. 从目录或与框架相关的置信信息估计中确定设备强度的变异系数	1. 根据一种或多种情况的环境值,通过将多种确定因子的应用和不确定事件或情况相结合后总结的。这些值也将成为保留环境值 2. 这些值通过设计方案被选取
设计验证引领DBF的技术功能	同上	试验剪裁的严酷程度	所有应力水平		×	—有用附加信息同上,另外: —在特定置信度下的置信区间内,与环境因素相关的性能平均强度 $\bar{R}$ —经历相同试验的同批产品数量	同上,加试验因子的应用 利用以下数据,包括计算和仿真数据,试验剪裁程度的策略

表 11.9(c)　在研制与生产阶段考虑环境

项目阶段	环 境 值		组件等级	涉 及 功 能		可用的附加信息	备 注
	输 入	输 出		使 用	技 术		
研制验证引领 DBF 的服务功能	系统 RTS 中特定的环境因素	同上，但针对的是服务功能	所有应力水平	×		同上，但针对的是服务功能	同上，不断更新的数据会与最初设定值对比。如果数据超出极限值，在结果超出极限值时，系统通过升级剔除这些数据
生产	描述生产过程中的一些事件的测量情况	——根据生产过程中的重要事件选择特定值；应力筛选和验收试验的严酷度	所有应力水平		×	——制造工艺的发展 ——根据生产过程中产生的重要环境参数制定，允许失效概率	按照生产过程的重要信息制定的数据与按照生命周期得到的相似数据进行比较。如果数据超出极限值，在必要时，系统通过升级剔除这些数据

第 12 章
规范计算条件的影响

计算极限响应谱和疲劳损伤谱时会涉及几个先验参数,因此也会影响规范条件的计算,这些参数包括 Q 因子、参数 b、PSD 取样点等。本章将研究这些参数各自的影响。

12.1 规范中 PSD 取样点的选择

从 FDS 中导出的 PSD 定义点的数量,不能高于 FDS 中的计算点数。两者可以相等,但是并不推荐这种方式。事实上,规范中计算 PSD 的目的是:被某一文档引用(如材料的尺寸大小),或者用于控制试验设备。

和计算 ERS 和 FDS 时使用同样的点数(100~200 个)会使得计算量过大,并引入误差风险。

一般用十几个点(通常小于 20 个点)来确定一个 PSD,同时计算得到的 FDS 要与参考 FDS 非常接近(合成后的实际环境)。在这种情况下,PSD 是经过平滑处理的(没有问题),但均方根值不能变。

> **例 12.1** 设想飞机振动的 FDS(取 200 点)和编制的规范(PSD 是 40 个点),取 $Q=10, b=10$。规范计算时用未指定斜率的线段。两个 FDS 是非常接近的(图 12.1)。
>
> 从水平线段定义的 PSD 上找到参考 FDS 并不容易,尤其是在量级的数量很少时(图 12.2)。
>
> PSD 点数选择得很大也没太大作用。对于未指定斜率线段构成的 PSD 来说用 100 点和 200 点计算的规范都是相同的(图 12.3)。
>
> 当选择水平线段的方式时,也能用 100 点和 200 点在细节上正确地复现原始的 PSD。而采用 40 点时,峰值向上取整(图 12.4)。RMS 值不变。

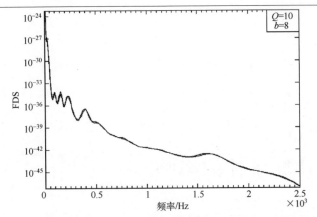

图 12.1　由飞机规范(用 40 个点未指定斜率线段的 PSD)计算出的 FDS
和实际环境下的 FDS 的比较

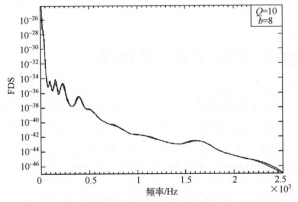

图 12.2　由飞机规范(用 40 个点水平线段的 PSD)计算出的 FDS
和实际环境下的 FDS 的比较

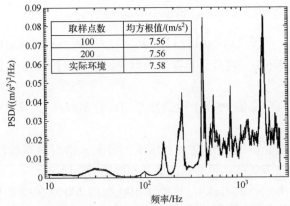

图 12.3　规范的计算点数的影响(未指定斜率线段的 PSD)

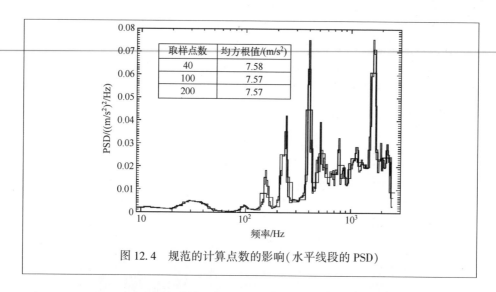

图 12.4   规范的计算点数的影响(水平线段的 PSD)

12.2   规范中品质因数 Q 的影响(时间不压缩)

定义规范谱的取样点很大时,品质因数 Q 没有影响。由白噪声随机振动引发的损伤表达式就可以明显看出这种特性。如果响应可以视为窄带信号,那么疲劳损伤可以表示(第 4 卷,第 4 章)为

$$D = \frac{K^b}{C} n_0^+ T (\sqrt{2} z_{\text{rms}})^b \Gamma\left(1 + \frac{b}{2}\right) \tag{12.1}$$

如果用 $G_z(f)$ 表示相对位移响应的 PSD,并且振动为 $G_{\ddot{x}}(f) = G_{\ddot{x}_0}$,则可得

$$G_z(f) = H_{\ddot{x}z}^2 G_{\ddot{x}} \tag{12.2}$$

式中

$$|H_{\ddot{x}z}|^2 = \frac{1}{(2\pi f_0)^4 \left\{\left[1 - \left(\dfrac{f}{f_0}\right)^2\right]^2 + \left(2\xi \dfrac{f}{f_0}\right)^2\right\}} \tag{12.3}$$

因此

$$z_{\text{rms}}^2 = \int_0^\infty G_z(f)\, \mathrm{d}f = \frac{G_{\ddot{x}}}{64\pi^3 f_0^3 \xi} = \frac{G_{\ddot{x}}}{8\omega_0^3 \xi} \tag{12.4}$$

通过将该值转换为损伤表达式,即

$$D = \frac{K^b}{V} n_0^+ T \left(\frac{G_{\ddot{x}}}{4\omega_0^3 \xi}\right)^{\frac{b}{2}} \Gamma\left(1 + \frac{b}{2}\right) \tag{12.5}$$

已知 $n_0^+ \approx f_0$,可以观察到阻尼作为 $G_{\ddot{x}}$ 的因子出现。从 PSD 变换到损伤谱,

再从损伤谱变换回 PSD 涉及同样的因子。因此,阻尼的数值也没有影响。

在由线段组成的 PSD 的例子中,可以给出相同的结论(见第 4 卷)。

当取样点的数目减少到几十个时,由此产生的 PSD 更加平滑,原因是局部波动更小了。RMS 值仍然是维持不变。ERS 和 FDS 也与原来一致。

例 12.2 考虑在飞机上测得的振动(图 12.5)。

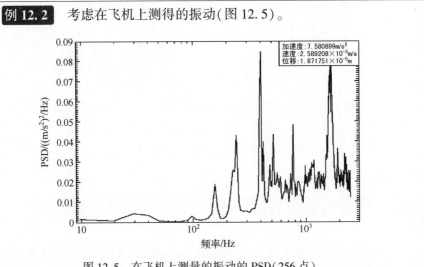

图 12.5 在飞机上测量的振动的 PSD(256 点)

图 12.6 和图 12.7 分别给出由该振动 PSD 计算得到的持续时间 1h 的 FDS 和 ERS($b=8$,Q 为 5、10 和 20),以及由规范计算得到的 FDS 和 ERS。

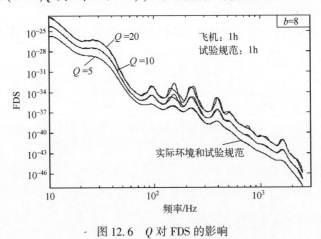

图 12.6 Q 对 FDS 的影响

40 个量值的频率范围边界是自动划分的(因而未经优化),为便于比较,对所有的 Q 都选择相同的边界。

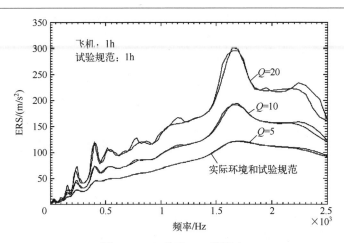

图 12.7 Q 对于 ERS 的影响

可以观察到各种情况下的振动均方根值与实际振动非常接近。从图 12.8(40 个点)可以看出, Q 越小,PSD 越平滑。

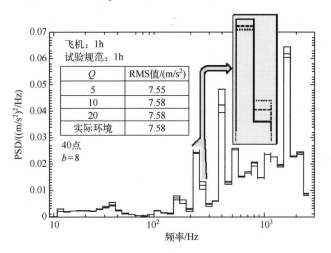

图 12.8 Q 对规范的影响(PSD)

取样点为 100 个点时,由规范得到的 PSD 更接近原始的 PSD(图 12.9)。

注意,以下规范由未指定斜率的线段定义:

取样点为 200 个点时,将 $Q=10$ 和 $Q=20$ 计算得到的规范与参考 PSD 进行合并(图 12.10 和图 12.11)。

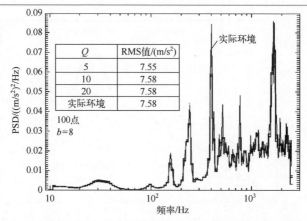

图 12.9　实际环境的 PSD 和多个 Q 值计算得到规范的比较

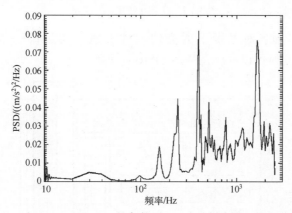

图 12.10　在 $Q=10$ 和 $Q=20$ 的条件下 200 个取样点的飞机规范的计算

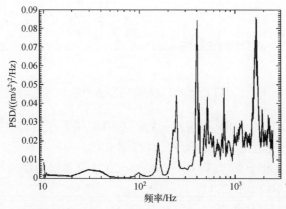

图 12.11　实际飞行环境的 PSD 和 $Q=20$ 时 200 个点计算得到的规范 PSD

12.3 当持续时间缩短时,规范中品质因数 Q 的影响

当持续时间缩短时,Q 值在规范的计算中没有显著的影响,对持续时间不缩短的结论在这里完全适用。

例 12.3 飞机的振动持续时间 10h,需要确定当 $b=8$,Q 分别为 5、10 和 20 时的持续时间为 1h 的试验规范。

图 12.12 给出了用不同的 Q 值,根据由参考 PSD 计算得到的 FDS,以及由 40 个点数的规范(PSD 频率自动分段选取,未经优化处理)得到的 FDS。

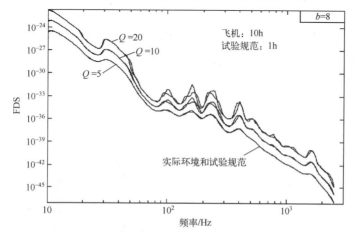

图 12.12 Q 对 FDS 的影响(飞机实际环境与缩短持续时间的规范)

相应的 ERS 如图 12.13 所示,可以明显看出持续时间缩短导致量级增加。

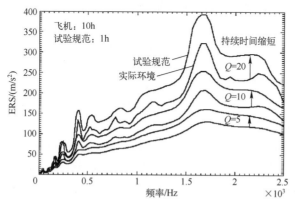

图 12.13 Q 对 ERS 的影响(飞机实际环境与缩短的持续规范)

缩短持续时间的规范(PSD)对比如图 12.14 所示。

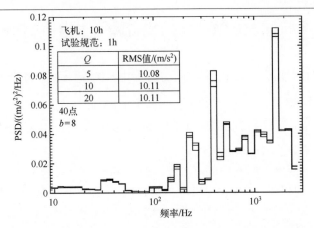

图 12.14 3 个 Q 值条件下缩短持续时间的规范（PSD）对比

Q 越小,PSD 越光滑,但 RMS 值基本一样。这些 PSD 的频率成分与实际环境 PSD 的非常接近(图 12.15)。

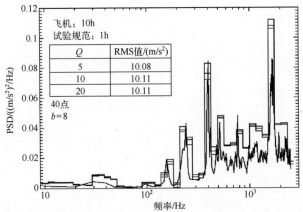

图 12.15 飞机实际环境的 PSD 和规范中的 PSD 在取不同的 Q 值时的比较

例 12.4 两种情形串联的情况。

实际环境是由卡车振动(持续 24h)和随后的飞机振动(3h)组成的(图 12.16)。

对这个非常简单的寿命剖面分别用 Q 为 5、10 和 20 制定的规范几乎是相同的(图 12.17)。将整个频谱分为 40 个水平段,在这些段上 3 个 PSD 之间有一些不明显的差距,Q 值较小时,分段较为光滑。

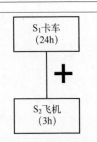

图 12.16 两种情况的
寿命剖面

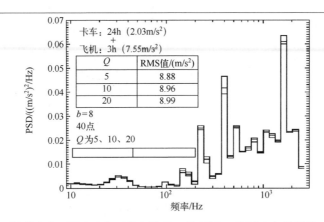

图 12.17 涵盖卡车运输和飞机运输环境的 3 种不同 Q 值下确定的规范 PSD 的比较

如图 12.18 所示,这一规范能正确地覆盖实际卡车运输和飞机运输环境的 PSD,低频段的振幅增加得更多,这是由于对卡车环境的时间缩短更明显(24h 压缩到 1h),而高频段振幅的增加不明显(飞机振动由 3h 缩短到 1h)。

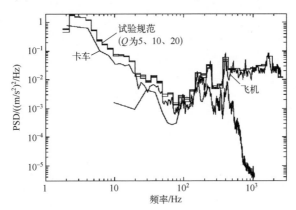

图 12.18 比较 3 种 Q 值条件下试验规范与实际环境的 PSD(卡车和飞机)

12.4 当真实 Q 值未知情况下,取 $Q=10$ 制定规范的有效性

在对材料的动力学特性缺乏精确数据时,一般根据选取品质因数 Q 为 10 计算出的 FDS 和 ERS 来制定规范。而后期试验表明,实际的 Q 为其他值。

根据 12.2 节和 12.3 节已经知道规范的制定与 Q 的选取无关。可以通过 ERS 和 FDS 的计算验证这一说法:对 $Q=20$ 的结构用 $Q=10$ 计算得到的规范与用实际环境对 $Q=20$ 的结构计算出的规范在效果上是相同的。

例 **12.5**　根据来自飞机实际振动环境定义的 PSD(图 12.5),对 $Q=10$ 时的 ERS 和 FDS 进行了计算,并据此推导出试验规范。取 $Q=20$,重新计算规范中的 ERS 和 FDS,并与从原始的 PSD 按 $Q=20$ 直接计算的 ERS 和 FDS 进行比较,如图 12.19 所示。

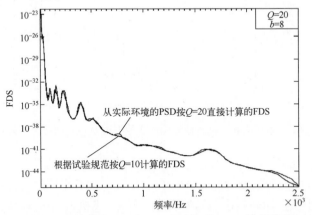

图 12.19　实际的飞机环境的 FDS($Q=20$)和由规范($Q=10$)计算的 FDS 的比较

可以看出,即使对于 Q 不为 10 的结构,按 $Q=10$ 制定的规范所给出的损伤响应谱和极限响应谱的效果还是很好的,如图 12.20 所示。

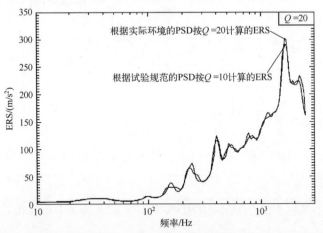

图 12.20　飞机的实际环境的 ERS($Q=20$)和按照规范($Q=10$)的 ERS 的比较

12.5　将 Q 值作为一个变量来计算 ERS 和 FDS 的好处

对有多个自由度的结构而言,每个模式的 Q 值是不同的。在计算 ERS 和 FDS 时,通常将 Q 看作常数。

考虑这种差异,应当根据固有频率的典型规律,选取不同的 Q 值对 ERS 和 FDS 的计算结果来确定规范。

Q 会影响 FDS 的计算,但由 FDS 计算规范的 PSD 时,同样需要考虑 Q 的影响,而后一运算过程中在每个固有频率上彼此抵消,这个特性在本书 12.2 节至 12.4 节的例子中进行了验证。在 FDS 计算时,当 Q 随固有频率变化时,这一结论仍然正确。

例 12.6 Q 在 8~50 之间变化的飞机振动的 FDS。为了便于进行比较,在整个频率范围内将 Q 取 10。如所预料的那样,当 Q 超过 10 时,FDS 幅度会较大(图 12.21)。

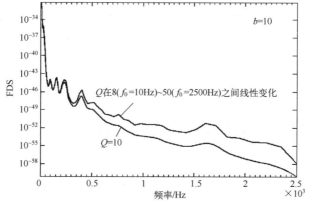

图 12.21 Q 值恒定为 10 时与 Q 值随频率变化的飞机振动的 FDS

用未指定斜率的线段构成 PSD 并考虑 Q 随频率变化的方法编制的规范,其 FDS 与实际环境条件下的 FDS 非常接近(图 12.22)。

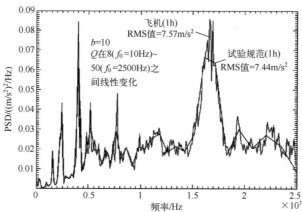

图 12.22 飞机实际环境的 PSD 谱与规范制定时考虑 Q 值随频率变化的 PSD 之间的比较

图 12.23 给出了的实际环境和规范的 FDS 谱。

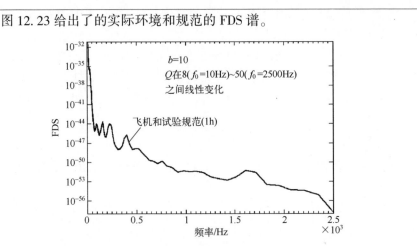

图 12.23　实际环境的 FDS 与考虑 Q 值随频率变化制定的规范的
FDS 之间的比较

12.6　参数 b 的取值对规范的影响

12.6.1　试验时间与实际环境的持续时间相同时的情况

当参数 b 变化时,同一振动的 FDS 幅值会不同;FDS 与 PSD 幅值的 $b/2$ 次幂成正比。由 FDS 变到 PSD 的逆变换是将 FDS 幅值取 $b/2$ 次幂。

结果 PSD 对中间 FDS 计算时参数 b 的选择不敏感。对于 FDS 是一个寿命剖面中多种情况损伤的累积计算结果,并根据此 FDS 推导出 PSD 谱的复杂情况,此特性依然适用,当试验时间域实际环境的持续时间相同时,规范不受参数 b 值的影响。

例 12.7　参数 b 分别取值 4、8 和 12,由飞机实测环境计算得到的 FDS 来制定试验规范的情况。

实际环境和规范的持续时间设为 1h。为了便于比较结果(图 12.24),在任意的情况下,用 40 段的量值来计算规范的 PSD 时,取相同频率边界。

频率边界是自动选择的,并应尽可能按照参考 FDS 自动生成而不用对其进行优化,因而观察到的差别非常细微。

应当注意到这 3 种规范的均方根值几乎完全相同,且与实际环境的均方根值一样。

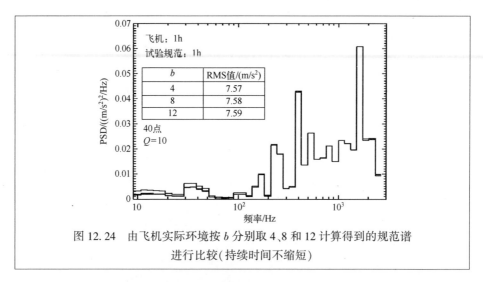

图 12.24　由飞机实际环境按 b 分别取 4、8 和 12 计算得到的规范谱
进行比较(持续时间不缩短)

12.6.2　试验时间缩短时的情况

根据 Basquin 简化的规则,PSD 振幅会增加,则有

$$G_{缩短的持续时间} = G_{实际的持续时间}\left(\frac{T_{实际环境}}{T_{试验规范}}\right)^{\frac{2}{b}} \tag{12.6}$$

当持续时间缩短时,规范是关于参数 b 的一个函数。

> **例 12.8**　以飞机的振动为例,按照 10h 实际环境和 1h 试验时间的规范分别计算 FDS(图 12.25),参数 b 分别为 4、8 和 12($Q=10$,PSD 有 40 个点)。
>
>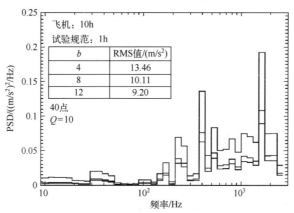
>
> 图 12.25　根据飞机实际环境,b 分别取 4、8 和 12 计算得到的规范
> 之间的比较(持续时间缩短)
>
> b 值随 PSD 的幅值发生变化。

例 12.9　以具有两个不同频率成分和持续时间的振动为例。假设寿命剖面由两种情景串联而成,卡车运输持续 24h 然后飞机飞行 3h。规范中将试验时间压缩为 1h,其中 b 依次取 4、8 和 12(图 12.26)。

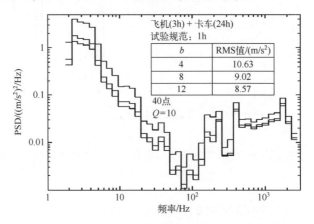

图 12.26　卡车和飞机运输两种情景组成的寿命剖面 b 依次取 4、8 和 12 时得到的规范之间的比较

按照 Basquin 定律的缩减方法,当 b 减少时,规范的均方根值增加。

对于更复杂的两个特征差异较大的情景串联的情况,PSD 低频部分主要来自于卡车运输(将 24h 的运输压缩为 1h 的试验时间)其幅值增加的程度要比主要来自飞机中的高频部分(将 3h 飞行时间压缩为 1h 试验时间)更大。

图 12.27 给出了在 $b=8$ 时推导出的规范的 PSD 与两种实际环境的 PSD 的比较,从图中更清楚地表明了这个结果。

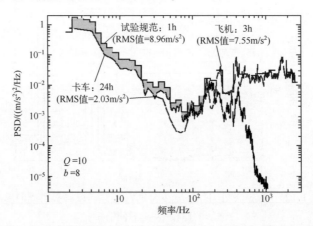

图 12.27　涵盖卡车运输和飞机运输规范的 PSD 与实际环境 PSD 的比较

12.7　结构由不同材料的部件构成时参数 b 的选择

这种问题不止存在于 ERS 和 FDS 计算过程中,标准中提出的压缩持续时间的方法是基于疲劳损伤等效的,并且要求选定一个特定的 b 值(在涉及航空材料的标准中,铝合金 b 值通常取 8~9)。在使用 ERS 和 FDS 计算方法时,b 可以根据实际需要进行选择。

在具有多种材料的情况下,很难确定值。某些情况下,事先可以确定最脆弱的材料,并通过最脆弱的材料确定相应的 b 值。

当没有任何相关的信息时,情况变得更加困难。选择较大的 b 值,会导致其他部件的欠试验,显然应该避免这种情况。

一种比较保守的办法是选取最小的 b 值,但是会导致规范中最大的 PSD 幅值的增大,此方法可用于筛选材料。然而,它会导致具有更高 b 值材料的部件过试验。如果不关心部件的特性,那么这种方法是可取的。

如果关心这些部件的特性,一个解决方案是将问题分离,即进行两次试验。考虑设备由轻合金框架(b=9)及其支撑的电路板(b=4)组成。

如果忽略最脆弱的元件,为了避免 b=9 时电路板会发生欠试验以及 b=4 时合金框架发生过试验,可以进行如下两个独立的试验:

(1) 取 b=9 对框架进行试验(用实际的电路板或力学特性相似的板进行试验,但不考虑板自身的试验结果)。

(2) 取 b=4 仅对电路板进行试验,并将电路板放置在刚性结构的固定点上。

使用刚性结构是假设在电路板和框架之间没有任何的力学交互作用。

当部件不能单独进行试验时,还没有简单的解决方案,但这种情况是相当少见的。

12.8　温度对参数 b 和常数 C 的影响

材料的力学特性通常与温度相关,尤其是疲劳特性。在 ERS 和 FDS 的计算中涉及的常数如下:

(1) Basquin 定律的常数 b 和 $C(N\sigma^b=C)$;

(2) 应力和应变的比例关系常数 K;

(3) 品质因数 Q。

到目前为止,在单个结构的几组振动的 ERS 和 FDS 严酷度比较中,一般忽

略常数 C 和 K 的准确值(设定它们等于 1)。

如果所有用于比较的振动施加在处于相同的温度的结构上,则该方法可以保持不变。在制定规范时,试验也必须在相同的温度下进行,如果要缩短试验时间,参数 b 的影响是很重要的,并且必须确认在所需温度下 b 的取值,现有的文献中提供的数据有限。

当需要制定一个规范包含应用于不同温度下的多个振动时,其各自力学特性随温度变化的差异较大,问题会变得更加复杂。在这种情况下,在计算无论包络或求和对应的 ERS 和 FDS 时,就不能再忽略常数(K、C、b 和 Q)的准确度。理论上,如果这些值已知,得到的 ERS 和 FDS 可用于严酷度比较和规范制定,无论是否缩减试验时间或是否在相同温度下进行试验。

然而,实际中去获取不同温度下这些参数值十分困难(发布的数据有限)。

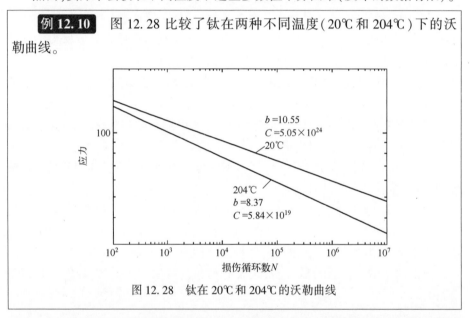

例 12.10 　图 12.28 比较了钛在两种不同温度(20℃和 204℃)下的沃勒曲线。

图 12.28 　钛在 20℃和 204℃的沃勒曲线

12.9 在窄带内将规范 FDS 和参考 FDS(实际环境)的品质因数 Q 取为 10 的重要性

为了简化规范,或考虑振动峰值可能会发生变化的窄带频率间隔,必须在一些峰值附近选择较大的值作为包络线,使 FDS 曲线变得光滑。

这种方法会导致更大的损伤,或在一小频带内因子可能会超过 10,不过这对规范的结果影响是非常有限的。

例 **12.11** 图 12.29 给出了飞机的振动(200 点)的 FDS,以及规范的 PSD 导出的 FDS,设规范由 40 段量值构成,覆盖了 FDS 中 100~400Hz 中的峰值(没有时间压缩)。

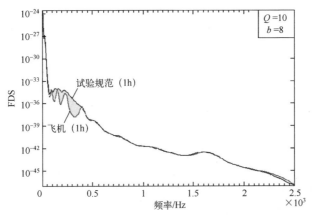

图 12.29 飞机实际环境进行平滑处理后制定窄带规范的 FDS

规范的均方根值没有超过 2.7%,从 7.56~7.76m/s²(图 12.30)。对平滑度的影响非常低。

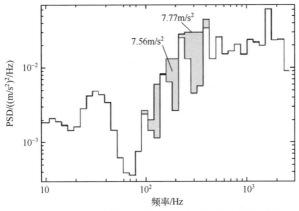

图 12.30 飞机实际环境进行平滑处理与未经处理制定窄带规范的 FDS 进行比较

12.10 当实际结构是多自由度系统时,由单自由度系统建立规范的有效性

试验规范的制定是基于一个单自由度线性系统对振动的响应(最大响应及

疲劳损伤)与实际的环境相同来确定,其频率范围应包含所有涉及材料的固有频率。

实际上,很难能找到一个完美的单自由度线性结构,因此,自然会质疑所建立的规范是否有意义。

尽管很难提供一个通用示例来确定等效性,但是可以考虑一些影响因素:

(1) 在初次近似时,有些结构可以近似为单自由度系统,尤其是悬挂的设备或容器的情况。

(2) 在另外一些情况下,除非前两阶模态非常接近并且高度耦合,第一阶模态通常会产生最大的相对位移响应,从而对损伤的贡献最大。

(3) 尽管不是绝对正确,但长期以来一直用冲击响应谱制定复杂结构的规范,并且不存在负面的影响。

(4) 用于验证 SRS 应用的试验研究表明,如果两个冲击的 SRS 相似,其在复杂结构中产生的最大应力相似度相差不会超过 20%(见第 2 卷,在非零速度变量或振荡时)。如果冲击的特性不同,其比率通常在 2~3 之间。对变化很大的非线性数字模型的计算表明,该参数不明显地改变等效性。

(5) 研究表明[DEW 86],只要知道 b 和 Q 的值,就可以通过 FDS 和 ERS 确定一个与扫频正弦振动具有相同严酷度的随机振动试验。已经通过在两种试验激励下对不同时期电路板的使用寿命比较进行了验证。失效准则是出现首次电气故障(电路板在试验期间通电运行)或者机械故障(器件引脚断裂等)。具有相同的 FDS 值的等效试验与寿命周期内情况相似(通常考虑在疲劳试验中会有一些分散性)。这项研究在 1986 年提出,并在 2002 年用最新的器件试验验证。

(6) 在某些行业中这种方法已成功应用了 38 年以上。

第 13 章
关于极限响应谱、上穿越风险和疲劳损伤谱的其他应用

13.1 不同振动信号的严酷度的比较

经常会遇到比较几个振动环境严酷度的问题,可能涉及以下 3 个方面:

(1) 在不同车辆上测量的几组振动信号,或者同一车辆上在不同条件下测量的几组振动信号(车辆行驶在平坦或者颠簸路面上);

(2) 在同一标准或者不同标准下规定的几组试验条件;

(3) 规范和实际环境测量。

在实际环境中遇到的振动通常属于随机信号,但振动的持续时间是千差万别的。

当标准中定义的试验具有不同的特性时,就会引发更多问题:正弦扫频信号和随机振动信号进行比较,或者随机振动信号和脉冲进行比较。

应用极限响应谱和疲劳损伤谱可以对所有振动环境的严酷度进行比较。

13.1.1 不同实际振动环境的相对严酷度的比较

需要对飞机和直升机中振动环境进行比较,这两个振动信号均以加速度谱密度形式表征(图 11.28),具有相似的均方根值,但频谱不相同。

图 13.1 和图 13.2 分别比较了这两种不同的实际振动环境的极限响应谱和疲劳损伤谱,并制定一个标准试验谱涵盖这些环境。制定时假设直升机的振动持续时间为 3h,飞机的振动持续时间为 2h。用一个正弦扫频信号来描述这个标准试验谱加速度幅值为 $1g$,频率范围为 $10 \sim 600\text{Hz}$(持续时间 3h)。

这些谱图清晰地表明了在哪些频率范围内(固有频率处)直升机振动最严酷。同时显示出本例所确定的标准在600Hz之前振动试验条件过于严酷,而在600Hz之后又过于缓和。

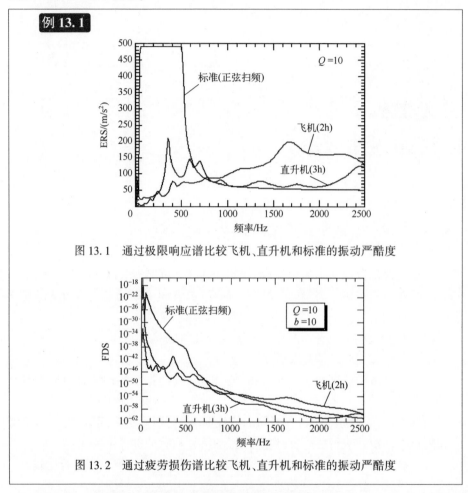

图13.1 通过极限响应谱比较飞机、直升机和标准的振动严酷度

图13.2 通过疲劳损伤谱比较飞机、直升机和标准的振动严酷度

13.1.2 不同标准条件下的严酷度的比较

可利用ERS和FDS对不同标准之间或同一标准中不同试验的严酷度进行比较,某些试验仍然采用正弦扫描的方法。D. Richards[RIC 01]对英国国防部00-35(第3部分—军用物资的运输)标准中的装备运输试验的几种严酷度进行了比较。D. H. CHO[CHO 10]对飞机振动规范也进行了比较。

图13.3和图13.4中给出的谱也可作为两个标准的严酷度比较的例子,一种定义为随机振动信号,另一种定义为正弦扫频激励信号:

（1）随机振动信号持续时间 1h，其功率谱密度为

20~100Hz：1（m/s²）²/Hz

100~500Hz：2（m/s²）²/Hz

（2）对数正弦扫频信号持续时间 3h：

10~200Hz：10m/s²

200~600Hz：60m/s²

如果不通过频谱分析，则两者的比较会变得非常困难。

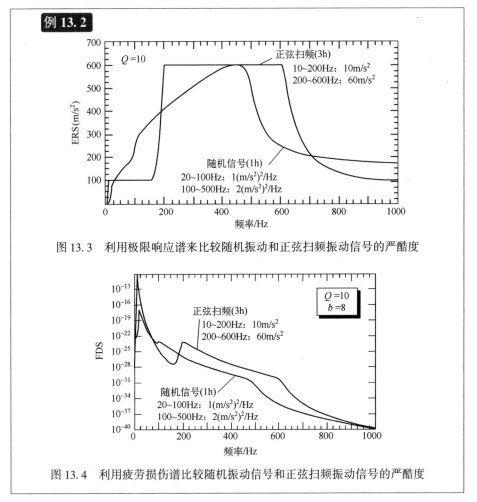

图 13.3　利用极限响应谱来比较随机振动和正弦扫频振动信号的严酷度

图 13.4　利用疲劳损伤谱比较随机振动信号和正弦扫频振动信号的严酷度

13.1.3　地震严酷度的比较

地震相当于冲击事件，通常采用冲击响应谱计算其严酷度（冲击响应谱最早用于研究地震效应），当然也有很多文献用功率谱密度来描述地震冲击信号。

由于信号是非平稳的,所以不应采用这种方法来进行分析,功率谱密度只能给出信号频率分量的定性描述。

通过这两种频谱比较地震冲击波是相当困难的,不过可以通过功率谱密度计算出极限响应谱或 URS,这两种谱可直接与地震冲击波的冲击响应谱进行比较。

已知极限响应谱可以计算出功率谱密度,反过来,已知功率谱密度也可以计算出极限响应谱。这种对应关系可以用来比较以不同方式表达的在不同标准下进行的试验条件,在使用这种方法时需要谨慎。

13.2　正弦扫频信号与随机振动信号的相互转换

尽管推荐不这样,但有时要将一个正弦扫频信号转换为一个随机振动信号进行试验。这种转换方式在前面的章节中已提及,从计算正弦扫频信号的疲劳损伤谱开始。

例 13.3　图 13.5 给出了一组(对数)正弦扫频激励信号的疲劳损伤谱,持续时间为 3h:

10~200Hz:10m/s²

200~600Hz:60m/s²

在 $Q=10,b=8$ 条件下获得等效随机振动信号(持续时间为 2h)。反过来的转换也是可以实现的,用一个正弦扫频试验等效替代另一个由功率谱密度定义的随机振动试验。

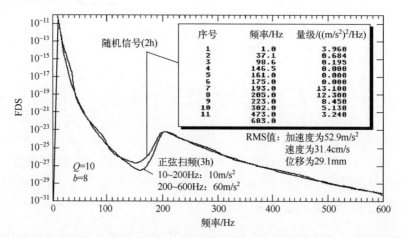

图 13.5　具有相同严酷度(也就是疲劳损伤)的随机振动信号与正弦扫频振动信号

例 13.4　图 13.6 给出了在直升机地板测量的一组随机振动信号的功率谱密度,假设该振动的持续时间为 1h。

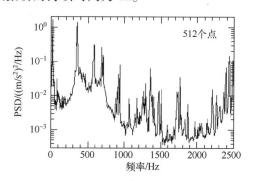

图 13.6　某直升机上测量的振动信号的功率谱密度

按损伤等效的角度确定出正弦扫频振动试验条件,见表 13.1。

表 13.1　正弦扫频信号与直升机上持续时间为 1h 的随机振动
信号的疲劳等效

频率/Hz	加速度峰值/（m/s²）	
	持续时间 1h	持续时间 162s
1~20	0.1	0.14
20~330	2.0	2.7
330~360	15.0	20.5
360~550	7.3	10.0
550~730	9.3	12.7
730~970	5.5	7.5
970~1250	4.5	6.2
1250~1400	5.5	7.5
1400~2000	4.6	6.3

计算是在条件 $Q = 10, b = 10$ 下进行的,正弦扫频信号的持续时间为 1h (与随机振动信号持续时间相同),然后变为 162s。

图 13.7 绘出了实际随机振动信号的疲劳损伤谱以及等效正弦扫频振动信号(持续时间为 1h 或者 162s),其频谱之间的相对差值还会随量级个数的增加而继续减小。

图 13.8 是相应信号的极限响应频谱,很明显随机信号和 1h 的正弦扫频信号的极限响应谱存在很大的差别。

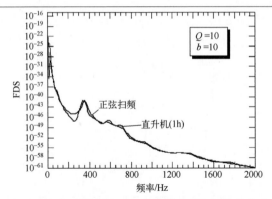

图 13.7 直升机振动(持续时间 1h)与等效正弦扫频信号的疲劳损伤谱

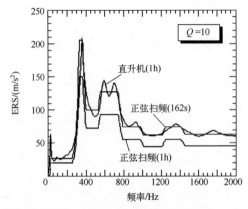

图 13.8 直升机振动(持续时间 1h)和等效正弦扫频信号(持续时间分别为
1h 和 162s)的极限响应谱

为了使得极限响应频谱更加相近,有必要将频谱幅值(正弦扫频激励信号)乘以一个系数,这个系数大概取 1.364,而为了使得疲劳造成损伤保持不变,又需要将持续时间(1h)除以 $(1.364)^{10} \approx 22.22\cdots$,这样持续时间就变为 162s。这个持续时间太短,以至于不能使正弦扫频振动信号完全激励机械系统。然而,如果随机振动信号持续时间为几小时,得到的扫频信号持续时间就会很合理。

例 13.4 说明了这类问题的一个难点:同时满足极限响应频谱和疲劳损伤谱两种等效准则,将导致正弦扫频信号的持续时间非常短。反过来说,如果初始振动是正弦信号,则随机振动信号的持续时间会变得非常长。

此外,参数 Q 和参数 b 的取值对结果影响非常大。应注意,正弦扫频振动信号的极限响应频谱随参数 Q 呈比例变化,而随机振动信号的极限响应谱则与 $\sqrt{Q}$ 的变化有关,这种特性常见于白噪声随机振动信号作用下的单自由度线性

系统的响应。当白噪声振动的功率谱密度为 G_0 时,响应信号的均方值为(第 3 卷式(8.22))

$$\omega_0^2 z_{rms} = \sqrt{\sqrt{\frac{\pi QG_0}{2}f_0}}$$

极限响应频谱近似值为

$$ERS \approx \sqrt{\frac{\pi QG_0 f_0}{2}}\sqrt{2\ln f_0 T} \qquad (13.1)$$

式中:T 为随机振动信号持续时间。

例 13.5　图 13.9 给出了下列信号的极限响应频谱:

(1)频率范围 5~100Hz 幅值 5m/s² 的正弦扫频信号,参数 Q 分别等于 10 和 50;

(2)均方根值为 5.416m/s² 的随机振动信号(Q 为 10 和 50,持续时间 4h),其功率谱密度见表 13.2。

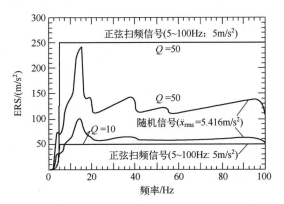

图 13.9　参数 Q 对随机振动信号和正弦扫频信号的极限响应谱的影响

表 13.2　图 13.9 中例子的功率谱密度值

频率/Hz	幅值/((m/s²)²/Hz)	均方根值/(m/s²)
3~4.5	0.781	
4.5~7	0.520	
7~12	1.041	
12~16	2.083	
16~20	0.520	5.416
20~40	0.260	
40~55	0.130	
55~100	0.091	

13.3 定义与一系列冲击信号严酷度相等的随机振动信号

利用极限响应谱和疲劳损伤谱都可以使振动信号转换为另一个不同性质的信号,通过施加相似的瞬态应力使转换后的信号形成相同的疲劳损伤。

例如,将随机振动信号转换为与之严酷度相同的正弦扫频振动信号,或者将正弦扫频振动信号转换成与之严酷度相同的随机振动信号,还可以将随机信号(由功率谱密度定义)与严酷度相似的大量重复冲击信号相互转换,后一种方法可用于研究在大量重复冲击信号作用下的疲劳行为,处理一个随机振动信号比处理一系列大量重复冲击信号容易很多。

这种等效转换是可以实现的,但是需要满足一些条件:

(1) 等效试验可以通过普通试验设备来完成:最大推力,位移,振动的持续时间不能太长也不能太短(常出现在转换一个具有等效最大应力的随机的一个正弦扫频振动信号)。

(2) 当激励信号的性质发生变化时(正弦扫频振动信号变为随机振动信号,冲击信号变为随机振动信号等),有必要知道参数 b 和 Q 的值[PER 03]。后一参数 Q 的值一般是未知的,所以采用这些公式进行变换时是要注意这些限制条件。

(3) 即使上述条件都满足,最大应力和疲劳损伤能够复现,也不要随意将一个随机振动信号转换成正弦扫频信号。在随机振动试验中,施加载荷的每一时刻都包含了很多频谱,同时激励所有的共振频率;在正弦扫频振动试验中,共振频率是依次激励的。

例 13.6 本例描述冲击信号与随机振动信号等效过程中 Q 的重要性。这里试图找出一个功率谱密度,它所表征的随机振动与施加在器件上重复进行 20000 次的冲击信号具有同样的严酷度。

冲击信号如图 13.10 所示,用 2500 个点定义。通过以下步骤进行等效变换:

(1) 计算进行 20000 次冲击的疲劳损伤谱和 10~2000Hz 之间的冲击响应谱,频率取对数步长,参数 $b=8$,Q 分别为 10 和 20。

(2) 拟合由 40 个点定义的功率谱密度,使其 FDS 近似于冲击信号(对于每一个不同的 Q 值)的疲劳损伤谱中;确定试验持续时间,使得随机振动信号的极限响应谱近似于冲击信号的冲击响应谱,例如,持续时间为 20h(在振动过程中,每次冲击信号在每一个固有频率上产生最大峰值;如果响应产生的峰值比在冲击信号下观测值要高,就应该考虑随机振动信号 URS)。

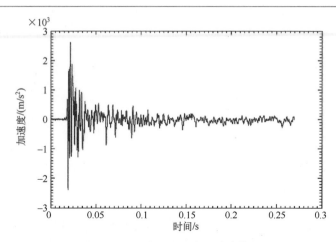

图 13.10　重复 20000 次的冲击信号

图 13.11 和图 13.12 分别给出了 Q 为 10、20 时冲击信号及其等效的随机振动信号的疲劳损伤谱。

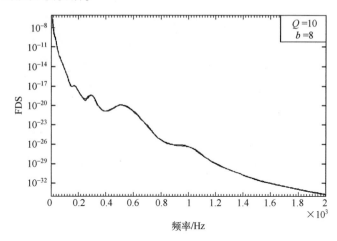

图 13.11　重复 20000 次的冲击信号和等效随机振动信号的疲劳损伤谱（$Q = 10$）

图 13.13 和图 13.14 分别比较了在 Q 为 10、20 时振动的极限响应谱和冲击信号的冲击响应谱。

图 13.15 给出了两个不同 Q 值所对应的等效振动信号的功率谱密度。结果显示两者差别不太大，$Q = 10$ 时均方根值为 398.3m/s^2，$Q = 20$ 时 345m/s^2。

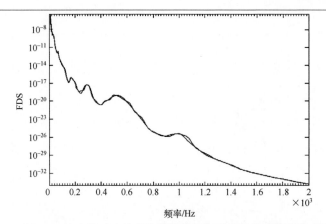

图 13.12 重复 20000 次的冲击信号和等效随机振动信号的疲劳损伤谱($Q=20$)

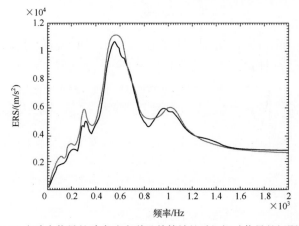

图 13.13 图 13.10 中冲击信号的冲击响应谱及其等效的随机振动信号的极限响应谱($Q=10$)

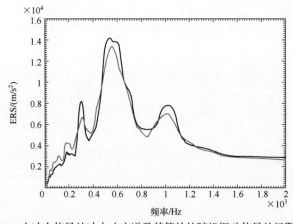

图 13.14 图 13.10 中冲击信号的冲击响应谱及其等效的随机振动信号的极限响应谱($Q=20$)

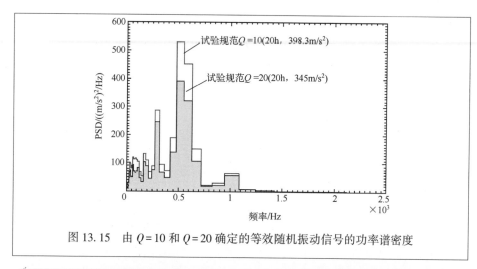

图 13.15　由 $Q=10$ 和 $Q=20$ 确定的等效随机振动信号的功率谱密度

13.4　仅根据极限响应谱(或上穿越风险响应谱)来编写规范

在某些情况下,希望通过极限响应谱来确定规范的指标(PSD),例如短时间的非稳态振动或冲击响应谱。

当最大风险是由于应力过大造成失效时,可用寿命期内多个事件的 ERS 包络而成的 ERS 进行计算得到由 PSD 定义的试验规范。

这种方法包括两个步骤:①找出一个功率谱密度,使其极限响应谱与寿命期剖面的极限响应谱相同;②由于已经知道 ERS 对振动的持续时间不敏感,可任意设置(本书6.1节)。

试验的持续时间最好很短,或者峰值持续时间与实际信号中强度最大的信号持续时间相等,这样就可以避免出现非典型疲劳断裂的风险。试验的目的仅是验证材料是否能承受实际环境中最严酷的量值。

例如,将一个用冲击响应谱表示的地震规范转换为另一个由功率谱密度定义的地震规范。这种方法只有在下列条件下可以使用:

(1)只有并联子场景和/或并行场景;

(2)疲劳损伤不是关键准则。

还有两种其他的方法:矩阵求逆的方法和迭代法。

13.4.1　矩阵求逆法

13.4.1.1　根据极限响应谱制定规范

可按以下方法由极限响应谱制定规范[LAL 88]。已知极限响应谱可以表示成以下的化简形式（假设 $n_0^+ \approx f_0$）：

$$\text{ERS} = \omega_0^2 z_{\text{sup}} \approx \omega_0^2 z_{\text{rms}} \sqrt{2\ln(f_0 T)} \tag{13.2}$$

式中：z_{rms} 为位移响应的均方根值（第 3 卷，式（8.79））为

$$z_{\text{rms}}^2 = \frac{\pi}{4\xi(2\pi)^4 f_0^3} \sum_{j=1}^{n} a_j G_j \tag{13.3}$$

极限响应谱每条谱线满足

$$\text{ERS}_i \approx \sqrt{\frac{\omega_{0i}\ln(f_{0i}T)}{4\xi} \sum_{j=1}^{n} a_{i,j} G_j} \tag{13.4}$$

当功率谱密度为一水平直线段时，有

$$\text{ERS}_i \approx \sqrt{\frac{\omega_{0i}\ln(f_{0i}T)}{4\xi} \sum_{j=1}^{n} G_j \left[\text{I}_0(h_{i,j+1}) - \text{I}_0(h_{i,j}) \right]} \tag{13.5}$$

以矩阵形式表示为

$$\text{ERS}_2 = \boldsymbol{BG} \tag{13.6}$$

因此可以求出 $G(f)$ 的值。

如果用这种方法确定的功率谱密度来控制试验，那么控制器产生的信号持续时间为 30s 左右的地震冲击信号不必与原始信号的 ERS 相同。只需确认由功率谱密度产生多组信号，其极限响应谱的平均值近似于参考的极限响应谱。

例 13.7 图 13.16 给出的在地震时测量的加速度时域信号。可用这个地震冲击信号的冲击响应谱（取 $Q=10$ 计算）制定一个以随机振动方式来表示的试验规范。该随机振动可以产生与地震冲击信号相同的极限响应。图 13.17 给出了持续时间为 30s 振动信号的功率谱密度。

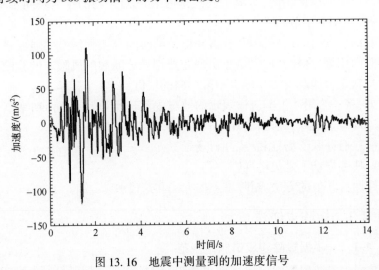

图 13.16 地震中测量到的加速度信号

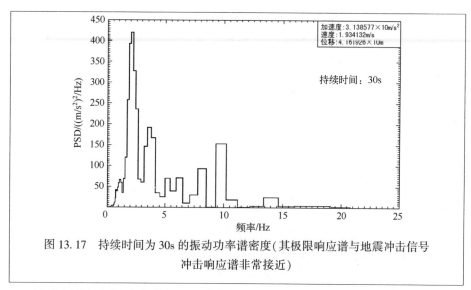

图 13.17　持续时间为 30s 的振动功率谱密度(其极限响应谱与地震冲击信号
冲击响应谱非常接近)

这个规范的极限响应谱与地震冲击信号的冲击响应谱非常接近(图 13.18)。

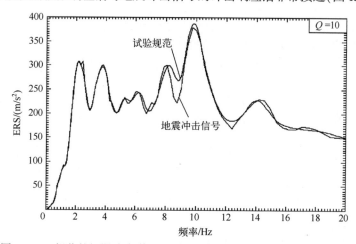

图 13.18　规范的极限响应谱和地震冲击信号的冲击响应谱之间的比较

将一个非平稳现象可用一个能产生同样极限响应谱的平稳振动信号替代。因为持续时间是事先确定的,所以规范给出的疲劳损伤谱与地震冲击信号的是不相同的。

在同样 30s 的持续时间内,由极限响应谱定义的随机振动信号与地震冲击信号产生相同的应力,可以将地震冲击信号的冲击响应谱作为上穿越风险响应谱来计算功率谱密度。选择上穿越风险的方法有两种:

(1)低风险,使得随机振动信号产生的响应会永远比信号的冲击响应谱低;

（2）高风险，保证随机振动信号响应比信号的冲击响应谱高。

如同疲劳损伤谱一样并基于同样的原因，绘制极限响应谱时可以将纵坐标乘以一个系数：

$$N = \frac{1}{\sqrt{f_0 \ln f_0 T}} \tag{13.7}$$

已知 $n_0^+ \approx f_0$，事实上式（13.4）经转化后可变成

$$
\begin{aligned}
\mathrm{ERS} &\approx \sqrt{\frac{\pi}{2\xi}} \sqrt{f_0 \ln(f_0 T)} \sqrt{\sum_i G_i [I_0(h_{i+1}) - I_0(h_i)]} \\
&\approx \frac{1}{N} \sqrt{\frac{\pi}{2\xi}} \sqrt{\sum_i G_i [I_0(h_{i+1}) - I_0(h_i)]}
\end{aligned}
\tag{13.8}
$$

通过在 y 轴设置 N. ERS 来绘制修改后的频谱。

13.4.1.2　根据上穿越风险响应谱制定规范

URS 推导的方法与式（2.32）相同：

$$\mathrm{URS} = \mathrm{ERS} \sqrt{\frac{-\ln[1-(1-a)^{1/n_0^+ T}]}{\ln(n_0^+ T)}} \tag{13.9}$$

仍然假设 $n_0^+ \approx f_0$，则式（13.4）变为

$$\mathrm{URS}_i = \sqrt{\frac{-\omega_{0i} \ln[1-(1-a)^{1/f_{0i} T}]}{4\xi} \sum_{j=1}^n a_{i,j} G_j} \tag{13.10}$$

式（13.5）变为

$$\mathrm{URS}_i \approx \sqrt{\frac{-\omega_{0i} \ln[1-(1-a)^{1/f_{0i} T}]}{4\xi} \sum_j G_j [I_0(h_{i,j+1}) - I_0(h_{i,j})]} \tag{13.11}$$

表达式可以写成与关系式（13.6）相类似的矩阵形式。

修改后的频谱

URS 仍然可以用式（13.8），此处

$$N = \frac{1}{\sqrt{-\ln[1-(1-a)^{1/f_{0i} T}]}} \tag{13.12}$$

13.4.2　迭代法

类似于疲劳损伤谱，利用 ERS 进行迭代制定规范。功率谱密度的幅值修正用下式计算：

$$\mathrm{PSD}_{i+1}(f_i) = \mathrm{PSD}_i(f_i) \left(\frac{\mathrm{ERS}_{\mathrm{reference}}(f_i)}{\mathrm{ERS}_i(f_i)} \right)^2 \tag{13.13}$$

经过几次迭代就足以获得功率谱密度幅值,可用一些更详细的步骤来加快信号收敛的速度。

13.5 制定正弦扫频振动信号规范

根据参考的疲劳损伤谱也可以制定正弦扫频类型的振动试验规范,原理上这种方法与随机振动规范的制定很相似。

有两种可行的方法:

(1) 从损伤谱的 N 个点中选取 n 个点($n \leqslant N$)。这些点作为正弦扫频信号的定义的频率区间(f_j, f_{j+1})中心点(图 13.19)。两端频率 f_j 和 f_{j+1} 是根据疲劳损伤谱计算时使用的频率 f_{0i} 确定的。

(2) 事先选取好区间(f_j, f_{j+1}),然后在频率 $f_{0i} = (f_j + f_{j+1})/2$ 点处读取疲劳损伤谱上损伤值。

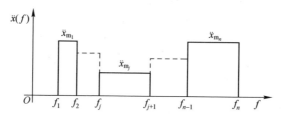

图 13.19 正弦扫频振动信号的规范

因而在任何情况下,正弦扫频信号量级的数量与疲劳损伤谱所选取的点的数量相同。

可用式(3.66)计算正弦扫频振动信号在固有频率 f_{0i} 处的疲劳损伤。正弦扫频振动信号由 n 个不同量值组成。当扫频方式为对数、持续时间为 t_b 时,可以表示为

$$\sum_{j=1}^{n} \frac{f_{0i} T_1 \ddot{x}_{mj}^b}{(2\pi f_{0i})^b} \int_{h_j}^{h_{j+1}} \frac{\mathrm{d}h}{\left[(1-h^2)^2 + \frac{h^2}{Q^2}\right]^{\frac{b}{2}}} = D_i \qquad (13.14)$$

式中

$$T_1 = \frac{t_b}{\ln \frac{f_n}{f_1}}, \quad h_j = \frac{f_j}{f_{0i}}, \quad h_{j+1} = \frac{f_{j+1}}{f_{0i}} \ (1 \leqslant j \leqslant n), \quad D_i = D(f_{0i})$$

式(13.14)可以写成

$$\sum_j a_{ij} \ddot{x}_{mj}^b = D_i \tag{13.15}$$

设

$$a_{ij} = \frac{f_{0i} T_1}{(2\pi f_{0i})^b} \int_{h_j}^{h_{j+1}} \frac{\mathrm{d}h}{\left[(1-h^2)^2 + \dfrac{h^2}{Q^2}\right]^{\frac{b}{2}}} \tag{13.16}$$

那么式(13.15)可以写成矩阵形式:

$$A\ddot{X}_b = D \tag{13.17}$$

式中: $\ddot{X}_b$ 为列向量,每一项都为幅值 $\ddot{X}_{mi}$ 的 b 次方。

得出正弦扫频信号幅值为

$$\ddot{X}_b = A^{-1} D \tag{13.18}$$

矩阵 A 中的 a_{ij} 是由式(13.16)所确定的,求出 A 的逆矩阵,然后乘以列向量 D(由所选定损伤值组成的列向量)。

对于线性扫频的情况,用相同的符号,正弦扫频振动信号造成的损伤为

$$\sum_{j=1}^n \frac{f_{0i}^2 t_b \ddot{x}_{mj}^b}{(2\pi f_{0i})^b (f_n - f_1)} \int_{h_j}^{h_{j+1}} \frac{h\mathrm{d}h}{\left[(1-h^2)^2 + \dfrac{h^2}{Q^2}\right]^{\frac{b}{2}}} = D_i \tag{13.19}$$

得出

$$b_{ij} = \frac{f_{0i} t_{b1}}{(2\pi f_{0i})^b (f_n - f_1)} \int_{h_j}^{h_{j+1}} \frac{h\mathrm{d}h}{\left[(1-h^2)^2 + \dfrac{h^2}{Q^2}\right]^{\frac{b}{2}}} \tag{13.20}$$

$$B\ddot{X}_b = D \tag{13.21}$$

即

$$\ddot{X}_b = B^{-1} D \tag{13.22}$$

这种方法通常很不可取,其原因如下:

(1) 正弦扫频振动信号不能很好地表征实际环境测量得到的振动信号的效应。实际环境测量出的振动信号具有宽频带随机特性,因此会同时激励所有共振频率。

(2) 正弦扫频规范的幅值由代表随机振动的损伤谱来确定。同时,这一幅值对参数 b 和 Q 的取值非常敏感,而需要精准估计参数 b 和 Q 的值。

如果必须采用这种方法,重要的是选取的振动持续时间 t_b,使规范中的极限响应谱近似于实际环境下的极限响应谱(与参考的疲劳损伤谱有关)。

附　录

A1　用 PSD 包络和疲劳损伤等效进行剪裁时所用假设的比较

A1.1　功率谱密度(PSD)包络图法

原理

该方法包括:

(1) 对某个单一事件(飞机运输、巡航阶段)进行测量得到多个典型的 PSD,或用与实际环境不同的表征事件(飞机运输、巡航、起飞和着陆阶段)的多个 PSD,对这些 PSD 进行简单的包络。

(2) 根据实际环境的持续时间缩短规范中规定的持续时间。在标准中给出了进行缩短时应遵循的公式:

$$\ddot{x}_{缩短持续时间} = \ddot{x}_{实际持续时间}\left(\frac{实际持续时间}{缩短持续时间}\right)^{\frac{1}{b}} \tag{A1.1}$$

式中:根据标准参数 b 的值介于 5~9 之间。$\ddot{x}$ 表示振动的幅值(正弦扫描和正弦振动)或均方根值(随机振动)。对于后者,用 G 表示 PSD 的幅值,该幅值随振动的均方根值的平方而变化。因此

$$G_{缩短持续时间} = G_{实际持续时间}\left(\frac{实际持续时间}{缩短持续时间}\right)^{\frac{2}{b}} \tag{A1.2}$$

在不同的标准中,b 的取值不同,具体如表 A1.1 所列:

表 A1.1　不同标准给出的 b 值

标　准	b
DEF STAN 0035(Part 5)[DEF 86]	5
Air 7304(1972)[NOR 72]	8

（续）

标 准	b
Air 7306[NOR 87]	8(不过可以调整)
MIL-STD 810 F[MIL 97]	随机,8;正弦,6(可以调整)
GAM EG 13[GAM 86]	开放

（3）跟踪真实环境冲击的 SRS 包络。规范给出 SRS 包络或者给出一个 SRS 接近该包络的时间信号。

隐含假设

标准中时间缩短规则的建立需要不同的假设。这一规则来源于 Basquin 提出的准则(假设1),以解析的方式表征沃勒曲线的线性部分。它将给定材料在试验中发生失效时的循环次数与施加在试件上的正弦应力幅值相联系起来：

$$N\sigma^b = C \tag{A1.3}$$

式中：b 和 c 为材料的性能参数。

因此,对于两个不同水平的应力,有

$$N_1\sigma_1^b = N_2\sigma_2^b \tag{A1.4}$$

假设在发生断裂的循环次数之前这个关系一直成立。如果 $n_1 < N_1$ 且 $n_2 < N_2$,则认为损伤相等,则

$$n_1\sigma_1^b = n_2\sigma_2^b \tag{A1.5}$$

式(A1.5)与式(A1.4)之比得

$$\frac{n_1}{N_1} = \frac{n_2}{N_2} \tag{A1.6}$$

这里,根据 Miner 准则(假设2)给出了损伤和损伤在两个应力水平下等效的定义。

已知循环次数与振动时间 T 成比例(对频率为 f 的正弦振动而言,$n = fT$),式(A1.5)可以写成

$$T_1\sigma_1^b = T_2\sigma_2^b \tag{A1.7}$$

为了获得式(A1.1),还有必要假设应力 σ 的幅值与所施加加速度幅值成一定比例(假设3),即

$$\sigma = \alpha\ddot{x} \tag{A1.8}$$

式(A1.5)也可以写成两个不同应力水平 σ_3 和 σ_4 之间的表达式,即

$$n_3\sigma_3^b = n_4\sigma_4^b \tag{A1.9}$$

也可得

$$\frac{n_3}{N_3} = \frac{n_4}{N_4} \tag{A1.10}$$

将式(A1.6)和式(A1.10)相加,可得

$$\frac{n_1}{N_1}+\frac{n_3}{N_3}=\frac{n_2}{N_2}+\frac{n_4}{N_4} \tag{A1.11}$$

应力 σ_1 下循环次数 n_1 和应力 σ_3 下循环次数 n_3 所造成的损伤与应力 σ_2 下循环次数 n_2 和应力 σ_4 下循环次数 n_4 所造成的损伤等效。

两个应力水平下循环所造成的总损伤等于部分损伤之和(假设4:损伤线性累积)。

SRS 的计算基于以下假设:

(1) 单自由度模型(假设5);

(2) 线性系统。

用 SRS 比较两个冲击严酷度的假设为:如果在固有频率上(在横坐标上给出)两个冲击的 SRS 相等,则两个冲击具有相同的效应。这一假设不仅适用于单自由度系统,也适用于实际结构,不必是线性的或单自由度。

如果谈及 SRS 的相对位移,即在纵轴上看到的单自由度系统质量的最大相对位移(乘以 $(2\pi f_0)^2$),隐含着:

(1) 质量块相对于基座的相对位移正比于激励的加速度(假设6);

(2) 应力(严酷度的表征)正比于相对位移(假设7)。

这两个假设等价于假设3。

A1.2 采用 ERS 和 FDS 的方法

假设

ERS 和 SRS 的定义相同:非特定振动下(随机或正弦)单自由度系统的最大响应(相对位移)。计算 ERS 的假设与 SRS 完全相同。

(1) 单自由度系统(假设a);

(2) 质量块相对于基座的相对位移正比于激励的加速度(假设b);

(3) 应力(严酷度的表征)正比于相对位移(假设c)。

除了 ERS 的假设之外,FDS 计算假定:

(1) 用 Basquin 准则表征沃勒曲线(假设d);

(2) 损伤的定义服从 Miner 准则(假设e);

(3) 损伤的累积是线性的(假设f)。

A1.3 假设之间的比较

对于 ERS 和 FDS,用缩短的持续时间得到等效疲劳损伤的依据是从 Basquin 准则推导出的损伤表达式。对于正弦振动,有

$$D = \frac{K^b}{C} f T z_{max}^b = \text{Constant } N z_{max}^b \quad\quad (A1.12)$$

式中,相对位移 z_{max} 正比于应力。

它用到的假设与传统方法一样,只是后者以更隐含的方式。它涉及参数 b,而且同样面临在多种材料组成的结构件中如何取值的问题。

在标准中将该参数设为某个值,结果是要么过试验(铝或钢结构,$b=5$),要么欠试验(电子,$b=8$),用 ERS 和 FDS 方法可以使该值选取得更合理。

表 A1.2 列出了各假设的比较。

表 A1.2　假设的比较

	PSD/SRS 包络法	ERS/FDS/SYS 法
Basquin 准则	假设 1	假设 d
服从 Miner 准则的疲劳损伤定义	假设 2	假设 e
应力与加速度成正比	假设 3	假设 b 和 c
单自由度系统模型	假设 5	假设 a
相对响应位移与加速度成正比	假设 6	假设 b
应力与相对响应位移成正比	假设 7	假设 c
线性的累积损伤	假设 4	假设 f

A2　传统 PSD 包络方法的局限和 ERS/FDS 法的优势

采用 PSD 制定规范可以采用以下方法:

(1) 用"平滑"的 PSD 包络实际环境,由于包络或多或少都会超出实际环境,因而有过试验的风险。

(2) 为了避免上述问题,仅保留 PSD 的"原始"包络(每个频率的最大曲线,没有余度)。

这两种方法都可能会导致误差。它们都假设实际环境振动的 PSD 可以精确计算得出,然而往往并不能。下面就不同的问题用案例进行讨论。

A2.1　用白噪声定义规范,其与实际环境 PSD 的均方根值相等

例 A2.1　为了简化表示,用一个 PSD 作为原始包络来表征实际环境中飞机和直升机各自运输持续 2h 的 PSD。

"规范"PSD 有时通过绘制一条幅度恒定的水平线来获得,其均方根值等于"原始"包络的均方根值(图 A2.1)。

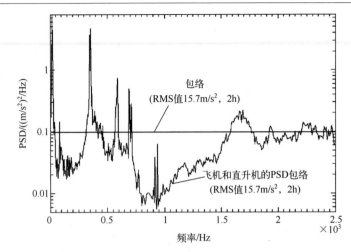

图 A2.1 飞机和直升机环境用一个 PSD 来包络,二者具有相同的 RMS 值

下面基于力学准则的唯一可用工具——ERS 和 FDS,对"规范"和原始 PSD 的严酷度差异进行比较。

规范和实际环境的 ERS 和 FDS 分别如图 A2.2 和图 A2.3 所示,注意到,某些共振频率下明显存在过试验和欠试验。

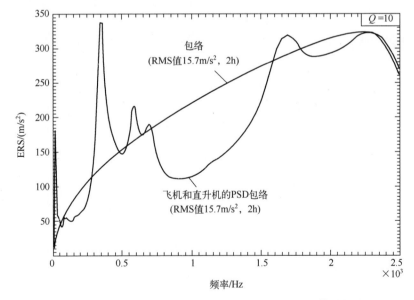

图 A2.2 飞机和直升机振动包络的 ERS 及具有相同均方根值的规范的 ERS

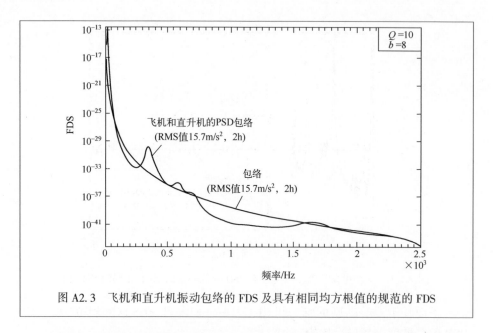

图 A2.3   飞机和直升机振动包络的 FDS 及具有相同均方根值的规范的 FDS

A2.2   通过几条线段的 PSD 定义规范,对实际环境进行包络

另一种方法进行包络是考虑真实环境 PSD 的形状。这个过程是非常主观的,不同制定者可以有不同的结果,特别是均方根值。

例 A2.2   图 A2.4 中的 PSD 包络的均方根值为 27.6m/s^2,比真实环境中的 15.7m/s^2 大很多。

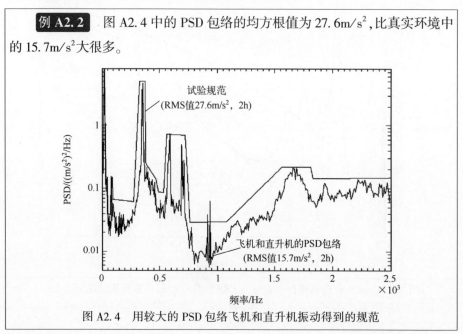

图 A2.4   用较大的 PSD 包络飞机和直升机振动得到的规范

图 A2.5 中所画的包络线更接近实际的 PSD,看上去更精确。不过,它的均方根值仍然很大(24.9m/s²)。

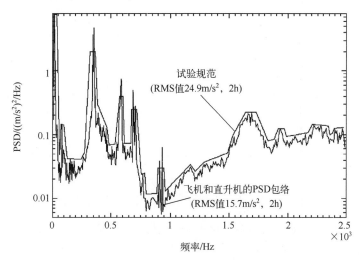

图 A2.5　用比较接近的 PSD 包络飞机和直升机振动得到的规范

最后一个规范与实际环境的 ERS 和 FDS 比较证实了会出现过试验(图 A2.6 和图 A2.7)。

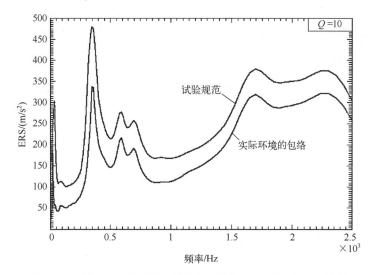

图 A2.6　图 A2.5 中飞机和直升机振动包络与规范的 ERS 比较

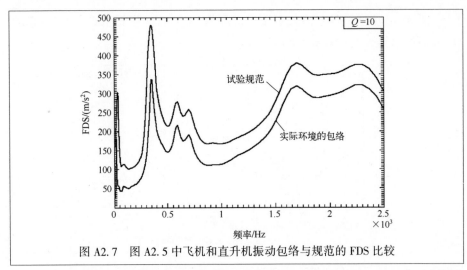

图 A2.7   图 A2.5 中飞机和直升机振动包络与规范的 FDS 比较

可以确定一条平滑的曲线,其均方根值与参考 PSD 非常接近。这项工作要对峰值进行截断,而且带宽要足够大,想要用较少的点定义出有效的 PSD 需要一定的经验。

用损伤等效方法可以很方便地得出严酷度非常接近真实振动环境的规范。持续时间的选择可以通过 ERS 比较来确定,以便在试验材料上再现与实际条件下接近的应力。

例 A2.3   图 A2.8 中的规范是从飞机和直升机振动 FDS 的总和建立的,试验持续时间为 2h。

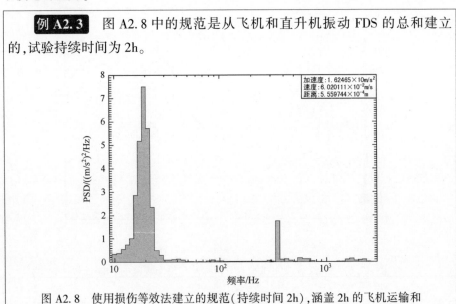

图 A2.8   使用损伤等效法建立的规范(持续时间 2h),涵盖 2h 的飞机运输和 2h 的直升机运输

　　此规范的 ERS、FDS 与实际飞机和直升机振动的对比如图 A2.9 和图 A2.10 所示。

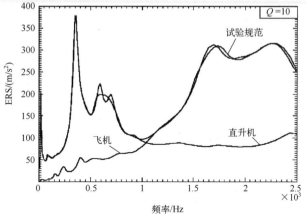

图 A2.9　图 A2.8 中飞机和直升机振动的 ERS 与规范的 ERS 比较

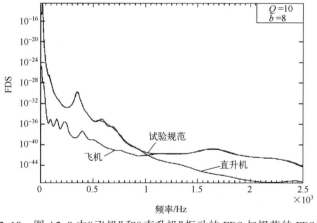

图 A2.10　图 A2.8 中"飞机"和"直升机"振动的 FDS 与规范的 FDS 比较

　　PSD 包络跟踪有时需要更精确的准则进行确定。为了从计算结果中建立规范 (该方法也可以用于测量),R. Simmons[SIM 97]使用对数轴方法并提出以下条件。

　　(1) PSD 包络中的线段斜率应当低于 25dB/oct 或大于-25dB/oct(根据所用激励器的性能给出更精确的要求);

　　(2) 频带应大于 10Hz;

　　(3) PSD 的幅值不应该低于被包络对象的最小值;

　　(4) 窄带峰应在中间高度处截断(约-3dB);

　　(5) 遇到比较大的"谷"时包络线必须下凹;

　　(6) 必须尽量使规范的总均方根值低于真实环境的均方根值的 1.25 倍。

例 **A2.4** 为了说明这种方法, R. Simmons[SIM 97]提供了图 A2.11 的例子,根据给出的参考 PSD(来自计算),依照上述规则和最低量值要求得到规范 PSD。可以验证规范的均方根值($9.31m/s^2$)不超过参考 PSD 的均方根值($7.45m/s^2$)的 1.25 倍。

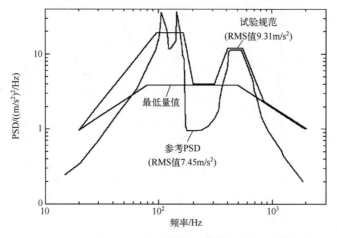

图 A2.11 根据 GSFC 规则制定的规范示例(NASA)

图 A2.12 和图 A2.13 比较了本规范 PSD 和参考 PSD 的 ERS 和 FDS。

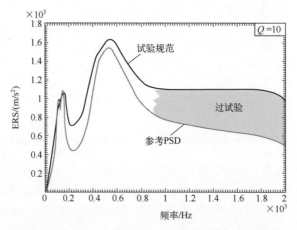

图 A2.12 图 A2.11 中规范 PSD 和参考 PSD 的 ERS

可以发现:

(1)规范严酷度的增加根据被测材料的固有频率有很大差别。

(2)在 1000~2000Hz 之间过试验情况非常明显,因为根据规范产生的最大应力可以超过初始计算预测值的 1.7 倍。

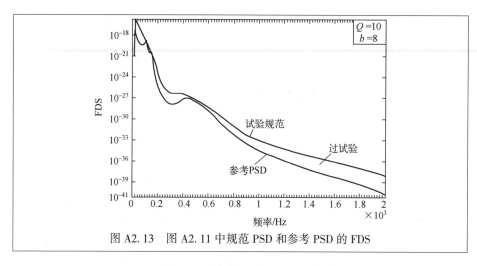

图 A2.13 图 A2.11 中规范 PSD 和参考 PSD 的 FDS

A2.3 对两个(或多个)频率非常接近但幅值和持续时间不同的 PSD 进行"原始"包络

这种情况在实践中相当普遍,看起来用 PSD 包络方法应该没有明显的问题。

显然几个 PSD 的包络应当在每个频率处取各 PSD 的最高幅值。所得到的 PSD 的均方根值必然比每个基本 PSD 的均方根值更大(除非有一个 PSD 在每个频率处都大于所有其他 PSD)。

例 A2.5 考虑飞机运输两个阶段的两个 PSD 特性(图 A2.14),频率范围非常接近,但持续时间不同,有效值分别为 1.50m/s^2 和 1.71m/s^2。

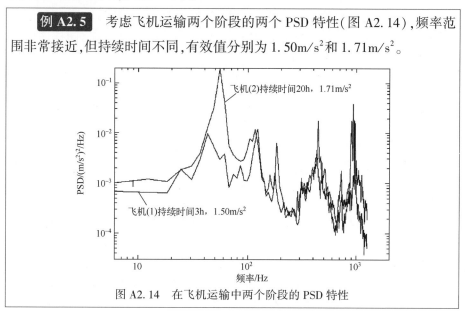

图 A2.14 在飞机运输中两个阶段的 PSD 特性

PSD 包络如图 A2.15 所示。这是一个严格的包络,没有进行平滑处理,以避免任何其他人为增加的均方根值,其均方根值等于 2.06m/s²。

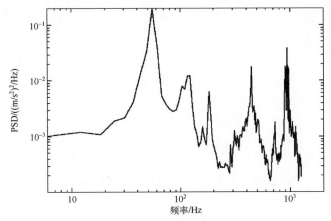

图 A2.15　图 A2.14 的 PSD 包络

本规范的持续时间应该取多少呢? 23h、20h、3h 或缩短持续时间? 应根据哪个参考持续时间来计算?

在该示例中,将每个振动持续时间之和(23h)作为 PSD 包络对应的持续时间似乎是符合逻辑的。损伤方法则没有这个问题。根据每个 PSD 及相应的振动持续时间分别计算 FDS,根据累积 FDS 确定规范的持续时间,然后用 ERS(和 SRS)进行验证。

用损伤方法确定的缩短持续时间为 1h 的规范,其 FDS 与用 PSD 包络法得到的持续时间为 23h 的规范的 FDS 非常接近(图 A2.16)。这同样适用于相应的 ERS 的计算(图 A2.17)。

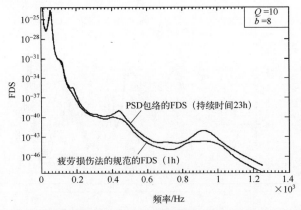

图 A2.16　用 PSD 包络得到(图 A2.15)的规范(持续 23h)的 FDS 与从损伤方法建立的规范(持续时间 1h)的 FDS

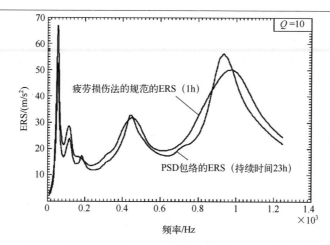

图 A2.17　用 PSD 包络得到(图 A2.15)的规范(持续 23h)的 ERS 与从损伤方法
建立的规范(持续时间 1h)的 ERS

PSD 包络时采用平滑处理将增加试验的严酷度(并且因此导致过试验)。

从例 A2.5 可知,可以用通常的规则(式(A1.2),此处 $b=8$)将由 PSD 包络确定的规范持续时间从 23h 减少至 1h。图 A2.18 将所获得的结果与 1h 内计算的规格与损伤方法进行比较。

由 PSD 包络计算的规范的有效值为 $3.05m/s^2$,而通过损伤等效获得的有效值不超过 $2.63m/s^2$,在一些频带中,ERS 要大得多(图 A2.19)。在某些频率上是非常不利的。

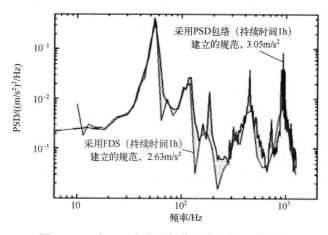

图 A2.18　由 PSD 包络及损伤法建立的 1h 的规范

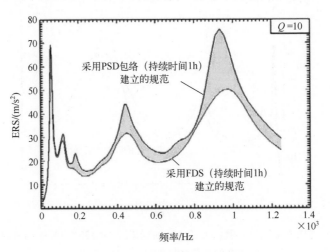

图 A2. 19　图 A2. 18 中的 ERS

可以估计这个边界可用于覆盖环境的变化是有用的,但这种过试验是不受控制的。它是包络过程的结果,并且根据所使用的数据而有不同的结果。如果尝试平滑 PSD 包络线,则过试验的程度可以更大。首先最好正确地定义规范,再现真实的环境效应,然后使用经过确认不确定性系数值,如损害方法中所述(不适用于所有这些示例)(本书第 8 章)[LAL 01a,LAL 01b]。

A2. 4　对两个(或多个)频率和持续时间均不同的 PSD 进行包络

当建立覆盖具有不同的频率和持续时间的两个环境的规范时,问题更加明显。

> **例 A2. 6**　包括两种情况的寿命剖面:一种对应于持续时间 24h 的道路运输(低频,RMS 值为 2.03m/s²);另一种对应于持续时间 3h 的飞机运输(高频,RMS 值为 7.55m/s²)。
>
> 使用损伤法进行规范的计算应从 FDS 入手,规范给出的 FDS 等于两个振动 FDS 之和。在本例中,持续时间减少至 1h,可以观察到,由于在低频范围内时间大幅减少(图 A2. 20),所以在低频段规范 PSD 幅值增加的幅度要比高频部分大(相对于实际环境)。

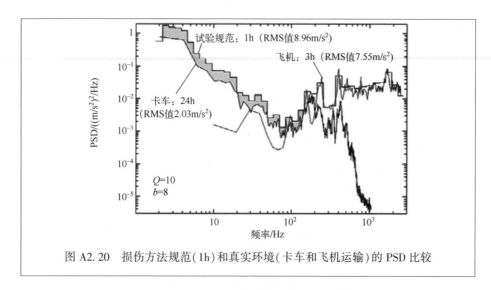

图 A2.20 损伤方法规范(1h)和真实环境(卡车和飞机运输)的 PSD 比较

A2.5 实际环境为非稳态：均方根值随时间变化

测量到的振动在不同长度的持续时间(卡车的速度变化、飞行的湍流等)上可以是非稳定的。在这种情况下,用计算功率谱密度来表示该现象是不正确的,并且不可能通过 PSD 包络建立正确的规范。

例 A2.7 图 A2.21 是一个明显的非平稳信号,已经计算出 5s 的总均方根值,并给出一个范围,但这个均方根值没有太大意义,因为它随时间而不断变化,从图 A2.22 可以看出非常明显的均方根值变化。

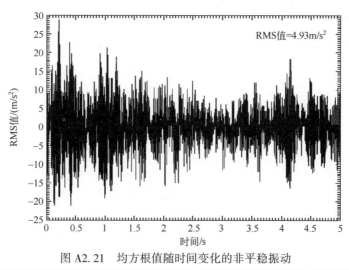

图 A2.21 均方根值随时间变化的非平稳振动

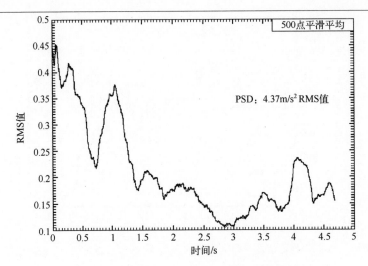

图 A2.22　图 A2.21 所示非平稳振动的均方根值

这里的时间限制在 5s,但可以长得多。这种信号的 PSD 计算在数学上是可能的(图 A2.23),即使它没有价值(因为将均方根值不同的块进行平均无法表征信号中的随机特性)。

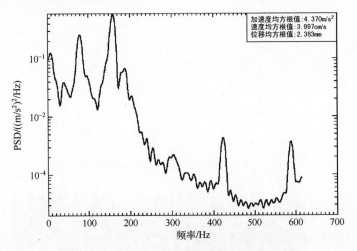

图 A2.23　图 A2.21 所示非平稳振动的 PSD 谱

为了显示使用该 PSD 作为规范所带来的误差,将其与由时间信号直接计算的疲劳损伤谱进行比较,如图 A2.24 所示。

两个规范的频率范围和 RMS 值都存在较大差异。因而它们的 ERS 和 FDS 也不同(图 A2.25 和图 A2.26)。

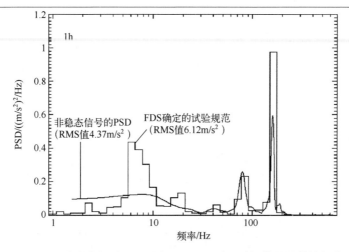

图 A2.24　非稳态振动 PSD(图 A2.23)和基于时间信号的等效损伤
PSD 的比较(图 A2.21)

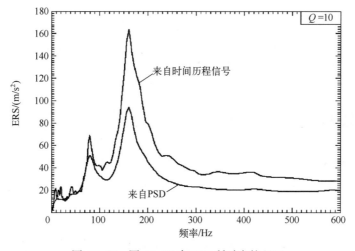

图 A2.25　图 A2.24 中 PSD 所对应的 ERS

　　无论采用哪种准则(ERS 或 FDS),作为信号 PSD 结果的规范对振动的严酷度估计明显偏低。

　　非稳态(或非高斯)振动情况下,ERS 和 FDS 必须根据时间由信号直接计算获得。由 FDS 推导的规范的表征形式为 PSD,是针对高斯稳态随机振动的(迄今为止的控制软件仅能产生这种类型的振动),应在每个频率上产生与实际振动相同的损伤和最大应力。

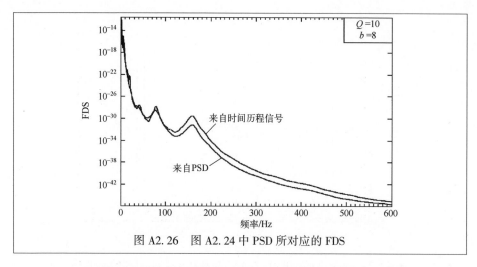

图 A2.26　图 A2.24 中 PSD 所对应的 FDS

A2.6　实际环境是非稳态的:频率范围随时间的变化而均方根值不变

非稳态振动也可表现为其频率范围随时间变化。这种情况是非常容易引起错误:信号的均方根值随时间变化很小,而根据均方根值随时间的简图(用固定点数进行滑动平均)变化很小的信号往往被认为是稳态振动,据此进行 PSD 的计算并将其转换成一个规范显然是毫无价值的。

例 A2.8　信号由一系列基本信号组成(图 A2.27),这些基本信号的 PSD 具有相同 RMS 值,有一个量值固定、特性相同的峰值,但其频率不断增加(图 A2.28)。在这种情况下持续时间限制为 45s,也可以更大。

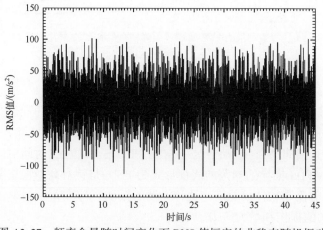

图 A2.27　频率含量随时间变化而 RMS 值恒定的非稳态随机振动

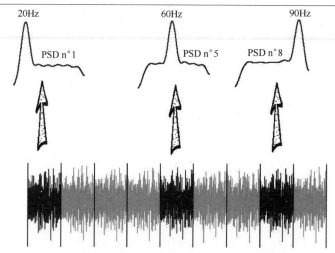

图 A2.28　频率范围随时间变化而 RMS 值恒定的非稳态随机信号

由于均方根值不随时间显著变化(图 A2.29),如果没有更详细的分析,会想当然地认为该信号是稳态信号。粗略的观察将导致想当然地采用 PSD 计算的方法并根据 PSD 计算结果在规范中给出包络线。从图 A2.30 可以看到这种方法给出的结果会造成的偏差。

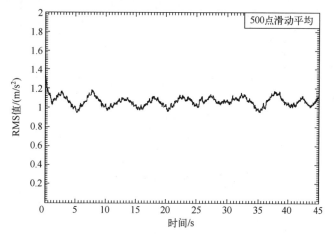

图 A2.29　图 A2.27 所示的非稳态振动信号 RMS 值随时间的变化

对图 A2.27 中的信号进行 ERS 和 FDS 计算,并分别与根据其 PSD 计算出的 ERS 和 FDS(图 A2.30)进行比较。曲线(图 A2.31 和 A2.32)表明利用 PSD 形成的规范会过于严格。

通过疲劳损伤等效,用损伤法对 45s(等于实际振动时间)制定的规范在试验中的应力会低于真实环境的应力(图 A2.33 和图 A2.34)。

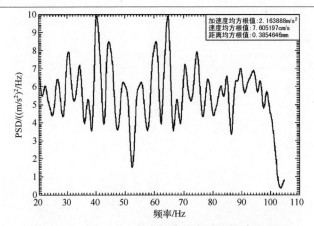

图 A2.30　图 A2.27 所示的非稳态随机振动的 PSD

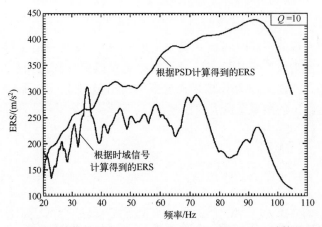

图 A2.31　基于时域信号(图 A2.27)和基于 PSD(图 A2.30)计算的 ERS 比较

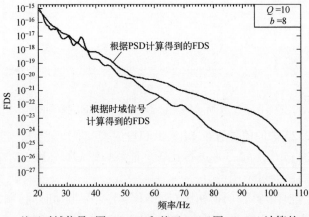

图 A2.32　基于时域信号(图 A2.27)和基于 PSD(图 A2.30)计算的 FDS 比较

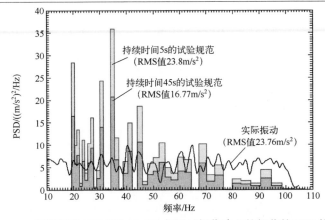

图 A2.33　实际振动 PSD(图 A2.27)与通过损伤建立的规范的 PSD 的比较

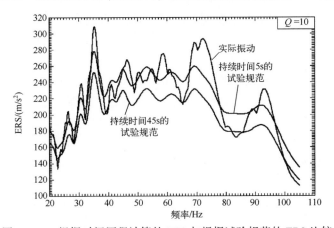

图 A2.34　根据时间历程计算的 ERS 与根据试验规范的 ERS 比较

　　为了使它们在同一范围内,必须将持续时间减少为 5s。持续时间为 45s 的规范的均方根值为 16.77m/s²,而持续时间为 5s 的规范的均方根值为 23.8m/s²,非常接近实际环境(23.76m/s²)。

　　PSD 包络方法在简单情况下可以得到正确结果。但是在实践中的许多情况下不能得到令人满意的结果,因为在实际中振动的持续时间会不同,频率成分有时是接近的,但大多数情况下是不同的,制定出来的规范必须能够覆盖这些情况,特别是出于成本原因必须减少试验时间时。

　　为了获得可信的规范,最好只对特定事件的典型 PSD 进行包络,这样做会在寿命剖面包括多种场景时给出多个试验规范(乘以 3,因为有 3 个轴)。在非稳态环境情况下,计算 PSD(如果使用)将导致不正确规范,这样做是错误的。

　　利用相同的假设,损伤系数方法看起来更加灵活,不受上述明显存在于

PSD 包络方法中的各种因素限制。

它是基于(ERS 和 FDS)谱的,可以:

(1) 通过 SRS 模型的统一使用,协同振动与冲击的处理。

(2) 根据力学准则(最大应力、疲劳损伤)对规范和实际环境的严酷度进行比较。

(3) 对所有类型振动的严酷度进行比较,如正弦、扫描正弦、随机、窄带噪声扫频叠加白噪声、正弦性性扫频叠加白噪声等。在文献[CLA 98]和[RIC 01]中给出了示例。

还有下列优点。

(1) 如果想要规范能覆盖一系列频率成分差异很大、持续时间不同的振动,由于这种方法的选择余地更大,参数 b 的剪裁范围更宽,所以可以定义出更适用的试验,尽管在压缩试验持续时间上所使用的假设是一样的。

(2) 适用于所有稳态、非稳态、高斯或非高斯振动。

(3) 尽管在实践中出于各种原因(温度振动综合试验、在任务剖面的特定场景下进行功能测试等),人们会倾向于制定多个规范来对不同场景进行分组。实际上,完全可以将整个任务剖面简化为一个随机振动规范和一次冲击(每个轴向)。

(4) 能够对缩短持续时间进行验证(本书 11.4.10 节)。

(5) 对计算中引入的 Q 因子值不敏感(本书 12.2~12.4 节)。

(6) 当不进行持续时间缩短时,对参数 b 的取值不敏感(本书 12.6.1 节)。

(7) 不同制定者给出的规范结果具有可重复性,即使分析条件不同(如 PSD 计算条件)[RIC 93]。

(8) 可通过引入不确定因子的方法来应对实际环境和产品强度的差异性,该因子是可接受风险的函数(见第 8 章)。

(9) 产品鉴定时(材料耐受环境能力的验证试验),可以通过增大试验严酷度来应对只进行一个试验的情况(第 10 章)。

用这种方法制定规范时需要进行更多的工作,但在开发过程中这样做是值得的,因为可以按照规范根据实际需要对产品进行严谨的结构设计,完全适应预期的使用环境。借助于 Windows 或 Unix 中的计算机工具自动进行计算和组合,这种分析工作变得容易得多。

A3 从 FDS 直接生成随机信号

根据寿命剖面计算规范的工作是对每种情景的振动 FDS 特性进行组合(求和或包络)。在使用试验因子后,最后一步工作是确定 PSD 的频率和幅值,使得在给定时间段内产生相同的疲劳损伤或 FDS。

该步骤是必要的,因为随机振动试验通常是以 PSD 数据方式来确定的。然后通过激励器控制系统将该 PSD 转换成时间历程信号来实施试验。

然而,有时更希望能够避免这种中间变换,以 SRS 控制激励器相同的方式,根据寿命剖面的 FDS 直接推导出激励器的控制信号。这时控制系统软件必须从指定的 FDS 中直接计算出激励器的驱动信号。

下面描述的计算方法是基于从 PSD 计算高斯时间历程信号的方法。

在选择信号持续时间之后,还需要:

(1)在每个 FDS 定义频率处计算出该正弦波的振幅,以产生相同的损伤。

(2)在这些频率的每一个处产生幅值如上述确定但相位随机化的正弦波。

当相位如下[KNU 98]时,可以得到服从正态分布的瞬时信号:

$$\varphi_m = 2\pi\sqrt{-2\ln r_1}\cos(2\pi r_2)$$

式中:r_1 和 r_2 是区间[0,1]内均匀分布的两个随机数。

(3)将所有正弦波求和。

(4)计算所获得信号的 FDS。

(5)用比例运算法则(三分律)对正弦幅值进行迭代计算,直到结果信号的 FDS 与参考 FDS 之间的差距足够小(步骤(2)~(4))。

例 A3.1 考虑在卡车中测量的振动。取 $Q = 10$ 和 $b = 8$,以对数频率步长对持续时间为 12.5s 的振动中计算 200 个点的 FDS 作为参考,然后根据上述方法求出具有相同 FDS 的时间历程信号。

在 3 次迭代之后,重构信号的 FDS 非常接近参考 FDS(图 A3.1),ERS 也一样(图 A3.2)。所得信号(图 A3.3)的 RMS 为 3.52m/s^2(与原始信号的 RMS 值为 3.32m/s^{2}相比)。

其 PSD 也非常接近卡车振动的参考 PSD(图 A3.4)。

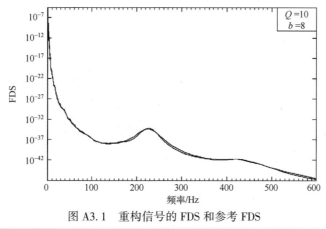

图 A3.1 重构信号的 FDS 和参考 FDS

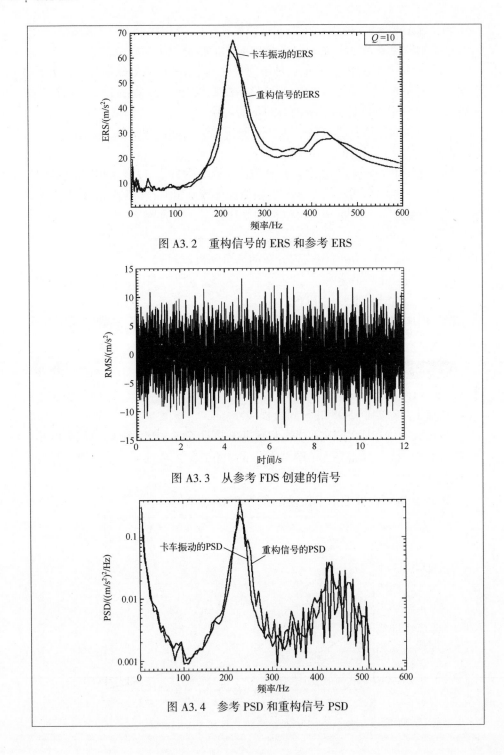

图 A3.2　重构信号的 ERS 和参考 ERS

图 A3.3　从参考 FDS 创建的信号

图 A3.4　参考 PSD 和重构信号 PSD

FDS 选择对数步长会导致在 PSD 的高频部分正弦波的间隔明显变宽。线性频率步长在高频部分可以略微改善 PSD 的外观(图 A3.5)。

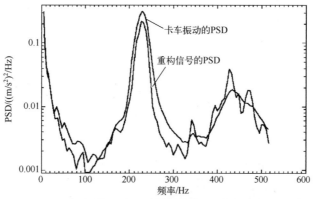

图 A3.5　参考 PSD 和对 FDS 采用线性频率步长重构信号的 PSD

A4　零阶贝塞尔函数

A4.1　第一种零阶贝塞尔函数

定义

$$J_0(x) = \frac{1}{\pi} \int_0^\pi \cos\left[x\cos\theta\right] \mathrm{d}\theta \tag{A4.1}$$

$$J_0(x) = \frac{2}{\pi} \int_0^\infty \sin\left[x\cosh t\right] \mathrm{d}t \quad x>0 \tag{A4.2}$$

$$J_0(x) = \frac{1}{\pi} \int_0^\pi \mathrm{e}^{\mathrm{j}x\cos\theta} \mathrm{d}\theta \tag{A4.3}$$

$$J_0(x) = \sum_{r=0}^\infty \frac{(-1)^r}{(r!)^2} \left(\frac{x}{2}\right)^{2r} \tag{A4.4}$$

当 x 较大时,有

$$J_0(x) \approx \sqrt{\frac{2}{\pi x}} \cos\left(x - \frac{\pi}{4}\right) \tag{A4.5}$$

1. 多项式近似

当 $-3 \leqslant x \leqslant 3$ 时,有

$$J_0(x) = 1 - 2.2499997 \left(\frac{x}{3}\right)^2 + 1.2656208 \left(\frac{x}{3}\right)^4 - 0.3163866 \left(\frac{x}{3}\right)^6 + 0.0444479 \left(\frac{x}{3}\right)^8 -$$

$$0.0039444 \left(\frac{x}{3}\right)^{10} + 0.0002100 \left(\frac{x}{3}\right)^{12} \tag{A4.6}$$

误差小于 5×10^{-8}。

当 $3 \leqslant x \leqslant \infty$ 时,有

$$J_0(x) = \frac{f_0 \cos \theta_0}{\sqrt{x}} \tag{A4.7}$$

$$f_0 = 0.79788456 - 0.00000077\left(\frac{3}{x}\right) - 0.00552740\left(\frac{3}{x}\right)^2 - 0.00009512\left(\frac{3}{x}\right)^3 +$$

$$0.00137237\left(\frac{3}{x}\right)^4 - 0.00072805\left(\left(\frac{3}{x}\right)^5 + 0.00014476\left(\frac{3}{x}\right)^6 \tag{A4.8}\right)$$

误差小于 1.6×10^{-8}。

$$\theta_0 = x - 0.78539816 - 0.04166397\left(\frac{3}{x}\right) - 0.00003594\left(\frac{3}{x}\right)^2 + 0.00262573\left(\frac{3}{x}\right)^3 -$$

$$0.00054125\left(\frac{3}{x}\right)^4 - 0.00029333\left(\frac{3}{x}\right)^5 + 0.00013558\left(\frac{3}{x}\right)^6 \tag{A4.9}$$

误差小于 7×10^{-8}

2. 超几何函数的连接

$$J_0(x) = {}_0F_1\left(1; -\frac{x^2}{4}\right) \tag{A4.10}$$

A4.2　改进的第一种零阶贝塞尔函数

$$I_0(x) = \frac{1}{\pi}\int_0^\pi \cosh\left[x\cos\theta\right]d\theta \tag{A4.11}$$

$$I_0(x) = \frac{1}{\pi}\int_0^\pi e^{\pm x\cos\theta}d\theta \tag{A4.12}$$

$$I_0(x) = \sum_{r=0}^{\infty} \frac{x^{2r}}{2^{2r}(r!)^2} \tag{A4.13}$$

多项式近似

当 $-3.75 \leqslant x \leqslant 3.75$ 时,有

$$t = \frac{x}{3.75} \tag{A4.14}$$

$$I_0(x) = 1 + 3.5156229t^2 + 3.0899424t^4 + 1.2067492t^6 + 0.2659732t^8$$
$$+ 0.0360768t^{10} + 0.0045813t^{12} \tag{A4.15}$$

误差小于 6×10^{-7}。

当 $3.75 \leqslant x \leqslant \infty$ 时,

$$\sqrt{x}\,\mathrm{e}^{-x}\mathrm{I}_0(x) = 0.39894228+0.01328592t^{-1}+0.00225319t^{-2}-0.00157565t^{-3}+0.00916281t^{4}-$$
$$0.02057706t^{-5}+0.02635537t^{6}-0.01647633t^{7}+0.00392377t^{-8}$$

$$(\text{A4. 16})$$

误差小于 1.8×10^{-7}。

当 x 较大时,有

$$\mathrm{I}_0(x) \approx \frac{\mathrm{e}^{x}}{\sqrt{2\pi x}} \qquad\qquad (\text{A4. 17})$$

公 式

公式列表中给出了本丛书中常见的公式,为便于查阅其出处,每个公式给出了它所在丛书的卷号(V1~V5)。

单自由度线性系统的固有频率

$$f_0 = \frac{1}{2\pi}\sqrt{\frac{k}{m}}$$ (V1. 3. 5)

共振频率(V1 表 6.2)

响　　应	共　振　频　率	相对响应幅值
位移	$f_0\sqrt{1-2\xi^2}$	$\dfrac{1}{2\xi\sqrt{1-\xi^2}}$
速度	f_0	$\dfrac{1}{2\xi}$
加速度	$\dfrac{f_0}{\sqrt{1-2\xi^2}}$	$\dfrac{1}{2\xi\sqrt{1-\xi^2}}$

临界阻尼

$$c_c = 2\sqrt{km}$$ (V1. 3. 100)

相对阻尼

$$\xi = \frac{c}{2\sqrt{km}}$$ (V1. 3. 101)

Q 因子

$$Q = \frac{f_0}{\Delta f}$$ (V1. 6. 109)

$$Q = \frac{1}{2\xi}$$ (V1. 6. 81)

对数衰减

$$\delta = \frac{1}{n}\ln\frac{q_{1_M}}{q_{(n+1)M}}$$ (V1. 3. 127)

$$\delta = \frac{2\pi\xi}{\sqrt{1-\xi^2}} \qquad (\text{V1.3.136})$$

或

$$\xi = \frac{\delta}{\sqrt{\delta^2+4\pi^2}} \qquad (\text{V1.3.137})$$

幅值衰减到初始峰值 $1/N$ 所需要的振荡周期数 n

$$n = \frac{\sqrt{1-\xi^2}}{2\pi\xi}\ln N \qquad (\text{V1.6.58})$$

扫描正弦

$$\ddot{x}(t) = \ddot{x}_m \sin E(t) \qquad (\text{V1.8.1})$$

表 F.1　关于扫描正弦的主要表达式(表 V1.9.3 和表 V1.9.4)

扫　描		对　数	线　性
Law $f(t)$	$f\uparrow$	$f=f_1 e^{t/T_1}$	$f=\alpha t+f_1$
	$f\downarrow$	$f=f_2 e^{t/T_1}$	$f=-\alpha t+f_2$
$E(t)$	$f\uparrow$	$E=2\pi T_1(f-f_1)$	$E=2\pi t\left(\dfrac{\alpha t}{2}+f_1\right)$
	$f\downarrow$	$E=2\pi T_1(f_2-f)$	$E=2\pi t\left(-\dfrac{\alpha t}{2}+f_2\right)$
常数		$T_1=\dfrac{Q^2}{\eta f_0}$	$\alpha=\dfrac{f_2-f_1}{t_b}$
η		$\dfrac{Q^2\ln(f_2/f_1)}{f_0 t_b}$	$\dfrac{Q^2}{f_0^2}\dfrac{f_2-f_1}{t_b}$
$f_1 \sim f_2$ 持续时间为 t_b 期间的振荡次数		$N_b=\dfrac{f_2-f_1}{\ln\frac{f_2}{f_1}}t_b$	$N_b=\dfrac{f_1+f_2}{2}t_b$
		$N_b=Q\Delta N\dfrac{f_2-f_1}{f_0}$	$N_b=\dfrac{Q}{2}\dfrac{\Delta N}{f_0^2}(f_2^2-f_1^2)$
		$N_b=\dfrac{Q^2}{\eta f_0}(f_2-f_1)$	$N_b=\dfrac{Q^2}{2\eta f_0^2}(f_2^2-f_1^2)$
$f_1 \sim f_2$ 的扫描时间		$t_b=Q\Delta t\ln\dfrac{f_2}{f_1}$	$t_b=\dfrac{Q\Delta t}{f_0}(f_2-f_1)$
		$t_b=\dfrac{Q\Delta N}{f_0}\ln\dfrac{f_2}{f_1}$	$t_b=\dfrac{Q\Delta N}{f_0^2}(f_2-f_1)$
		$t_b=\dfrac{Q^2\Delta N}{\eta f_0}\ln\dfrac{f_2}{f_1}$	$t_b=\dfrac{Q^2}{\eta f_0^2}(f_2-f_1)$
带宽 Δf 所需的时间间隔		$\Delta t=\dfrac{Q}{\eta f_0}$	$\Delta t=\dfrac{Q}{\eta f_0}$

表 F.2　关于扫描正弦的主要表达式(表 V1.9.5)

扫　描	对　数	线　性
单自由度系统 Δf 带宽(半功率点之间)上的振荡周期数	$\Delta N = \dfrac{f_0 N_b}{Q(f_2-f_1)}$	$\Delta N = \dfrac{2f_0^2 N_b}{Q(f_2^2-f_1^2)}$
	$\Delta N = \dfrac{f_0 t_b}{Q \ln f_2/f_1}$	$\Delta N = \dfrac{f_0^2 t_b}{Q(f_2-f_1)}$
	$\Delta N = Q/\eta$	$\Delta N = Q/\eta$
$f_1 \sim f_0$(固有频率)之间的振荡周期数	$N_1 = \dfrac{Q\Delta N}{f_0}(f_0-f_1)$	$N_1 = \dfrac{Q\Delta N}{2f_0^2}(f_0^2-f_1^2)$
	$N_1 = t_b \dfrac{f_0-f_1}{\ln f_2/f_1}$	$N_1 = \dfrac{t_b}{2}\dfrac{f_0^2-f_1^2}{f_2-f_1}$
	$N_1 = \dfrac{Q^2}{\eta f_0}(f_0-f_1)$	$N_1 = \dfrac{Q^2}{2\eta f_0^2}(f_0^2-f_1^2)$

表 F.3　关于扫描正弦的主要表达式(表 V1.9.5、表 V1.9.6 和表 V1.9.8)

扫　描	对　数	线　性
$f_1 \sim f_0$ 需要的时间 t_1	$t_1 = \dfrac{Q\Delta N}{f_0}\ln\dfrac{f_0}{f_1}$	$t_1 = \dfrac{Q\Delta N}{f_0^2}(f_0-f_1)$
	$t_1 = t_b \dfrac{\ln f_0/f_1}{\ln f_2/f_1}$	$t_1 = t_b \dfrac{f_0-f_1}{f_2-f_1}$
	$t_1 = \dfrac{Q^2}{\eta f_0}\ln\dfrac{f_0}{f_1}$	$t_1 = \dfrac{Q^2}{\eta f_0^2}(f_0-f_1)$
从 $f_1 = 0$ 到 f_0 的振荡周期数	$N_0 = Q\Delta N$	$N_0 = \dfrac{Q\Delta N}{2}$
	—	$N_0 = \dfrac{f_0^2}{2f_2}t_b$
	—	$N_0 = \dfrac{Q^2}{2\eta}$
从 $f_1 = 0$ 到 f_0 需要的时间 t_0	—	$t_0 = \dfrac{Q\Delta N}{f_0}$
	—	$t_0 = \dfrac{f_0}{f_2}t_b$
	—	$t_0 = \dfrac{Q^2}{\eta f_0}$
$f_a \sim f_c \in (f_1, f_2)$ 需要的时间	$t_c - t_a = t_b \dfrac{\ln f_c/f_a}{\ln f_2/f_1}$	$t_c - t_a = t_b \dfrac{f_c-f_a}{f_2-f_1}$
	$t_c - t_a = \dfrac{Q^2}{\eta f_0}\ln\dfrac{f_c}{f_a}$	$t_c - t_a = \dfrac{Q^2}{\eta f_0^2}(f_c-f_a)$
扫描速率	$R_{om} = \dfrac{60\ln f_2/f_1}{t_b \ln 2}$	$R = 60\dfrac{f_2-f_1}{t_b}$
	$R_{om} = \dfrac{60\ln f_2/f_0}{Q^2 \ln 2}$	$R = 60\dfrac{\eta f_0^2}{Q^2}$

冲击机进行简单形式冲击时台面的位移和速度

表 F.4 以 3 种常见的冲击波形给出了冲击机台面的速度变化量、最大位移,冲击或碰撞结束时的位移量、回弹速度等。在最初制定试验大纲量值时这些公式很有用,特别是当设备供应商给出的信息不足时(第 2 卷)。

表 F.4　常用简单冲击波形的实施条件(表 V2.5.5、表 V2.5.9 和表 V2.5.11)

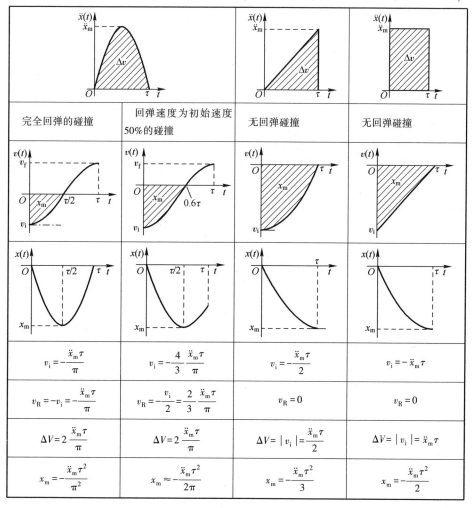

对称前置和后置冲击的运动学分析

表 F.5~表 F.10 总结了在用激振器进行简单波形冲击时,根据波形、持续时间、幅值、前置和后置冲击特性(形状、幅值和位置)等参数,评估设备能力的表达式(第 2 卷)。

半正弦

表 F.5 常用简单冲击波形的实施条件(表 V2.5.5、表 V2.5.9 和表 V2.5.11)

半正弦	对称前置和后置冲击		
	最大速度	最大位移	残余位移
半正弦		$x_m = -\dfrac{\ddot{x}_m \tau^2}{\pi}\left(\dfrac{1}{\pi}+\dfrac{1}{4p}\right)$	$x_R = 0$
三角波	$v_m = \pm\dfrac{\ddot{x}_m \tau}{\pi}$	$x_m = -\dfrac{\ddot{x}_m \tau^2}{3\pi^2}\left(3+p+\dfrac{2}{p}\right)$	$x_R = 0$
方波		$x_m = -\dfrac{\ddot{x}_m \tau^2}{\pi^2}\left(1+\dfrac{p}{2}+\dfrac{1}{2p}-\dfrac{p^3}{24}\right)$	$x_R = 0$

锯齿波

表 F.6 锯齿波的最大速度、最大位移和残余位移(表 V2.7.2)

锯齿波	对称前置和后置冲击		
	半正弦	三角波	方波
前置后置冲击持续时间	$\tau_1 = \dfrac{\pi\tau}{8p}\,(1)$	$\tau_1 = \dfrac{\tau}{2p}$ $\tau_2 = \tau\left(\dfrac{1}{2p}-p\right)$	$\tau_1 = \dfrac{\tau}{2p}\left(\dfrac{1}{2}+p^2\right)$ $\tau_2 = \dfrac{\tau}{2p}\left(\dfrac{1}{2}-p^2\right)$ $\tau_3 = \dfrac{\tau}{4p}$
最大速度	$v_m = \pm\dfrac{\ddot{x}_m \tau}{4}$		
最大位移	$x_m = -\dfrac{\ddot{x}_m \tau^2}{2}\left(\dfrac{1}{3\sqrt{2}}+\dfrac{\pi}{32p}\right)$	$x_m = -\dfrac{\ddot{x}_m \tau^2}{12}\left(\sqrt{2}+p+\dfrac{1}{2p}\right)$	$x_m = -\dfrac{\ddot{x}_m \tau^2}{4}\left(-\dfrac{p^3}{6}+\dfrac{p}{2}+\dfrac{\sqrt{2}}{3}+\dfrac{1}{8p}\right)$
残余位移	$x_R = -\dfrac{\ddot{x}_m \tau^2}{12}$	$x_R = -\dfrac{\ddot{x}_m \tau^2}{12}(1+p)$	$x_R = -\dfrac{\ddot{x}_m \tau^2}{4}\left(-\dfrac{p^3}{6}+\dfrac{p}{2}+\dfrac{1}{3}\right)$

注:τ_1是前置冲击的总持续时间(或后置脉冲持续时间,如果相等)。如果前置冲击由两个直线段组成,则τ_2是第一个前置冲击部分的持续时间(或最后的后置冲击部分)。如果后置脉冲持续时间不等于τ_1,则其持续时间为τ_3

方波

表 F.7　最大速度、最大位移和残余位移(表 V2.7.3)

方波	对称前置和后置冲击		
	半正弦	三角波	方波
前置后置冲击持续时间	$\tau_1 = \dfrac{\pi}{4p}\tau$	$\tau_1 = \dfrac{\tau}{p}$	$\tau_1 = \dfrac{\tau}{2p}$
最大速度	$v_m = \pm\dfrac{\ddot{x}_m\tau}{2}$		
最大位移	$x_m = -\dfrac{\ddot{x}_m\tau^2}{8}\left(1+\dfrac{\pi}{2p}\right)$	$x_m = -\dfrac{\ddot{x}_m\tau^2}{2p}\left(\dfrac{1}{3}+\dfrac{p}{4}\right)$	$x_m = -\dfrac{\ddot{x}_m\tau^2}{8}\left(1+\dfrac{1}{p}\right)$
残余位移	$x_R = 0$	$x_R = 0$	$x_R = 0$

只有前置或后置冲击时的运动物理

表 F.8　只有前置或后置冲击的半正弦冲击的最大速度、位移和
残余位移(表 V2.7.5)

半正弦	只有前置或后置冲击		
	半正弦	三角波	方波
前置或后置冲击持续时间	$\tau_1 = \dfrac{\pi\tau}{8p}$	$\tau_1 = \dfrac{4\tau}{\pi p}$ $\tau_2 = \dfrac{\tau}{\pi}\left(\dfrac{4}{p}-p\right)$	$\tau_1 = \dfrac{\tau}{\pi}\left(\dfrac{p}{2}+\dfrac{2}{p}\right)$ $\tau_2 = \dfrac{\tau}{\pi}\left(\dfrac{2}{p}-\dfrac{p}{2}\right)$
最大速度	前置冲击, $v_m = -\dfrac{2\ddot{x}_m\tau}{\pi}$;后置冲击, $v_m = \dfrac{2\ddot{x}_m\tau}{\pi}$		
残余位移	$\lvert x_R\rvert = \dfrac{\ddot{x}_m\tau^2}{\pi}\left(1+\dfrac{1}{p}\right)$	$\lvert x_R\rvert = \dfrac{\ddot{x}_m\tau^2}{\pi}\left(\dfrac{2p}{3\pi}+1+\dfrac{8}{3\pi p}\right)$	$\lvert x_R\rvert = \dfrac{\ddot{x}_m\tau^2}{\pi^2}\left(\pi-\dfrac{p^3}{24}+p+\dfrac{2}{p}\right)$

表 F.9 只有前置或后置冲击的锯齿波冲击的最大速度、位移和残余位移(表 V2.7.6)

锯齿波	只有前置或后置冲击		
	半正弦	三角波	方波
前置或后置冲击持续时间	$\tau_1 = \dfrac{\pi\tau}{4p}$	$\tau_1 = \dfrac{\tau}{p}$ 前置冲击: $\tau_2 = \tau\left(\dfrac{1}{p}-p\right)$ 后置冲击: $\tau_1 = \dfrac{\tau}{p}$	$\tau_1 = \dfrac{\tau}{2}\left(p+\dfrac{1}{2p}\right)$ 前置冲击: $\tau_2 = \dfrac{\tau}{2}\left(\dfrac{1}{2p}-p\right)$ 后置冲击: $\tau_1 = \dfrac{\tau}{2p}$
最大速度	前置冲击,$v_m = -\dfrac{\ddot{x}_m\tau}{2}$;后置冲击,$v_m = \dfrac{\ddot{x}_m\tau}{2}$		
残余位移	前置冲击: $x_R = -\dfrac{\ddot{x}_m\tau^2}{2}\left(\dfrac{2}{3}+\dfrac{\pi}{8p}\right)$ 后置冲击: $x_R = -\dfrac{\ddot{x}_m\tau^2}{2}\left(\dfrac{1}{3}+\dfrac{\pi}{8p}\right)$	前置冲击: $x_R = -\dfrac{\ddot{x}_m\tau^2}{6}\left(p+2+\dfrac{1}{p}\right)$ 后置冲击: $x_R = \dfrac{\ddot{x}_m\tau^2}{6}\left(1+\dfrac{1}{p}\right)$	前置冲击: $x_R = -\dfrac{\ddot{x}_m\tau^2}{24}\left(p^3-6p-8-\dfrac{3}{p}\right)$ 后置冲击: $x_R = \dfrac{\ddot{x}_m\tau^2}{2}\left(\dfrac{1}{3}+\dfrac{1}{4p}\right)$

表 F.10 只有前置或后置冲击的方波冲击的最大速度、位移和残余位移(表 V2.7.7)

方波	只有前置或后置冲击		
	半正弦	三角波	方波
前置或后置冲击持续时间	$\tau_1 = \dfrac{\pi\tau}{2p}$	$\tau_1 = \dfrac{2\tau}{p}$	$\tau_1 = \dfrac{\tau}{p}$
最大速度	前置冲击,$v_m = -\ddot{x}_m\tau$;后置冲击,$v_m = -\dfrac{\ddot{x}_m\tau}{2}$		
残余位移	$\|x_R\| = \dfrac{\ddot{x}_m\tau^2}{2}\left(1+\dfrac{\pi}{2p}\right)$	$\|x_R\| = \ddot{x}_m\tau^2\left(\dfrac{1}{2}+\dfrac{2}{3p}\right)$	$\|x_R\| = \dfrac{\ddot{x}_m\tau^2}{2}\left(1+\dfrac{1}{p}\right)$

持续时间 T 期间平均最大峰值

$$a = z_{rms}\sqrt{2\ln(n_0^+ T)} \qquad (V3.5.61)$$

在 T 期间以概率 P_0 可达到的峰值

$$a = z_{rms}\sqrt{2\{\ln(n_0^+ T) - \ln[-\ln(1-P_0)]\}} \tag{V5.3.8}$$

RMS 值

$$\ddot{x}_{rms}^2 = \int_0^\infty G(f)\,\mathrm{d}f \tag{V3.3.12}$$

$$x_{rms}^2 = \int_0^\infty \frac{G(f)}{(2\pi f)^2}\mathrm{d}f \tag{V3.3.23}$$

$$x_{rms}^2 = \int_0^\infty \frac{G(f)}{(2\pi f)^4}\mathrm{d}f \tag{V3.3.24}$$

频率区间内幅值恒定的 PSD

$f_1 \sim f_2$ 之间 PSD 幅值恒定，$G(f) = G_0$：

$$\ddot{x}_{rms}^2 = \sqrt{G_0(f_2 - f_1)} \tag{V3.3.25}$$

$$v_{rms} = \frac{1}{2\pi}\sqrt{G_0\left(\frac{1}{f_1} - \frac{1}{f_2}\right)} \tag{V3.3.26}$$

$$x_{rms} = \frac{1}{4\pi^2}\sqrt{\frac{G_0}{3}\left(\frac{1}{f_1^3} - \frac{1}{f_2^3}\right)} \tag{V3.3.27}$$

用平均斜率的线段定义的 PSD

线性-线性坐标

$$\ddot{x}_{rms} = \sqrt{\frac{(f_2 - f_1)(G_2 + G_1)}{2}} \tag{V3.3.33}$$

$$v_{rms} = \frac{1}{2\pi}\sqrt{\frac{G_2 - G_1}{f_2 - f_1}\ln\left(\frac{f_2}{f_1}\right) + \frac{G_1}{f_1} - \frac{G_2}{f_2}} \tag{V3.3.34}$$

$$x_{rms} = \frac{1}{4\pi^2 f_1 f_2}\sqrt{\frac{G_2 - G_1}{2}(f_1 + f_2) + \frac{1}{3}\left(\frac{G_1}{f_1} - \frac{G_2}{f_2}\right)(f_1^2 + f_1 f_2 + f_2^2)} \tag{V3.3.35}$$

线性-对数坐标

$$\ddot{x}_{rms} = \sqrt{\frac{e^b}{a}(e^{af_2} - e^{af_1})} \tag{V3.3.36}$$

式中

$$a = \frac{\ln G_2 - \ln G_1}{f_2 - f_1},\ b = \frac{f_1\ln G_2 - f_2\ln G_1}{f_1 - f_2}(a \neq 0, \text{或} G_2 \neq G_1)$$

$$v_{rms}^2 = \frac{e^b}{4\pi^2}\int_{f_1}^{f_2}\frac{e^{af}}{f^2}\mathrm{d}f \tag{V3.3.37}$$

$$x_{rms}^2 = \frac{e^b}{16\pi^2} \int_{f_1}^{f_2} \frac{e^{af}}{f^4} df \qquad (V3.3.38)$$

$$\int \frac{e^{af}}{f^4} df = -\frac{e^{af}}{3f^3} - \frac{a}{6}\frac{e^{af}}{f^2} - \frac{a^2}{6}\frac{e^{af}}{f} + \frac{a^3}{6}\int \frac{e^{af}}{f} df$$

对数–线性数轴

$$a = \frac{G_2 - G_1}{\ln f_2 - \ln f_1}, \quad b = \frac{G_2 \ln f_1 - G_1 \ln f_2}{\ln f_1 - \ln f_2}$$

$$\ddot{x}_{rms}^2 = a(f_2 \ln f_2 - f_1 \ln f_1) + (f_2 - f_1)(b+a) \qquad (V3.3.42)$$

$$v_{rms}^2 = \frac{a}{4\pi^2}\left(\frac{\ln f_1}{f_1} - \frac{\ln f_2}{f_2}\right) + \left(\frac{1}{f_1} - \frac{1}{f_2}\right)\left(\frac{a+b}{4\pi^2}\right) \qquad (V3.3.43)$$

$$x_{rms}^2 = \frac{a}{48\pi^4}\left(\frac{\ln f_1}{f_1^3} - \frac{\ln f_2}{f_2^3}\right) - \frac{a+3b}{144\pi^4}\left(\frac{1}{f_2^3} - \frac{1}{f_1^3}\right) \qquad (V3.3.44)$$

对数–对数数轴

若 $b \neq -1$，则有

$$\ddot{x}_{rms} = \sqrt{\frac{f_2 G_2 - f_1 G_1}{b+1}} \qquad (V3.3.45)$$

若 $b = -1$，则有

$$\ddot{x}_{rms} = \sqrt{f_1 G_1 \ln \frac{f_2}{f_1}} \qquad (V3.3.46)$$

若 $b \neq 1$，则有

$$v_{rms} = \frac{1}{2\pi}\sqrt{\frac{G_1}{(b-1)f_1}\left[\left(\frac{f_2}{f_1}\right)^{b-1} - 1\right]} = \frac{1}{2\pi}\sqrt{\frac{1}{b-1}\left(\frac{G_2}{f_2} - \frac{G_1}{f_1}\right)} \qquad (V3.3.47)$$

若 $b = 1$，则有

$$G = G_0 \frac{f}{f_1}$$

$$v_{rms} = \frac{1}{2\pi}\sqrt{\frac{G_1}{f_1} \ln \frac{f_2}{f_1}} \qquad (V3.3.48)$$

若 $b \neq 3$，则有

$$x_{rms} = \frac{1}{4\pi^2}\sqrt{\frac{1}{b-3}\frac{G_1}{f_1^3}\left[\left(\frac{f_2}{f_1}\right)^{b-3} - 1\right]}$$

$$= \frac{1}{4\pi^2}\sqrt{\frac{1}{b-3}\left(\frac{G_2}{f_2^3} - \frac{G_1}{f_1^3}\right)} \qquad (V3.3.49)$$

若 $b = 3$，则有

$$x_{\mathrm{rms}} = \frac{1}{4\pi^2}\sqrt{\frac{G_1}{f_1^3}\ln\frac{f_2}{f_1}} \qquad (V3.3.50)$$

以 dB/oct 表达的斜率

$$R = 10\lg 2\,\frac{\lg(G_2/G_1)}{\lg(f_2/f_1)} \qquad (V3.3.51)$$

$$R = (10\lg 2)\,b \approx 3.01b \qquad (V3.3.52)$$

若 $\alpha = 10\lg 2$，则有

$$\ddot{x}_{\mathrm{rms}}^2 = \frac{\alpha}{R+\alpha}(f_2 G_2 - f_1 G_1) \qquad (V3.3.53)$$

若 $R \neq -\alpha$，则有

$$\ddot{x}_{\mathrm{rms}}^2 = \frac{\alpha f_1 G_1}{R+\alpha}\left[\left(\frac{f_2}{f_1}\right)^{\frac{R}{\alpha}+1} - 1\right] \qquad (V3.3.54)$$

$$\ddot{x}_{\mathrm{rms}}^2 = \frac{f_2 G_2}{\frac{R}{\alpha}+1}\left(1 - \frac{f_1 G_1}{f_2 G_2}\right) = \frac{f_2 G_2}{\frac{R}{\alpha}+1}\left[1 - \left(\frac{f_1}{f_2}\right)^{1+\frac{R}{\alpha}}\right] \qquad (V3.3.55)$$

$$\ddot{x}_{\mathrm{rms}}^2 = \frac{\alpha G_2}{R+\alpha}\left[f_2 - f_1\left(\frac{f_1}{f_2}\right)^{\frac{R}{\alpha}}\right] \qquad (V3.3.56)$$

若 $R \neq -\alpha$，则有

$$\ddot{x}_{\mathrm{rms}}^2 = \frac{f_1 G_1}{\frac{R}{\alpha}-1}\left[1 - \left(\frac{f_2}{f_1}\right)^{1-\frac{R}{\alpha}}\right] = \frac{\alpha f_2 G_2}{R+\alpha}\left[1 - \left(\frac{f_1}{f_2}\right)^{\frac{R}{\alpha}+1}\right]$$

$$(V3.3.57, V3.3.58)$$

若 $R = -\alpha$，则有

$$\ddot{x}_{\mathrm{rms}}^2 = f_1 G_1 \ln\frac{f_2}{f_1} = f_2 G_2 \ln\frac{f_2}{f_1} \qquad (V3.3.59)$$

若 $R \neq \alpha$，则有

$$v_{\mathrm{rms}}^2 = \frac{\alpha}{4\pi^2(R-\alpha)}\frac{G_1}{f_1}\left[\left(\frac{f_2}{f_1}\right)^{\frac{R-\alpha}{\alpha}} - 1\right]$$

$$= \frac{\alpha}{4\pi^2(R-\alpha)}\frac{G_2}{f_2}\left[1 - \left(\frac{f_1}{f_2}\right)^{\frac{R-\alpha}{\alpha}}\right] \qquad (V3.3.60)$$

若 $R = \alpha$，则有

$$v_{\text{rms}}^2 = \frac{G_1}{4\pi^2 f_1} \ln \frac{f_2}{f_1} = \frac{G_2}{4\pi^2 f_2} \ln \frac{f_2}{f_1} \qquad (\text{V3.3.61})$$

若 $R \neq 3\alpha$，则有

$$x_{\text{rms}}^2 = \frac{\alpha G_1}{16\pi^4 f_1^3 (R - 3\alpha)} \left[\left(\frac{f_2}{f_1} \right)^{\frac{R-3\alpha}{\alpha}} - 1 \right]$$
$$= \frac{\alpha G_2}{16\pi^4 f_2^3 (R - 3\alpha)} \left[1 - \left(\frac{f_2}{f_1} \right)^{\frac{R-3\alpha}{\alpha}} \right] \qquad (\text{V3.3.62})$$

若 $R = 3\alpha$，则有

$$x_{\text{rms}}^2 = \frac{1}{16\pi^4} \frac{G_1}{f_1^3} \ln \frac{f_2}{f_1} = \frac{1}{16\pi^4} \frac{G_2}{f_2^3} \ln \frac{f_2}{f_1} \qquad (\text{V3.3.63})$$

由若干个频率区间组成的 PSD

$$\dot{x}_{\text{rms}} = \sqrt{\sum_i \ddot{x}_{i\text{rms}}^2} \qquad (\text{V3.3.64})$$

$$v_{\text{rms}} = \sqrt{\sum_i v_{i\text{rms}}^2} \qquad (\text{V3.3.65})$$

$$x_{\text{rms}} = \sqrt{\sum_i x_{i\text{rms}}^2} \qquad (\text{V3.3.66})$$

统计误差 ($\varepsilon < 0.2$)

$$\varepsilon = \frac{1}{\sqrt{T\Delta f}} \qquad (\text{V3.4.34})$$

PSD 的置信区间

$$\frac{\hat{G}(f)}{1+\varepsilon} < G(f) < \frac{\hat{G}(f)}{1-\varepsilon} \qquad (\text{V3.4.49})$$

阈值 a_0 每秒被穿越的次数

用 $a(t)$ 表示一个加速度信号(代替 $\ddot{x}(t)$)，这样表达式中其一阶和二阶导数($\dot{a}$ 和 $\ddot{a}$)的符号表达可以简单一些。

$$n_{a_0} = \frac{1}{\pi} \frac{\dot{a}_{\text{rms}}}{a_{\text{rms}}} e^{-\frac{a_0^2}{2a_{\text{rms}}^2}} \qquad (\text{V3.5.42})$$

阈值零每秒被穿越的次数

$$n_0 = \frac{1}{\pi} \frac{\dot{a}_{\text{rms}}}{a_{\text{rms}}} \qquad (\text{V3.5.43})$$

$$n_{a_0} = n_0 e^{-\frac{a_0^2}{2a_{\text{rms}}^2}} \qquad (\text{V3.5.44})$$

$$a_{\text{rms}}^2 = \int_0^\infty G(\Omega)\,\mathrm{d}\Omega = R(0) \qquad (\text{V3.5.45})$$

$$\dot{a}_{\text{rms}}^2 = \int_0^\infty \Omega^2 G(\Omega)\,\mathrm{d}\Omega \qquad (\text{V3.5.46})$$

$$\ddot{a}_{\text{rms}}^2 = \int_0^\infty \Omega^4 G(\Omega)\,\mathrm{d}\Omega \qquad (\text{V3.5.47})$$

$$n_{a_0} = 2n_a^+ = \frac{1}{\pi} \left[\frac{\int_0^\infty \Omega^2 G(\Omega)\,\mathrm{d}\Omega}{\int_0^\infty G(\Omega)\,\mathrm{d}\Omega} \right]^{1/2} \exp\left(-\frac{a_0^2}{2a_{\text{rms}}^2} \right) \qquad (\text{V3.5.48})$$

均值频率(正穿越零的平均次数)

$$n_0^+ = \left[\frac{\int_0^\infty f^2 G(f)\,\mathrm{d}f}{\int_0^\infty G(f)\,\mathrm{d}f} \right]^{1/2} \qquad (\text{V3.5.53})$$

$$n_0^+ = \frac{1}{2\pi}\sqrt{\frac{M_2}{M_0}} \qquad (\text{V3.5.79})$$

$$n_0^+ = \frac{1}{2\pi} \frac{\dot{a}_{\text{rms}}}{a_{\text{rms}}} \qquad (\text{V3.5.43})$$

奇异因子

$$r = \frac{\dot{a}_{\text{rms}}^2}{a_{\text{rms}}\ddot{a}_{\text{rms}}} = \frac{M_2}{\sqrt{M_0 M_4}} \qquad (\text{V3.6.6})$$

每秒正峰值的平均次数

$$n_{\text{p}}^+ = \frac{1}{2\pi}\sqrt{\frac{M_4}{M_2}} \qquad (\text{V3.6.13})$$

$$n_{\text{p}}^+ = \frac{1}{2\pi} \frac{\ddot{a}_{\text{rms}}}{\dot{a}_{\text{rms}}} \qquad (\text{V3.6.33})$$

$$n_{\text{p}}^+ = \left[\frac{\int_0^{+\infty} f^4 G(f)\,\mathrm{d}f}{\int_0^{+\infty} f^2 G(f)\,\mathrm{d}f} \right]^{\frac{1}{2}} \qquad (\text{V3.6.34})$$

最大峰值平均值

窄带过程

$$\bar{u}_0 \approx \sqrt{2\ln(n_0^+ T)} + \frac{\varepsilon}{\sqrt{2\ln(n_0^+ T)}} \qquad (\text{V3.7.30})$$

$$\varepsilon \approx 0.577\cdots$$

宽带过程

$$\bar{u}_0 \approx \sqrt{2\ln(rN_{\mathrm{p}})} + \frac{\varepsilon}{\sqrt{2\ln(rN_{\mathrm{p}})}}$$ （V3.7.56）

最大峰值分布标准差

窄带过程

$$s_{u_0} \approx \frac{\pi}{\sqrt{6}} \frac{1}{\sqrt{2\ln(n_0^+ T)}}$$ （V3.7.37）

宽带过程

$$s^2 = \frac{\pi^2}{6} \frac{m^2}{(m^2+1)^2}$$ （V3.7.61）

单自由度线性系统经历白噪声信号时响应的 RMS 值

绝对加速度

$$\ddot{y}_{\mathrm{rms}} = \left[\frac{\pi f_0 (1+4\xi^2) G_{\ddot{x}}}{4\xi} \right]^{1/2}$$

相对位移

$$z_{\mathrm{rms}} = \left[\frac{G_{\ddot{x}}}{64\pi^3 f_0^3 \xi} \right]^{1/2} = \left[\frac{Q G_{\ddot{x}}}{4\omega_0^3} \right]^{1/2}$$ （V3.8.22）

对应于单自由度系统的矩形滤波器带宽

$$\Delta f \approx \frac{\pi}{2} \frac{f_0}{Q}$$ （V3.9.46）

Basquin 法则

$$N\sigma^b = C$$ （V4.1.23）

Gerber 等式

$$\sigma_a = \sigma_a' \left[1 - \left(\frac{\sigma_{\mathrm{m}}}{R_{\mathrm{m}}} \right)^2 \right]$$ （V4.1.53）

Goodman 等式

$$\sigma_a = \sigma_a' \left[1 - \left(\frac{\sigma_{\mathrm{m}}}{R_{\mathrm{m}}} \right) \right]$$ （V4.1.51）

Söderberg 等式

$$\sigma_a = \sigma_a' \left[1 - \left(\frac{\sigma_{\mathrm{m}}}{R_{\mathrm{e}}} \right) \right]$$ （V4.1.52）

Miner 准则

$$D = \sum_{i-1}^{k} d_i = \sum_i \frac{n_i}{N_i}$$ （V4.2.3）

疲劳损伤(瑞利分布估算)

$$D \approx \frac{K^b}{C} n_0^+ T \left(\sqrt{2} z_{\mathrm{rms}} \right)^b \Gamma \left(1 + \frac{b}{2} \right) \qquad (\mathrm{V4.4.37})$$

试验时间缩短

正弦振动

$$\ddot{x}_{\mathrm{m\ reduced}} = \ddot{x}_{\mathrm{m}} \left[\frac{t_{\mathrm{b}}}{t_{\mathrm{b\ reduced}}} \right]^{\frac{1}{b}} \qquad (\mathrm{V5.3.67})$$

$$\frac{\ddot{x}_{\mathrm{m\ reduced}}}{\ddot{x}_{\mathrm{m\ real}}} = \left(\frac{T_{\mathrm{real}}}{T_{\mathrm{reduced}}} \right)^{\frac{n-1}{b}} \qquad (\mathrm{V5.3.75})$$

随机振动

$$\ddot{x}_{\mathrm{rms\ reduced}} = \ddot{x}_{\mathrm{rmsreal}} \left[\frac{T_{\mathrm{real}}}{T_{\mathrm{reduced}}} \right]^{\frac{1}{b}} \qquad (\mathrm{V5.4.22})$$

$$\frac{G_{\mathrm{reduced}}}{G_{\mathrm{real}}} = \left(\frac{T_{\mathrm{real}}}{T_{\mathrm{reduced}}} \right)^{2/b} \qquad (\mathrm{V5.4.23})$$

$$\frac{G_{\mathrm{reduced}}}{G_{\mathrm{real}}} = \left(\frac{T_{\mathrm{real}}}{T_{\mathrm{reduced}}} \right)^{\frac{n}{b}} \qquad (\mathrm{V5.4.26})$$

$$\frac{\ddot{x}_{\mathrm{rms\ reduced}}}{\ddot{x}_{\mathrm{rms\ real}}} = \left(\frac{T_{\mathrm{real}}}{T_{\mathrm{reduced}}} \right)^{\frac{n}{2b}} \qquad (\mathrm{V5.4.27})$$

不确定因子

正态分布

$$k = \frac{1 + \sqrt{1 - (1 - V_{\mathrm{E}}^2 \mathrm{aerf}^2)(1 - V_{\mathrm{R}}^2 \mathrm{aerf}^2)}}{1 - V_{\mathrm{R}}^2 \mathrm{aerf}^2} \qquad (\mathrm{V5.8.39})$$

对数正态分布

$$k = \exp\left[\mathrm{aerf} \sqrt{\ln\left[(1 + V_{\mathrm{E}}^2)(1 + V_{\mathrm{R}}^2) \right]} \right] - \ln\sqrt{\frac{1 + V_{\mathrm{E}}^2}{1 + V_{\mathrm{R}}^2}} \qquad (\mathrm{V5.8.55})$$

试验因子

正态分布(强度)

$$T_{\mathrm{F}} = \frac{1}{1 - \dfrac{a'}{\sqrt{n}} V_{\mathrm{R}}} \qquad (\mathrm{V5.10.7})$$

$$T_{\mathrm{F}} = \frac{1}{1 - N^{-1}(\pi_0) \mathrm{cov}_{\mathrm{m}}} \quad (V_{\mathrm{R}} \leqslant 0.33) \qquad (\mathrm{V5.10.10})$$

$$\mathrm{cov_m} = \frac{V_R}{\sqrt{n(1+2V_R^2)}} \qquad (\text{V5.10.8})$$

对数-正态分布

$$T_F = \sqrt{1+V_R^2}\,\exp\left(a'\sqrt{\frac{\ln(1+V_R^2)}{n}}\right) \qquad (\text{V5.10.16})$$

$$T_F = \sqrt{1+\frac{V_R^2}{n}}\,\exp\left(N^{-1}(\pi_0)\sqrt{\ln\left(1+\frac{V_R^2}{n}\right)}\right) \qquad (\text{V5.10.21})$$

参考文献

[ALB 62] ALBRECHT C. O. , "Statistical evaluation of a limited number of fatigue test specimens including a factor of safety approach", *Symposium on Fatigue of AircraftStructures*, *ASTM*, STP no. 338, 150-66, 1962.

[ALB 83] ALBRECHT P. , "S. N. fatigue reliability analysis of highway bridges, Probabilistic Fracture Mechanics and Fatigue Methods: Applications for Structural Design and Maintenance", *ASTM*, STP, 184-204, 1983.

[ALL 85] ALLEN H. W. , "Modeling realistic environmental stresses on external stores", *Proceedings IES*, 392-9, 1985.

[AND 01] ANDERSON D. O. , *Safety Factor*, Louisania Tech. University, 2001.

[ARY 09] ARYA C. , *Design of Structural Elements*, Third Edition, Taylor and Francis, NewYork, 2009.

[AVP 70] AVP 32, *Design Requirements for Guided Weapons*, Ministry of Technology, London, May 1970.

[BAD 70] BADEL D. , BONNET D. , BOUQUIN J. M. , "Comparaison de la sévérité d'un essai dechoc et d'un essai aux vibrations aléatoires au point de vue des contraintes maximales", *Mesures-Régulation-Automatisme*, vol. 35, no. 12, 62-6, December 1970.

[BAN 74] BANGS W. F. , "A comparison of acoustic and random vibration testing ofspacecraft", *Proceedings IES*, 44-53, 1974.

[BAN 78] BANG B. , PETERSEN B. B. , MORUP E. , *Random Vibration Introduction*, DanishResearch Centre for Applied Electronics, Elektronikcentralen, Horsholm, Denmark, September 1978.

[BAR 64] BARRET R. E. , Statistical techniques for describing localized vibrating environments of rocket vehicles, NASA-TND-2158, July 1964.

[BAR 65] BARNOSKI R. L. , The maximum response of a linear mechanical oscillator tostationary and nonstationary random excitation, NASA CR 340, December 1965.

[BAR 77a] BARROIS W. , "Fiabilité des structures en fatigue basée sur l'utilisation desrésultatsd'essais", *L'Aéronautique et l'Astronautique*, Part 1, 5, no. 66, 51-75, 1977.

[BAR 77b] BARROIS W. , "Fiabilité des structures en fatigue basée sur l'utilisation desrésultatsd'essais", *L'Aéronautique et l'Astronautique*, Part 2,6, no. 67,39–56,1977.

[BAS 09] BASU B. ,TIWARI D. ,KUNDU D. ,PRASAD R. , "Is Weibull distribution the mostappropriate statistical strength distribution for brittle materials", *Ceramics International*, volume 35, issue 1, p. 237–246, January 2009.

[BEA 11] BEAL A. N. , "A history of the safety factors", *The Structural Engineer*, 89, (20), pp. 20–26, October 18,2011.

[BHA 58] BHATIA S. P. ,SCHMIDT J. H. , "Evaluation of vibration specifications for static and-dynamic material allowables", *The Shock and Vibration Bulletin*, no. 56, Part 2,201–8, December 1958.

[BLA 59] BLAKE R. E. , "A specification writer's viewpoint", *The Shock and VibrationBulletin*, no. 27, Part 4,91–4,1959.

[BLA 62] BLAKE R. E. , "A method for selecting optimum shock and vibration tests", *Shock, Vibration and Associated Environments Bulletin*, no. 31,88–97, October 1962.

[BLA 67] BLAKE R. E. , "Predicting structural reliability for design decisions", *Journal of Spacecraft and Rockets*, vol. 4, no. 3,392–8, March 1967.

[BLA 69] BLAKE R. E. ,BAIRD W. S. , "Derivation of design and test criteria", *Proceedings IES*, 128–38,1969.

[BOE 63] BOECKEL J. H. , The purposes of environmental testing for scientific satellites, NASA TN D-1900, July 1963.

[BOI 61] BOISSIN B. ,GIRARD A. ,IMBERT J. F. , "Methodology of uniaxial transient vibration-test for satellites", *Recent Advances in Space Structure Design–Verification Techniques*, ESA–SP 1036,35–63, October 1961.

[BON 71] BONO H. , Notions générales de fiabilité, Stage ADERA Initiation à la fiabilité, 1971.

[BON 77] BONNET D. , LALANNE C. , "Choix des essais – Analyse de l'environne-mentmécaniquevibratoireréelenvue de l'élaboration des spécificationsd'essais", *Journées ASTE*, 1977.

[BOU 85] BOUSSEAU M. ,CLISSON J. ,MAS Ch. , "Fatigue par chocs–Dispositifexpérimental–Résultatsobtenus sur un acier au Nickel–Chrome–Molybdène", *Journal de PhysiqueColloque C5*, vol. 46, no. 8,681–8, August 1985.

[BRA 64] BRANGER J. , Second seminar on fatigue and fatigue design, Tech. Rep. no. 5, Columbia University, Inst. for the Study of Fatigue and Reliability, June 1964.

[BRE 70] BREYAN W. , "Effects of block size, stress level and loading sequence on fatiguechar-acteristics of aluminum–alloy box beams", *Effects of Environment and ComplexLoad History on Fatigue Life*, ASTM, STP 462,127–66,1970.

[BRO 64] BROCH J. T. , "A note on vibration test procedures", *Bruël and Kjaer Technical Review* 2,3–6,1964.

[BRO 67] BROCH J. T. , "Essaisen vibrations-Les raisons et les moyens" , *Bruël and Kjaer, Technical Review no.* 3,1967.

[BUD 08] BUDYNAS R. G. , NISBETT J. K. , *Shigley' s Mechanical Engineering Design*, 8thEdition, McGraw-Hill, 2008.

[BUL 56] BULLEN N. I. , A note on test factors, A. R. C. R (Aeronautical Research CouncilReport) R and M 3166, September 1956.

[CAI 85] CAILLOT M. P. , "Banque de données ASTE-Un carrefourtechnologique" , *LaRevue des Laboratoiresd' Essais*, no. 3,9-11, April 1985.

[CAR 65] CARMICHAEL R. F. , PELKE D. , " Measurement, analysis and interpretation of F - 5A20mm gunfire dynamic environment" , *The Shock and Vibration Bulletin*, 34, Part 4, 191-204, February 1965.

[CAR 74] CARMAN S. L. , "Using fatigue considerations to optimize the specification ofvibration and shock tests" , *Proceedings IES*, 83-7, 1974.

[CAR 97] CARUSO H. , "A check list for developing accelerated reliability tests" , *Journal of the Institute of Environmental Sciences*, p. 41-46, January/February 1997.

[CER 06] CERVENKA V. , CERVENKA J. , Probabilistic Estimate of Global Safety Factor-Comparison of Safety Formats for Design based on Non-linear Analysis, Available onlinewww. cervenka. cz/assets/files/papers/Safety_Format_NL_vc5. pdf-publishing, 2006.

[CES 77] CESTIER R. , GARDE J. P. , " Etude des lois de distribution de la résistance mécaniquedes métaux. Interprétation de 3500 essaisaméricains " , CEA/DAM/ICQ/CESTA - DO631, 18 July 1977.

[CHA 92] CHARLES D. , "Derivation of environment descriptions and test severities frommeasured road transportation data" ; "Part I" , *Environmental Engineering*, vol. 5, no. 4, 30, December 1992; "Part II" , *Environmental Engineering*, vol. 6, no. 1, 25-26, March 1993.

[CHE 70] CHENOWETH H. B. , "An indicator of the reliability of analytical structural design" , *AIAA Journal of Aircraft*, vol. 7, no. 1, 13-17, January-February 1970.

[CHE 77] CHENOWETH H. B. , "The error function of analytical structural design" , *Proceedings IES*, 231-4, 1977.

[CHE 81] CHEVALIER E. , "Normalisation des essaisenenvironnement des matériels" , *Bulletind' Information et de Liaison de l' Armement*, no. 67, 10/81, 56-67, 1981.

[CHO 66] CHOI S. C. , PIERSOL A. G. , "Selection of tests levels for space vehicle componentvibration tests" , *Journal of the Electronics Division*, ASQC, 4, no. 3, 3-9, July 1966.

[CHO 10] CHO D. H. , "Evaluation of vibration test severity by FDS and ERS" , *Proceedings of ISMA Including USD* 2010, p. 1725-1736, 2010.

[CLA 98] CLARK G. , CHESNEAUT R. , NEALE M. P. , " Determination of Test Severities for Munitions Carried in Tracked Vehicles" , *I. E. S. T. Proceedings*, 200-7, 1998.

[COE 92] "Coefficient de garantie" , GAM-EG-13. EssaisGénérauxenEnvironnement desMatériels, AnnexegénéraleMécanique, Annexe 8, Ministère de la Défense, D. G. A, June1992.

[COL 94] COLIN B. , "Fatigue damage and maximum response spectra of a periodicenvironment" , MécaniqueIndustrielle et Matériaux, vol. 47, no. 4, 393 – 396 [in French] , October/November 1994.

[COL 07] COLIN B. , *The Randomization of the MRS: A Response to Risk Management for Establishment of Tests Specifications and Design of the Equipments, in Terms of Extreme Values*, ASTELAB, Paris [in French] , 2007.

[CON 62] CONDOS F. , "Prediction of vibration levels for space launch vehicles" , *Proceedings of the IAS National Meeting on Large Rockets*, October 1962.

[COQ 79] COQUELET M. , Recommandations pour la rédaction des clauses techniques d'essaisenenvironnement des équipementsaéronautiques, September 1979.

[COQ 81] COQUELET M. , "Progrèsdansl'élaboration des programmesd'essaisd'environnementmécanique" , *AGARD Conference Proceeding*, vol. CP 318, no. 3, 10–81, 1981.

[CRA 67] CRAMER H. and LEADBETTER M. R. , *Stationary and Related Stochastic Processes*, John Wiley and Sons, New York, 1967.

[CRA 68] CRANDALL S. H. , Distribution of maxima in the response of an oscillator to randomexcitation, M. I. T. Acoust. andVib. Lab. Rept no. DSR 78867–3, 1968.

[CRA 70] CRANDALL S. H. , "First–crossing probabilities of the linear oscillator" , *J. SoundVib.* , vol. 12, no. 3, 285–99, 1970.

[CRA 83] CRANDALL S. H. , ZHU W. Q. , "Random vibration: a survey of recent developments" , *Transactions of the ASME, Journal of Applied Mechanics*, vol. 50, no. 4b, 953–62, December 1983.

[CRE 54] CREDE C. E. , GERTEL M. , CAVANAUGH R. D. , Establishing vibration and shock testsfor airborne electronic equipment, WADC Technical Report 54–272, ASTIA AD 45 696, June 1954.

[CRE 56] CREDE C. E. , LUNNEY E. J. , Establishment of vibration and shock tests for missileelectronics as derived from the measured environment, WADC Technical Report 56–503, ASTIA Document no. AD 118 133, 1 December 1956.

[CRO 68] CRONIN D. L. , "Response spectra for sweeping sinusoidal excitations" , *The Shockand Vibration Bulletin*, no. 38, Part 1, 133–9, August 1968.

[CUR 71] CURTIS A. J. , TINLING N. G. , ABSTEIN H. T. , Selection and Performance of VibrationTests, The Shock and Vibration Information Center, United States Department ofDefense, Washington, SVM 8–NRL, 1971.

[CZE 78] CZECHOWSKI A. , LENK A. , "Miner's rule in mechanical tests of electronic parts" , *IEEE Transactions on Reliability*, vol. R–27, no. 3, August 1978.

[DEF 86] DEF–0035, Environmental Handbook for Defense Materiel, Ministry of Defense, UK, 31 October 1986.

[DEL 69] DELCHAMPS T. B. , "Specifications: a view from the middle" , *The Shock and Vibration Bulletin*, 39, Part 6, 151–155, March 1969.

[DES 83] DESROCHES A. , NELF M. , "Introduction de la loi de probabilité du coefficient devari- ation dans les applications de la méthode résistance-contrainte", *Revue deStatistiquesAppliquées*, vol. 31, no. 3, 17-26, 1983.

[DEV 86] Déterminage des matérielsélectroniques, ASTE/AFQ, 1986.

[DEW 86] DE WINNE J. , "Equivalence of fatigue damage caused by vibrations", *Proceedings IES*, 227-34, 1986.

[DIT 96] DITLEVSEN O. and MADSEN H. O. , *Structural Reliability Methods*, Monograph-Firste- dition published by John Wiley & Sons Ltd, Chichester, 1996. Internet edition 2. 3. 7 http://www. web. mek. dtu. dk/staff/od/books. htm, June-September 2007.

[DUB 59] DUBOIS W. , "Random vibration testing", *Shock, Vibration and Associated Environments Bulletin*, no. 27, Part 2, 103-12, June 1959.

[ELI 01] ELISHAKOFF I., Interrelation Between Safety Factors and Reliability, NASA/CR-2001- 211309, November 2001.

[ELI 04] ELISHAKOFF I. , *Safety Factors and Reliability: Friends or Foes?*, Springer Science- Business Media, B. V. , 2004.

[EST 61] "The establishment of test levels from field data - Panel session", *The Shock and Vibration Bulletin*, no. 29, Part IV, 359-76, 1961.

[FAC 72] FACKLER W. C. , Equivalence Techniques for Vibration Testing, The Shock and Vibra- tion Information Center, SVM 9, 1972.

[FEL 59] FELGAR R. P. , "Reliability and mechanical design", *Shock, Vibration and Associated- Environments Bulletin*, no. 27, Part IV, 113-25, June 1959.

[FEN 86] FENECH H. , RAO A. K. , "Statistical analysis of fatigue failure due to flow noiseexcita- tions", *Journal of Vibration, Acoustics, Stress and Reliability in Design*, vol. 108, no. 3, 249-54, July 1986.

[FOL 62] FOLEY J. T. , "Environmental analysis", *IES Proceedings*, 427-31, 1962.

[FOL 65] FOLEY J. T. , "Preliminary analysis of data obtained in the jointARMY/AEC/SANDIA test of truck transport environment", *The Shock and Vibration Bulletin*, no. 35, Part 5, 57-70, 1965.

[FOL 67] FOLEY J. T. , "An environmental research study", *Proceedings IES*, 363-73, 1967.

[FOR 65] FORLIFER W. R. , "Problems in translating environmental data into a testspecification", *IES Proceedings*, 185-8, 1965.

[FOS 82] FOSTER K. , "Response spectrum analysis for random vibration", *Proceedings IES*, *Designing Electronic Equipment for Random Vibration Environments*, 25-6 March 1982.

[FRE 70] FREUDENTHAL A. M. , WANG P. Y. , "Ultimate strength analysis of aircraftstructures", *AIAA Journal of Aircraft*, vol. 7, no. 3, 205-10, May-June 1970.

[GAM 76] GAM-T13, Essaisgénéraux des matérielsélectroniques et de télécommunication, Ministère de la Défense, DélégationMinistérielle pour l' Armement, Service Central desTélécommunications et de l' Informatique, June 1976.

[GAM 86] GAM−EG−13, Essaisgénérauxenenvironnement des matériels, Ministère de laDéfense, DélégationGénéralepourl' Armement, France, June 1986.

[GAM 87] GAM EG13B (AIR 7306), Essais de compatibilité à l' environnementclimatique, mécanique, électrique, électromagnétique et spécial des matérielsaéronautiques, Ministère de la Défense, DélégationGénérale pour l' Armement, April 1987.

[GEN 67] GENS M. G. , "The environmental operations analysis function", *Proceedings IES*, 29−38, 1967.

[GER 61] GERTEL M. , Chapter 24. "Specification of laboratory tests", in C. M. Harris andC. E. Crede, *Shock and Vibration Handbook*, , vol. 2 − 24, McGraw Hill Book Company, 1961.

[GER 66] GERTEL M. , "Derivation of shock and vibration test specifications based onmeasured environments", *Journal of Environmental Sciences*, December 1966, 14−19, or *The Shock and Vibration Bulletin*, vol 7, no. 31, Part II, 25−33, 1962.

[GIR 97] GIRARDEAU D. , "Estimation du coefficient de variation de l' environnementreelpour le calcul du coefficient de garantie", *ASTELAB* 1997, *Recueil de Conférences*, 27−35, 1997.

[GOE 60] GOEPFERT W. P. , *Variation of Mechanical Properties in Aluminum Products*, Statistical Analysis Dept. , Alcoa, Pittsburgh, Penn. , 1960.

[GRE 61] McGREGOR H. N. , *et al.* , "Acoustic problems associated with undergroundlaunching of a large missile", *Shock, Vibration and Associated Environments Bulletin*, no. 29, Part IV, 317−35, June 1961.

[GUI 08] Guide for Tailoring Material to its Life Cycle Environment Profile MechanicalEnvironment, MINDEF, France, 2008.

[GUR 82] GURIEN H. , "Random vibration testing and analysis of a large ceramic substrateassembly", *Proceedings IES*, 93−8, 1982.

[HAH 63] HAHN P. G. , "Shock and vibration considerations in flight vehicle system design", *Proceedings IES*, 401−15, 1963.

[HAH 70] HAHN G. J. , "Statistical intervals for a normal population, Part I . Tables, examplesand applications", *Journal of Quality Technology*, vol. 2, no. 3, 115−25, July 1970.

[HAN 79] HANCOCK R. N. , "Development of specifications from measured environments", *Society of Environmental Engineers*, S. E. E. Symposium, Buntingford, Herts, UK, vol. 1, 1 − 16, 1979.

[HAR 64] HARVEY W. , "Specifying vibration simulation", *Inst. Environ. Sci. Proc.* , vol. 5, 407−16, 1964.

[HAT 82] HATHEWAY A. E. , MONTANO C. , "Analysis and test of ceramic substrates forpackaging of leadless chip carriers", *Proceedings IES*, 49−51, 1982.

[HAU 65] HAUGEN E. B. , Statistical Strength Properties of Common Metal Alloys, NorthAmerican Aviation Inc. , Space and Information Systems Division, SID 65−1274, 30 October 1965.

［HAY 65］ HAYES J. E. , -Structural design criteria for boost vehicles bym statistical methods, North American Aviation Inc. , Final report, Space and Information Systems Division, Tulsa, SID 64T-290, 4 March 1965.

［HEN 03］ HENDERSON G. , *Inappropriate SRS Specifications*, *EE-Evaluation Engineering*, Nelson Publishing Inc. , June 1 2003.

［HEN 95］ HENDERSON G. R. , PIERSOL A. G. , "Fatigue damage related descriptor for random-vibration test environments", *Sound and Vibration Magazine*, vol. 29, No. 10, 20 - 4, October 1995.

［HIM 57］ HIMELBLAU H. , "A comparison of periodic and random vibration problems", *Proc. 3rd Nat. Flt. Test Instr. Sym.* , ISA, 2-10-1/2-10-3, 1 May 1957.

［HOL 84］ HOLMGREN G. R. , "Simulation and testing techniques for mechanical shock andvibration environments", *Proceedings IES*, 340-4, 1984.

［HOW 56］ HOWELL G. H. , "Factors of safety and their relation to stresses loads materials", *Machine Design*, 76-81, 12 July, 1956.

［HUG 98］ HUGUES W. O. , McNELIS A. M. , Statistical analysis of a large sample sizepyroshock test data set, NASA/TM-1998-206621, April 1998.

［INS 55］ INSTITUTION OF STRUCTURAL ENGINEERS, "Report on structural safety", *Structural Engineer*, vol. 33, 141-9, 1955.

［ITO 06］ ITOP 1-1-050, Development of Laboratory Vibration Test Schedules, InternationalTest Operations Procedure, Draft, October 12, 2006.

［JOH 40］ JOHNSON N. L. , WELCH B. L. , "Applications of the non-central t-distribution", *Biometrika*, 31, 362-89, 1940.

［JOH 53］ JOHNSON A. I. , Strength, Safety and Economical Dimensions of Structures, Inst. of Building Statics and Structural Engineering, Royal Institute of Technology, Stockholm, Report 12, 1953.

［JUL 57］ JULIAN O. G. , "Synopsis of first progress report of committee on factors of safety", *Journal of the Structural Division*, *Proceedings of the ASCE*, vol. 83, ST 4, no. 1316, July 1957.

［KAC 68］ KACHADOURIAN G. , "Spacecraft vibration: a comparison of flight data and groundtest data", *The Shock and Vibration Bulletin*, no. 37, Part 7, 173-203, 1968.

［KAT 65］ KATZ H. , WAYMON G. R. , "Utilizing in-flight vibration data to specify design and-criteria for equipment mounted in jet aircraft", *The Shock and Vibration Bulletin*, no. 34, Part Ⅳ, 137-46, February 1965.

［KAU 78］ KAUL M. K. , "Stochastic characterization of earthquake through their responsespec-trum", *Earthquake Eng. Struct. Dyn.* , 6, 497-510, 1978.

［KEC 68］ KECECIOGLU D. and HAUGEN E. B. , "A unified look at design safety factors, safety-margins and measures of reliability", *Annals of the Reliability and Maintenability Conference*, San Francisco, Calif. , 14-17, 520-8, July 1968.

［KEC 72］ KECECIOGLU D. , "Reliability analysis of mechanical components and systems",

Nucl. Eng. Design, vol. 19, 259–90, 1972.

[KEE 74] KEEGAN W. B., "A statistical approach to deriving subsystems specifications", *Proceedings IES*, 106–7, 1974.

[KEN 49] KENNARD D. C., Vibration testing as a guide to equipment design for aircraft, WADC AF Technical Report, no. 5847, June 1949, (or *The Shock and Vibration Bulletin*, no. 11, February 1953).

[KEN 59] KENNARD D. C., Measured aircraft vibration as a guide to laboratory testing, WADC AF Technical Report no. 6429, May 1959.

[KLE 61] KLEIN G. H., "Defends random–wave vibration tests", *Product Engineering*, vol. 32, no. 9, 28–9, 27 February 1961.

[KLE 65] KLEIN G. H., PIERSOL A. G., "The development of vibration test specifications forspacecraft applications", NASA CR–234, May 1965.

[KNU 98] KNUTH D. E., *The Art of Computer Programming*, 3rd Edition, Addison – Wesley, vol. 2, 1998.

[KOT 03] KOTZ S., LUMELSKII Y., PENSKY M., *The Stress–Strength Model and its Generalizations–Theory and Applications*, World Scientific Publishing Co. Pte. Ltd., London, 2003.

[KRO 62] KROEGER R. C., HASSLACHER G. J., "The relationship of measured vibration data tospecification criteria", *The Shock and Vibration Bulletin*, 31, Part 2, 49–63, March 1962.

[LAL 80] LALANNE C., "Utilisation de l'environnementréel pour l'établissement desspécificationsd'essai. Synthèse sur les méthodesclassiques et nouvelles", *ASTE*, 7èmesJournéesScientifiqueset Techniques, 1980.

[LAL 84] LALANNE C., "Maximax response and fatigue damage spectra", *Journal of Environmental Sciences*, Part Ⅰ, vol. XXVII, no. 4, July–August 1984; Part Ⅱ, vol. XXVII, no. 5, September–October, 1984.

[LAL 85] LALANNE C., "Norme 810 D–Environnementréel et spécificationsd'essais", *LaRevue des Laboratoiresd'Essais*, no. 3, 14–17, April 1985.

[LAL 87] LALANNE C., Spécificationsd'essaisenenvironnementet coefficients de garantieCEA/CESTA/DT/EX/MEV 1089, 18 November, 1987.

[LAL 88] LALANNE C., "Séismes: Comparaison de la sévérité des spécifications", *La Revuedes Laboratoiresd'Essais*, no. 17, 45, December 1988.

[LAL 89] LALANNE C., "Personalization and safety factor", *Institute of Environmental Sciences Proc.*, 1989, (or "Coefficient de garantie", Symposium ASTE 1989: La Norme Interarmées GAM EG13, Personnalisation des EssaisenEnvironnement, Paris, 7–8 June1989).

[LAL 94] LALANNE C., Méthoded'élaboration des spécificationsd'environnementmécanique, CESTA/DT/EC no. 1015/94, 28 November 1994.

[LAL 01a] LALANNE C., *Mechanical Environment Test Specification Development Method*, 4th edition, Centre d'EtudesScientifiques et Techniques d'Aquitaine, 2001.

[LAL 01b] LALANNE C., GRZESKOWIAK H., "Uncertainty Factor in the Process of

DerivingTest Severity from Field Measurements", *I. E. S. T. Proceedings*, April 22 – 5, Paper no. 32, 2001.

[LAL 05] LALANNE C. , CAMBOU J. P. , "Estimation statistique du coefficient de variation del' environnementou de la résistance à partir de safonction de répartition", *ASTELAB*, *CNIT Paris La Défense*, 2005.

[LAM 80] LAMBERT R. G. , "Criteria for accelerated random vibration tests", *Proceedings IES*, 71–5, May 1980.

[LAM 88] LAMBERT R. G. , "Fatigue damage accumulation prediction for combined sine andrandom stresses", *Journal of the Environmental Sciences*, vol. 31, no. 3, 53–63, or *Proceedings IES*, 75–85, May–June 1988.

[LAP 84] LAPARLIERE M. , Etude de la dispersion des propriétésmécaniques de matériauxcomposites Carbone Epoxy, Centre d'EssaisAéronautiques de Toulouse, France, ReportM2–695600–PT–1, 3 July 1984.

[LAW 61] LAWRENCE H. C. , "Prudent specification of random–vibration testing for isolators", *The Shock and Vibration Bulletin*, no. 29, Part IV, 106–12, June 1961.

[LEE 82] LEE P. Y. , "Designing electronic equipment for random vibration environments", *Proceedings IES*, 43–7, 1982.

[LIE 58] LIEBERMAN G. J. , "Tables for one – sided statistical tolerance limits", *Industrial Quality Control*, 7–9, April 1958.

[LIE 78] LIEURADE H. P. , Comportementmécaniqueetmétallurgique des aciersdans ledomaine de la fatigue oligocyclique – Etude des phénomènes et application à lacroissance des fissures, PhD Thesis, University of Metz, September 1978.

[LIG 79] LIGERON J. C. , *La fiabilitéenmécanique*, Desforges, Paris, 1979.

[LIN 67] LIN Y. K. , *Probabilistic Theory of Structural Dynamics*, McGraw – Hill BookCompany, 1967.

[LIP 60] LIPSON C. , "New concepts on…safety factors", *Product Engineering*, Mid, vol. 9, 275– 8, September 1960.

[LUH 82] LUHRS H. , "Random vibration effects on piece part applications", *Proceedings IES*, 59–64, 1982.

[LUN 56] LUNDBERG B. , "Discussion de l'article de F. Turner–Aspects of fatigue design ofaircraft structures", in A. M. Freudenthal, (ed.)*Fatigue in Aircraft Structures*, AcademicPress, New York, 341–6, 1956.

[MAI 59] MAINS R. M. , "Damage accumulation in relation to environmental testing", *The Shock and Vibration Bulletin*, no. 27, Part IV, 95–100, 1959.

[MAL 59] MALCOLM D. G. , ROSEBOOM J. H. , CLARK C. E. , FAZAR W. , "Application of aTechnique for Research and Development Program Evaluation", *Operations Research*, vol. 7, no 5, 646–669, September–October, 1959.

[MAR 66] MARK W. D. , "On false – alarm probabilities of filtered noise", *Proceedings of the*

IEEE, vol. 54, no. 2, 316-7, February 1966.

[MAR 74] MARCOVICI C. , LIGERON J. C. , *Utilisation des techniques de fiabilitéenmécanique*, Technique et Documentation, 1974.

[MAR 83] MARTINDALE S. G. , WIRSCHING P. H. , "Reliability-based progressive fatiguecollapse", *J. Struct. Eng.* , vol. 109, no. 8, 1792-811, August 1983.

[MCK 32] McKAY A. T. , "Distribution of the coefficient of variation and the extendedt-distribution", *J. R. Stastist. Soc.* , 95, vol. XCV, Part IV, 695-8, 1932.

[MED 76] MEDAGLIA J. M. , "Statistical determination of random vibration requirements forsubassembly tests", *The Shock and Vibration Bulletin*, no. 46, Part 4, 77-91, August1976.

[MET 61] *Metals Handbook - Properties and Selection*, volume 1, 8th edition, AmericanSociety for Metals, Metals Park, Ohio, 1961.

[MIL 54] MILES J. W. , "On Structural Fatigue Under Random Loading", *Journal of the Aeronautical Sciences*, 753, November 1954.

[MIL 97] MIL-STD-810F, Test Method Standard for Environmental EngineeringConsiderations and Laboratory Tests, 1997.

[MIN 82] MINISTÈRE DE LA DÉFENSE, Répertoire de concepts américainsrelatifs àl' organisation et aux méthodesconcourant à la qualité, DGA, Service de la SurveillanceIndustrielle de l' Armement, 1982.

[MIS 81] Missiles-Essais de simulation de transport logistique et d' emporttactique-Environnementmécanique, BNAé, Recommandations RE - Aéro 61210 à 61218, December 1981.

[MOR 55] MORROW C. T. , MUCHMORE R. B. , "Shortcomings of present methods of measuringand simulating vibration environments", *Journal of Applied Mechanics*, 367 71, September 1955.

[MOR 65] MORSE R. E. , "The relationship between a logarithmically swept excitation and thebuild-up of steady-state resonant response", *The Shock and Vibration Bulletin*, no. 35, Part II, 231-62, 1965.

[MOR 76] MORROW C. T. , "Environmental specifications and testing", in C. M. Harris andC. E. Crede, *Shock and Vibration Handbook*, 2nd edition, 24 - 1/24 - 13, McGraw - HillBook Company, 1976.

[MUS 60] MUSTING G. S. , HOYT E. D. , Practical and Theorical Bases for Specifying aTransportation Vibration Test, Reed Reasearch, Inc. , Wash. , DC. , Contract Nord 16687, Task 36, Project RR 1175-36, ASTIA-AD 285296, 25 February 1960.

[NAS 01] Dynamic Environmental Criteria, NASA-HDBK-7005, 13 March 2001.

[NAT 63] NATRELLA M. G. , *Experimental Statistics*, National Bureau of Standards Handbook91, 1 August 1963.

[NAT 05] NATTERER J. , SANDOZ J. L. , REY M. , *Construction en bois - Matériau, technologieet dimensionnement*, Traité de Génie Civil de l' Ecolepolytechniquefédérale deLausanne, volume 13,

Presses Polytechniques et UniversitairesRomandes, January 2005.

[NOR 51] NORTH AMERICAN AVIATION, INC. , Final engineering report on investigation ofvibration and shock requirements for airborne electronic equipment, Report no. 120 X – 7, Contract no. AF 33 (038) – 7379, 30 March 1951.

[NOR 72] NORME AIR 7304, Conditions d' essaisd' environnement pour équipementsaéronautiques: électriques, électroniqueset instruments de bord, DélégationMinistériellepour l' Armement, DTCA, 1972.

[NOR 87] NORME AFNOR NF X06 – 052, Applications de la statistique, Estimation d' unemoyenne (variance connue), January 1987.

[NOR 96] NORTON R. L. , *Machine Design – An Integrated Approach*, Prentice Hall, NewYork, 1996.

[OLS 57] OLSON M. W. , "A narrow-band-random-vibration test", *The Shock and Vibration Bulletin*, no. 25, Part 1, 110, December 1957.

[OSG 82] OSGOOD C. C. , *Fatigue Design*, Pergamon Press, 1982.

[OWE 62] OWEN D. B. , *Handbook of Statistical Tables*, Addison – Wesley PublishingCompany, Inc. , 1962.

[OWE 63] OWEN D. B. , *Factors for One – sided Tolerance Limits and for Variables Sampling Plans*, Sandia–Corporation Monograph, SCR–607, March 1963.

[PAD 68] PADGETT G. E. , "Formulation of realistic environmental test criteria for tacticalguided missiles", *Proceedings IES*, 441–8, 1968.

[PAR 61] PARRY H. J. , Study of Scatter of Structural Response and Transmissibility, Lockheed California Co. , Burbank, California, Report no. 15454, 1 December 1961.

[PEA 32] PEARSON E. S. , "Comparison of A. T. McKay' s approximation with experimentalsampling results", *J. R. Stastist. Soc.* , 95, vol. XCV, Part Ⅳ, 703–4, 1932.

[PER 03] PERCHERON T. , *Study of a Specimen Structural Strength to Repetitive Shocks*, (in-French), ASTELAB, Paris, France, 2003.

[PIE 66] PIERSOL A. G. , "The development of vibration test specifications for flight vehiclecomponents", *Journal of Sound and Vibration*, 4, no. 1, 88–115, July 1966.

[PIE 70] PIERSOL A. G. and MAURER J. R. , Investigation of Statistical Techniques to Select Optimal Test Levels for Spacecraft Vibration Tests, Digitek Corporation, Report 10909801 – F, October 1970.

[PIE 74] PIERSOL A. G. , "Criteria for the optimum selection of aerospace componentvibration test levels", *Proceeding IES*, 88–94, 1974.

[PIE 92] PIERRAT L. , "Estimation de la probabilité de défaillance par interaction de deuxlois de Weibull", *Revue de Statistique Appliquée*, vol. XXXX, no. 4, 5–13, 1992.

[PIE 96] PIERSOL A. G. , "Procedures to compute maximum structural responses frompredictions or measurements at selected points", *Shock and Vibration*, vol. 3, no. 3, 211–21, 1996.

[PIE 07] PIERRAT L. , "Estimation de la variabilité des caractéristiquesmécaniques : distributionstatistique du coefficient de variation à partir d'un faiblenombre d'essais", *EssaisIndustriels*, 29–32, N°43, December 2007.

[PIE 09] PIERRAT L., VANUXEEM J., Analyse de validité de l'approche résistance – contrainteutiliséedans le Guide Mécanique de la GAM–EG 13, 1–13, Session modélisation, Colloque ASTELAB, Paris, Octobre 2009.

[PLU 01] PLUVINAGE G., SAPOUNOV V. T., "Résistance et conception de la sécurité pour lesmatériaux composites", *XVèmeCongrèsFrançais de Mécanique*, Nancy (France), 3 – 7 September 2001.

[PLU 57] PLUNKETT R., "Problems of environmental testing", *The Shock and Vibration Bulletin*, no. 25, Part 2, 67–9, December 1957.

[PUG 66] PUGSLEY A. G., *The Safety of Structures*, Edward Arnold Limited, London, 1966.

[RAC 69] RACICOT R. L., Random vibration analysis – Application to wind loaded structures, Solid Mechanics, Structures and Mechanical Design Division Report no. 30, PhD Thesis, Case Western Reserve University, June 1969.

[RAV 69] RAVINDRA M. K., HEANEY A. D., LIND N. C., "Probalistic evaluation of safetyfactors", *Symposium on Concepts of safety of structures and Methods of design*, International Association of Bridge and Structural Engineering, London, 35–46, 1969.

[RAV 78] RAVINDRA M. K., GALAMBOS T. V., "Load and resistance factor design for steel", *Journal of the Structural Division*, ASCE, vol. 104, no. ST 9, 1337–53, September 1978.

[REC 91] Recommandationgénérale pour la spécification de management de programme, *BNAé*, RG Aéro 000 40, June 1991.

[REC 93] Recommandationgénérale pour la spécification de management de programmedansl'industrieaéronautiqueetspatiale, AFNOR X 50–410, August 1993.

[REE 60] REED W. H., HALL A. W., BARKER L. E., Analog techniques for measuring thefrequency response of linear physical systems excited by frequency sweep inputs, NASATN D 508, 1960.

[REL 63] "The relationship of specification requirements to the real environment", *The Shock and Vibration Bulletin*, no. 31, Part 2, 287–301, 1963.

[REP 75] Répertoire des normesd'essaisenenvironnement, LRBA, Note Technique E1 200NT 1/SEM, January 1975.

[RES 57] RESNIKOFF G. J., LIEBERMAN G. J., *Tables of the Non–central t–distribution*, StanfordUniversity Press, Stanford, California, 1957.

[RIC 44] RICE S. O., "Mathematical analysis of random noise", *Bell System Technical Journal*, no. 23, July 1944 and 24 January 1945.

[RIC 48] RICE S. O., "Statistical properties of a sine wave plus random noise", *Bell System Technical Journal*, vol. 27, 109–57, January 1948.

[RIC 90] RICHARDS D. P., "A review of analysis and assessment methodologies for roadtransportation vibration and shock data", *Environmental Engineering*, vol. 3, no. 4, 23 – 6, December

1990.

[RIC 93] RICHARDS D. P. , HIBBERT B. E. , "A Round Robin exercise on road transportationda-ta", *Proceedings I. E. S.* ,336–46,1993.

[RIC 01] RICHARDS D. P. , "A Comparison of the Effects of Transportation with the Def Stan00–35 Part 3 'Transportation of Material' Test Severity", *SEE Workshop 'FutureVibration & Shock Testing–A Computer Based Methodology'* ,Stevenage,England,15May 2001.

[ROB 86] ROBERTS W. B. , "Derivation of external store viration test spectra from flight data", *Journal of Environmental Sciences*, vol. 29, no. 5,22–5, September–October, 1986.

[ROS 82] ROSENBAUM E. S. , GLOYNA F. L. , "Tomahawk cruise missile flight environmen-talmeasurement program", *The Shock and Vibration Bulletin*, no. 52, Part 3, 159 – 228, May1982.

[ROT 06] ROTHBART H. and BROWN T. H. , *Mechanical design handbook – measurement, analysis and control of dynamic systems*, McGraw–Hill, 2nd Edition, 2006.

[RUB 64] RUBIN S. , "Introduction to dynamics", *Proceedings IES*, 3–7, 1964.

[SCH 60] SCHOOF R. F. , "How much safety factor?", *Allis – Charmers Electrical Review*, First Quarter, 21–14, 1960.

[SCH 60] SCHOOF R. F. , "How much safety factor?", Allis–Charmers Electrical Review, First Quarter, 21–14, 1960.

[SCH 66] SCHLUE J. W. , The dynamic environment of spacecraft surface transportation, NASA, Technical Report, no. 32,876, March 15, 1966.

[SCH 81] SCHMIDT J. H. , "'Quick look' assessment and comparison of vibrationspecifications", *The Shock and Vibration Bulletin*, 51, Part 2, 73–9, May 1981.

[SHI 01] SHIGLEY J. E. , MISCHKE C. R. , *Mechanical Engineering Design*, 6th ed. , Mc GrawHill Inc. , 2001.

[SHO 68] Shock and Vibration Technical Design Guide, Volume I: Methodology and designphilos-ophy, Volume II: Analytical procedures, Volume III: Related technologies, AD 844559, Hughes Document no. FR 68–10–671, 1968.

[SIL 65] SILVER A. J. , "Problems in adding realism to standard specifications", *The Shockand Vibration Bulletin*, no. 34, Part 4, 133–6, February 1965.

[SIM 97] SIMMONS R. , *Creating a Random Vibration Component Test Specification*, GoddardSpace Flight Center, NASA, August 1997. Available at: http://femci. gsfc. nasa. gov/random/random-testspec. html.

[SMA 56] SMALL E. F. , "A unified philosophy of shock and vibration testing for guidedmissiles", *Proceedings IES*, 277–82, 1956.

[SPE 61] SPENCE H. R. , LUHRS H. N. , "Structural fatigue under combined sinusoidal andrandom vibration", *Journal of the Acoustical Society of America*, vol. 33, no. 8, 1, 1098–101, August 1961.

[SPE 62] SPENCE H. R. , LUHRS H. N. , "Structural fatigue under combined random and sweptsinusoidal vibration", *Journal of the Acoustical Society of America*, vol. 34, no. 8, 1098 – 101, August 1962.

[SPE 92] Spectre des réponsesextrêmes d'un système à un degré de libertésoumis à uneexcitation gaussiennecombinée à uneraiesinusoidale, Ministère de la Défense, DGA, Essais Générauxen Environnement des Matériels, GAM EG 13, AnnexeGénéraleMécanique, Annexe 12, 1992.

[STA 65] STAHLE C. V., "Some reliability considerations in specification of vibration testrequirements for non recoverable components", *The Shock and Vibration Bulletin*, no. 34, Part 4, 147 – 52, February 1965.

[STA 67] STAHLE C. V., "Estimate of effect of spacecraft vibration qualification testing onreliability", *The Shock and Vibration Bulletin*, no. 36, Part 7, 1–18, 1967.

[STA 75] STAHLE C. V., GONGLOFF H. G., KEEGAN W., "Development of component randomvibration requirements considering response spectra", *The Shock and Vibration Bulletin*, no. 6, Part 1, 60–1, October 1975.

[STA 76] STAHLE C. V., GONGLOFF H. R., KEEGAN W. B., "Development of componentrandom vibration requirements considering response spectra", *The Shock and VibrationBulletin*, no. 46, Part IV, 57–75, August 1976.

[STE 81] STEININGER M., HAIDL G., "Vibration qualification of external A/C stores andequipment", *AGARD Conference Proceedings*, vol CP 318, no. 9, 12–81, 1981.

[STO 61] STOLL J. P., "Methods of vibration analysis for combined random and sinusoidalinputs", *The Shock and Vibration Bulletin*, no. 29, Part IV, 153–78, June 1961.

[STR 60] STRADLING C. G., "How good are random-wave vibration tests?", *Product Engineering*, vol. 31, no. 49, 5, 82–3, December 1960.

[STU 67] The study of mechanical shock spectra for spacecraft applications, NASA – CR91356, 1967.

[SUC 75] SUCHAUD M., La qualification d'un matériel technique et son contenu. Synthèsed' uneenquêteetd' uneétudebibliographique de documents français et étrangers, NoteAérospatiale, DET no. 13 248/E/EXM, 1975.

[SUN 95] SUNDARARAJAN C., *Probabilistic Structural Mechanics Handbook*, Chapman andHall, New York, 1995.

[TAN 63] TANAKA S., "On cumulative damage in impulse fatigue tests", *Trans. of the ASME, Journal of Basic Eng.*, 85, 535–8, December 1963.

[TRO 72] TROTTER W. D., MUTH D. V., "Combined-axis vibration testing of the SRAMmissile", *The Shock and Vibration Bulletin*, Part 3, 39–48, 1972.

[TUS 67] TUSTIN W., "Vibration and shock tests do not duplicate service environment", *Test Engineering*, vol. 18, no. 2, 18–20, August 1967.

[TUS 73] TUSTIN W., "Basic considerations for simulation of vibration environment", *Experimental Mechanics*, 390–6, September 1973.

[ULL 97] ULLMAN D. G., *The Mechanical Design Process*, Second Edition, McGraw-Hill, Inc.,

New York, 1997.

[VAN 03] VANUXEEM J., "Coefficient de garantie et facteurd'essai", *Annexe Générale Mécanique*, Annexe 8, Projet 6, 4 April 2003.

[VES 72] VESSEREAU A., "Note sur les intervallesstatistiques de dispersion", *Revue deStatistique Appliquée*, vol. XX, no. 1, 67-87, 1972.

[VIS 48] VISODIC J. P., "Design Stress Factors", *Proceedings of the ASME*, vol. 55, ASMEInternational, New York, May 1948.

[WAN 45] WANG M. C., UHLENBECK G. E., "On the theory of Brownian motion II", *Reviewsof Modern Physics*, vol. 17, no. 2 and 3, 323-42, April-July 1945.

[WIR 76] WIRSHING P. H., YAO J. T. P., "A probabilistic design approach using the Palmgren-Miner hypothesis", *Methods of Structural Analysis*, *ASCE*, vol. 1, 324-39, 1976.

[WIR 80] WIRSHING P. H., "Fatigue reliability in welded joints of offshore structures", *Int. J. Fatigue*, vol. 2, no. 2, 77-83, April 1980.

[WIR 83a] WIRSHING P. H., Probability-based fatigue design criteria for offshore structures, Final Project Report API-PRAC 81-15, American Petroleum Institute, January 1983.

[WIR 83b] WIRSHING P. H., Statistical summaries of fatigue data for design purposes, NASA-CR 3697, 1983.

[YOK 65] YOKOBORI T., "The strength, fracture and fatigue of materials", in YOKOBORI T. (ed.), *Strength, Fracture and Fatigue of Materials*, P. Noordhoff, Groningen, Netherlands, 1965.